수학 뉴턴
기하급수 성장

한찬욱 지음

이 책은 집합, 수 체계, 미적분, 상미분방정식과 변분법에 관한 대략적인 내용을 논리적이고 역사적으로, 정성적이면서도 정량적으로 살펴본다. 집합에서는 무한집합의 역설, 칸토어와 삼각함수 급수, 괴델의 불완전성 정리 같은 자기지시 역설이 다루어진다. 수 체계에서는 고대 그리스의 수 개념, 수메르에서의 수와 문자의 기원, 음악과 수학의 관계 등이 다루어진다.
미적분에서는 페르마 정리, 엠페도크레스의 사랑과 다툼, 뉴턴의 인력과 척력, 아담스미스의 공감과 자기 이익의 연관성이 천착된다. 케플러의 술통문제, 중세수학 혁명이 다루어진다.
기하급수 성장에서는 72-규칙, 무어의 법칙, 복리의 마술 문제 등이 거론되고 변분법에서는 모페르튀의 최소작용원리가 보편적 운동법칙으로 등장하는 과정이 상세하게 설명된다.

공감북스

서문

수학은 인간 문화의 중요한 한 부분이다. 문화는 가르침, 모방 및 다른 형태의 사회적 전달을 통하여 그들 종의 다른 구성원들로부터 획득하는 개인들의 행동에 영향을 미칠 수 있는 정보이다. 정보란 사회적 학습에 의해 얻어지거나 수정되고 행동에 영향을 미치는, 의식적이거나 무의식적인 , 모든 종류의 정신 상태라고 말 할 수 있을 것이다. 아이디어, 지식, 신념, 가치, 숙련, 태도 등이 문화에 속한다. 대부분의 문화적 변이는 인간 두뇌에 저장된 정보에 의해서 야기된다. 그리고 그 정보들은 다른 시람들로부터 배운 것이다.

수학은 현대 기술 및 과학 문명의 언어 역할을 하고 있다. 그렇지만 의외로 수학이라는 학문에 관하여 정통한 지식을 갖고 있는 사람은 드문 것 같다. 수학의 중요한 아이디어들을 배우는 것은 그 자체로도 즐거운 일이고, 현대 문명을 살아가는 인간들의 필수적인 교양이라고 저자는 믿는다.
수학을 소개하는 것은 결코 쉽지가 않다. 그 용어들은 낯설고, 그 논리 전개는 엄밀하고 각각의 논리적 단계들이 하나의 전체를 이루어서 예상외의 명제들을 이끌어낸다. 그것들을 마스터 하려면 많은 시간과 노력 그리고 열정이 필요하다. 그렇다고 대충 내용만 전달하면, 그것은 살아 있는 지식이 되지도 못하고 단지 하나의 정보에 불과하게 된다. 철학자이자 수학자인 화이트헤드의 교육의 3계명을 주장했다: 1)너무 많은 주제들을 가르치지 말라. 2)당신이 가르치는 것은 철저하게 가르치라. 3)가장 일반적인 것들을 가르치라.

이러한 철학에 따라서 본서는 수학의 중요한 주제들에 관한 큰 그림을 제시하는데 중점을 두는 한편, 가능하면 그것의 응용과 증명을 제시하였다. 이 책은 집합, 수체계, 미적분, 지수함수, 상미분방정식과 변분법을 주제로 다룬다. 논리적인 것을 이해하려면 역사적인 것을 알아야 하고 역으로 역사적인 것을 알려면 논리를 이해해야 한다. 추상과 구체, 논리와 역사, 일반과 특수는 불가분의 관계로서 하나를 이해하려면 다른 것을 이해해야 한다는 철학에 기반을 두고 책이 쓰여 졌다.

1장 집합론에서는 주로 무한집합에 관해 다룬다. 칸토어가 집합의 개념을 창안하고 실수집합의 정의와 함수들의 정의를 엄밀한 기초 위에 올려놓은 후에야 수학은 일반화하고 이론적으로 진전할 수 있었다. 힐베르트 호텔의 역설은 무한집합은 유한집합과 달리 언제나 1-1 대응되는 진부분 집합이 있음을 극적으로 보여준다. 실수집합은 셀 수 없다는 사실은 칸토어의 대각선 논법으로 증명된다. 칸토어의 소박한 집합론은 러셀의 역설이 발견되면서 공리주의적 집합론으로 발전한다. 러셀의 역설은 일종의 자기지시역설이다. 거짓말쟁이 역설, 괴델의 불완전성 정리, 불교 공안의 한 손으로 손뼉치기, 라플라스의 악마, 법원의 역설 등은 전형적인 역설이다. 아낙시만드로스로부터 시작하여 피타고라스, 제논, 중국의 명가, 서양 중세 쿠사누스에서 해석기하학과 미적분학에서 무한의 문제가 다루어지는 방식을 살핀다.

2장 수체계에서는 고대 그리스의 수 개념은 종류별로 달라서 서로 연산이 불가능했음을 살펴보는 것으로부터 시작하여 현대의 실수체계의 공리주의적 구성과 그에 따르는 결과들을 연역한다. 복소수 개념의 역사를 일별하고 복소수에 대한 기하학적 해석과 순서쌍 해석 그리고 극형식을 조사한다. 그 다음으로 수와 문자의 기원을 다루는데, 수는 처음에는 추상적인 수가 아니라 셈해지는 대상과 구분이 안되는 구체적인 수였다. 수메르에서 기하학적 토큰을 사용하여 세금과 신용을 기록하였고 시간이 가면서 추상적인 수가 나타나게 되었다. 다음으로 음악과 수학의 관계를 보는데 바흐는 음악에서 대칭을 애용했다. 모차르트도 수에 미쳤고 바흐는 뉴턴역학에게서 지대한 영향을 받았고 음악을 수학화했다.

3장 미분에서는 미분의 기학적 의미와 해석적 의미를 살피고 4칙연산과 합성연산 하에서 미분법칙 즉 선형성, 라이프니츠 법칙과 연쇄법칙 그리고 그에 따르는 결과들을 유도한다. "원자"함수인 직선 삼각함수 및 자연 지수함수의 도함수를 알면 나머지 함수들은 위의 미분법칙을 이용하여 도함수를 구한다. 헤론의 "최단거리" 문제, 케플러의 문제 등의 최대최소문제들을 해결하고, 산술평균과 기하평균 코시-쉬바르츠 부등식 등을 유동한다. 고대 그리스 철학자 엠페도클레스의 사랑과 다툼 철학을 살펴보고 이 철학이 뉴턴의 인력과 척력(관성)과 흡사함을 관찰한다. 뉴턴의 운동방정식은 엠페도클레스의 철학에서 이해될 수 있음을 살핀다. 경제학자 아담스미스는 천체의 역사를 깊이 연구했고 뉴턴 역학에 심취하였다. 그의 이기심과 공감 구도는 뉴턴의 인력과 관성 구도를 차용했음을 본다. 아담스미스의 흥미로운 인용문들도 거론된다.

적분은 미분의 역과정을 말한다. 도함수의 원래 함수(원시함수 또는 역도함수)를 찾는 과정이다. 다른 한편, 적분이라고 발 때에는 길이나 면적, 부피 같은 값을 구하는 과정인 정적분도 있다. 묘하게도 정적분은 부정적분과 같음이 뉴턴과 라이프니츠에 의해서 발견되었다. 이 정리는 2차원, 3차원, n차원 다양체까지 확대되었고 심지어 무한차원 다양체에까지 확대 되어서 Stokes 정리라고 불린다. 4칙연산과 합성에 대하여 선형성, 부분적분 그리고 치환적분이 성립됨을 본다. 미적분학의 역사를 일별하고 미적분학의 기초를 놓은 유명한 케플러의 술통 일화에서 원자론적 접근법을 음미한다. 뉴턴의 시계태엽우주라는 사실상 니콜오렘 같은 중세 스콜라학자들이 주장했다. 머튼학파와 오렘은 정량화 광기의 주인공들이었고 평균속력정리와 수 개념 그리고 상대성 이론들에 혁명을 일으켰다. 거인의 어깨 위에 올라선 난쟁이라는 뉴턴의 유명한 말의 기원도 살펴본다.

5장에서는 지수함수와 그 함의를 다룬다. 지수함수는 “하키스틱” 함수 또는 기하급수적 함수로서 사람이 가장 이해하기 힘든 함수로 복리의 마술이라고도 불린다. 쌀알과 체스 판, 벤저민 프랭클린의 100년 기금, 방사능 붕괴 프랑스 동화 수련 이야기, 경제성장과 에너지 사용 그리고 지구 가열, 무어의 법칙과 기술의 지수 발전 수확체감 법칙, 플뤼르샤임과 복리, 고대 메소포타미아에서의 이자 배증 문제 등이 예와 반론으로서 거론된다.

6장에서는 상미분방정식의 유형과 해법을 간단히 살펴보고 변분법에서 적분을 최대-최소로 하는 함수에 대한 오일러-라그랑주 방정식을 유도한다. 변분법은 모페르튀의 최소작용원리에 기반한다. 뇌터의 보존정리는 물리학의 여러 보존법칙들을 유동할 수 있게 한다. 페르마의 최소시간원리, 베르누이의 최속강하선 문제 등에서 오일러방정식을 유도하고 해를 구해본다. 라이프니츠로부터 시작한 최소작용원리가 모페르튀에게서 어느 정도 명확한 형태를 갖추기까지 볼테르, 쾨니히 등과의 갈등도 살펴본다. 해밀텅과 톰슨 클라지우스 헬름홀츠 등의 공헌도 거론된다.

목차

01
집합

무한집합

오늘날 집합론의 언어와 결과들을 사용하지 않는 수학을 상상하기가 어렵다. 위대한 수학자 다비드 힐베르트(1862년 01월 23일~1943년 02월 14일)는 “우리를 위해 칸토어가 만들어 준 이 낙원에서 그 누구도 우리를 내쫓을 수는 없다.”라고 말하며 집합론을 옹호했다고 한다.
칸토어가 집합론을 창시하기 전에는 수학은 엄밀함을 보장할 수 없이 진보를 성취하는 경우가 왕왕 있었다. 때때로 수학자들은 정확한 정의를 세울 수 없었고 직감이나 기하학적인 그림들에 호소했다. 예를 들어, 실수를 다루는 유일한 방법은 그것들을 ‘선 위의 점’으로서 기하학적으로 다루는 방법 밖에 다른 도리가 없었다.

엄밀함에 대한 타협 외에도, 다른 제한들이 있었다. 예를 들어, 함수들은 해석적 표현, 즉 다항식들의 극한으로 볼 수 있는 함수들만이 고려되고 있었다. 칸토어의 연구는 수학의 기초가 되었고 수학의 엄밀성과 정밀성에 대한 고대 그리스 사상을 되살렸다. 그것은 또한 결실이 풍성한 일반화로 이끌었고 수학에서 새로운 가능성을 열었다.

집합

명확하고 구분되는 사물들의 모임을 집합이라고 한다. 집합을 이루는 성분들은 그 집합의 원소들이라고 부른다. 한 집합은 그 집합의 원소들에 의해서 정의되기 때문에 그 집합에 속하는 원소들만 보여주면 그 집합이 결정된다. 그러므로 집합을 나타내는 방법에는 원소나열법과 조건제시법이 있다. 원소나열법은 그 집합의 원소들을 나열하여 보여주는 방법이고, 조건제시법이란 그 집합의 원소가 될 필요하고도 충분한 조건을 제시하는 방법이다.

함수

집합은 함수를 엄밀하고 명백하게 정의하는 유용한 도구이다. 함수는 수학에서 가장 중요한 연구 대상이다.

S, T가 집합들이라고 하자. S에서 T로의 함수란 S의 각 원소마다 T의 한 원소씩을 대응시키는 규칙이다. 이 함수를 f라고 부르면, 이것은 $f: S \to T$로 나타낸다. 이때 S는 f의 정의역, T는 f의 공변역이라고 한다. 이 경우 f에 의해 $x \in S$에 대응되는 T의 원소는 $f(x)$로 표기한다. 이것을 $x \in S$에서의 f의 값이라고 부른다. 또는 f 아래에서의 x의 상이라고 부른다. 이것은 $f: x \mapsto f(x)$로 표기한다. f의 값들의 집합을 f의 치역이라고 부르자.

함수의 정의를 보면, 정의역의 원소들에게는 모두 공변역의 원소가 대응되어야 하고, 단 하나씩만 대응되어야 하지만, 공변역의 원소들에게는 그런 조건이 없다는 것을 주목하자. 공변역의 원소 중에는 정의역의 원소와 대응되지 않는 원소가 있을 수도 있고, 정의역의 많은 원소와 대응되는 원소가 있을 수도 있다. 그러므로 함수란 정의역에 관한 조건들 즉 정의역의 각 원소가 공변역의 한 원소에 대응되어야 한다는 규칙을 가리킨다.

한 함수 $f: S \to T$가 1-1(단사)이라는 것은 f의 치역의 원소들에는 정의역의 원소가 단 1개씩만 대응된다는 것을 말한다. $f: S \to T$가 전사라는 것은 f의 치역이 공변역과 같을 때를 말한다. 즉 공변역의 모든 원소에는 그에 대응되는 정의역의 원소가 반드시 있는 경우를 말한다. f가 단사이면서 전사이면 전단사 또는 1-1 대응 함수라고 부른다.

무한집합의 원소들의 개수

집합의 효용성과 유용성은 무한집합에서 본격적으로 나타난다. 다른 한편 무한집합은 우리가 갖고 있는 직관에 반하는 결과들을 내포하는 경우가 많다.

집합 S의 원소들의 개수를 S의 기수라고 하고 $\#(S)$ 또는 $card(S)$라고 나타낸다. S가 유한집합일 때는 S의 원소들의 개수를 세는 것은 쉽다. 예를 들어 $S = \{a, b, c\}$이면 $\#(S)$=3이다.

그러나, S가 무한집합일 때에는 S의 원소들의 개수를 “세는” 것은 결코 용이하지 않다. 무한집합이 얼마나 이상한 집합인지 보기 위해서 위대한 수학자인 다비드 힐베르트가 1920년대에 제시한 소위 “힐베르트 호텔의 역설”을 보자.

힐베르트 호텔의 역설

모든 객실에 손님이 다 차 있는 무한개의 방을 가진 호텔을 상상하자.

새 손님이 도착하여 잘 투숙할 여분의 방이 있느냐고 묻는다. 그러면 호텔 지배인은 여분의 객실이 있다고 대답한다. 모든 방이 이미 다 차 있는데 무슨 소리인가? 그러나, 직관과는 다르게 객실을 내줄 수 있다. 1호실의 손님은 2호실로, 2호실의 손님은 3호실로,...., n호실의 손님은 $n+1$호실로 보낸다. 즉 $f: n \mapsto n+1$인 함수를 이용하는 것이다. 그러면 제1호실이 비게 되고, 그 빈 방에 새 손님을 모시면 된다. 이제 또 다시 10명의 새 손님이 오면 지배인은 1호실의 손님은 11호실로, 2호실의 손님은 12호실로,..., n호실의 손님은 $n+10$호실로 이동시키고, 그러면 1호부터 10호까지의 객실이 비게 되므로, 다시 그 10명의 새 손님들에게 각자 하나씩 방을 제공할 수 있게 된다. 유한명의 사람들이 올 때에는 이런 식으로 하면 다 그 손님들에게 객실을 제공할 수 있다.

무한히 많은 손님들이 찾아와도 각자에게 방 하나씩을 제공할 수 있을까? 가능하다. 1호실의 사람은 2호실, 2호실의 사람은 4호실, 3호실의 사람은 6호실,..., n호실의 손님은 $2n$호실로 이동시키면, 모든 짝수 번호의 객실은 다 차지만, 홀수 번호의 방들이 비게 된다. 그러면 맨 앞의 새 손님은 1호실로, 그 다음 손님은 3호실로, 다시 그 다음 손님은 5호실로,..., n번째 손님은 $2n-1$호실로 가면 된다.

이 번에는 각 버스에 무한히 많은 손님들을 태운 무한 개의 버스가 힐베르트 호텔에 도착한다고 하자. 이 경우에도 각 손님들에게 방 하나씩을 제공하는 것이 가능할까? 답은 이번에도 그렇다 이다. 우선 n호실의 손님들을 $2n-1$호실로 보낸다. 그러면 짝수 방들이 비게 된다.
그 다음에 1호 번스의 n번째 손님은 $2^1 3^n$ 호실로 보낸다. 2호 버스의 n번째 손님은 $2^2 3^n$ 호실로 가고,..., i호 버스의 n번째 손님은 $2^i 3^n$호실로 가면 된다.

위의 경우들은 논리적 모순이 아니라 직관에 반하기 때문에 역설이라고 불린다. "모든 방에 손님이 차 있다."라는 진술과 "손님을 받을 더 이상의 방은 없다."는 진술은 무수히 많은 방들이 있을 시에는 서로 동치가 아니다.

힐베르트 역설을 수학적으로 표현하면, 짝수 집합의 원소들의 개수는 자연수 집합의 원소들의 개수와 같고($f:2n \mapsto n$을 생각하라.) 다시 자연수 집합의 기수는 정수 집합의 기수와 같고 ($f:2n \mapsto n, 1 \mapsto 1, 2n+1 \mapsto -n$)그리고 자연수 집합의 기수는 다시 유리수집합의 기수와 같다 ($\frac{n}{m} \mapsto 2^m 3^n$)는 것이다. 가령 호텔의 객실들은 자연수 집합이라고 볼 수 있고, 무한히 많은 손님들을 태운 버스는 음의 자연수 집합과도 같다. 이 두 집합을 합치면 정수집합이 되는데, 이 정수집합은 자연수 집합 즉 호텔의 객실 집합과 1-1 대응이 된다. 무한한 수의 버스들에 탄 무한히 많은 손님들은 유리수 집합과 같고 이 유리수 집합은 자연수 집합에 해당하는 호텔 객실들의 집합과 1-1 대응된다.

힐베르트 호텔이 무한집합의 특성에 관하여 말해 주는 주는 것은 모든 무한집합은 그것과 1-1 대응되는 진부분집합을 갖는다는 것이다. 유한집합에서는 절대로 이런 일이 일어날 수 없다는 것을 생각해보면 금방 알 수 있다.

다음으로 자연수집합의 기수는 혹시 실수집합의 기수와 같지 않을까? 하는 의문이 들 수도 있다. 그러나 자연수 집합의 기수는 실수집합의 기수보다 작다. 이것을 보기 위해서, 0과 1사이의 실수들을 생각하자. 이 수들은 소수로 표현된다. 그러므로 이 수들을 만일 "셈" 할 수 있다

면 $a_1, a_2, a_3, \ldots.$으로 표현하자. 이 수들을 소수로 표현하면:

$$a_1 : a_{11}a_{12}a_{13} \cdots a_{1n} \cdots$$

$$a_2 : a_{21}a_{22}a_{23} \cdots a_{2n} \cdots$$

$$a_3 : a_{31}a_{32}a_{33} \cdots a_{13} \cdots$$

$$\cdots\cdots\cdots$$

여기서 모든 $i = 1,2,3, \ldots.$, $j = 1,2,3, \ldots.$에 대해 a_{ij}는 0에서 9 까지 자연수들이다,

그러면 0과 1사이의 실수 $b = b_1b_2b_3 \cdots$를 다음과 같이 택하자. $b_1 \neq a_{11}$ 인 0과 9사이의 자연수,. $b_2 \neq a_{22}$ 인 0과 9사이의 자연수,. $b_3 \neq a_{33}$ 인 0과 9사이의 자연수,...., $b_n \neq a_{nn}$ 인 0과 9사이의 자연수, ..., 이 수는 분명히 0과 1사이의 실수이지만, 첫째 소수 자리수가 a_1의 그것과 다르므로 a_1이 아니고, 둘째 소수 자리수가 a_2의 그것과 다르므로 a_2이 아니고,...., n 번째 째 소수 자리수가 a_n의 그것과 다르므로 a_n이 아니고,.... 그래서 그 어떠한 a_n과도 다르다. 그러나 우리는 0과 1사이의 모든 실수가 $a_1, a_2, a_3, \ldots.$으로 셀 수 있다고 가정했기 때문에 이것은 모순이다. 이 논법은 칸토어의 대각선 논법이라고 불린다.

이제 다음과 같은 질문을 해보자. 그러면 실수집합의 기수보다 더 큰 기수를 갖는 집합이 있는가? 얼핏 보아 이 문제는 쉽지 않아 보인다. 실수 집합보다 더 큰 집합 중 우리가 아는 집합은 복소수 집합인데, 유감스럽게도 복소수 집합의 기수는 실수집합의 기수와 같다. 이 문제를 해결하기 위해서, 집합 S의 모든 부분집합들을 원소로 갖는 집합을 S의 멱집합이라 하고, $P(S)$ 또는 2^S로 나타내자.

예를 들어,

$S=\{1\ ,2,3\}$이면 $\quad 2^S=\{\phi,\{1\},\{2\},\{3\},\{1,2\},\{1,3\},\{2,3\},\{1,2,3\}\}$ 이다. 이 경우 $\#(S)=3$이면, $\#(2^S)=2^3=2^{\#(S)}$이다. 일반적으로 만일 집합 S가 유한집합이면, $\#(2^S)=2^{\#(S)}$가 된다. 그 이유는 다음과 같다. 만일 $\#(S)=n$이면, 첫 번째 원소가 한 부분집합에 속하든지 안 속하든지 2가지 경우가 있다. 다른 원소들에 대해서도 마찬가지이므로 부분집합의 개수는 $2\times2\times\cdots\times2=2^n$이다. 위와 같이 유한집합 S에서는 S의 멱집합의 기수는 S의 기수보다 훨씬 더 크다. 무한집합 S에 대해서도 그 멱집합 2^S의 기수가 S의 기수보다 더 많다는 것을 증명할 수 있다.

명제 X가 무한집합일 때, $card(2^X)$는 $card(X)$보다 확실히 더 크다

증명 그렇지 않다고 해보자. 즉 X와 2^X 사이에 1-1 대응함수 $f:X\rightarrow2^X$가 있다고 하자. 그러면 X의 원소 x에 대해 2^X의 원소 $f(x)$가 하나 대응되는데, $f(x)$는 2^X의 원소이므로, X의 한 부분집합이다. 그러므로 x는 $f(x)$의 원소이든지, 아니든지 둘 중의 하나이다.

그러므로 $M=\{x\in X : x\not\in f(x)\}$라는 X의 부분집합을 생각하자. 이 집합은 X의 부분집합이므로 2^X의 한 "원소"이다. 가정에서 f가 1-1 대응함수이므로, X에는 M에 대응되는 원소가 정확히 하나 있다. 그것을 x_0라고 부르자. 즉 $f(x_0)=M$. 그러면 x_0는 M에 속하든지 안 속하든지 둘 중의 하나는 성립해야 한다. 만일 x_0는 M에 속하면, M의 정의에 의해서 x_0는 $f(x_0)$에 속하지 않는다. 그런데 $f(x_0)=M$이므로 x_0는 M에 속하지 않는다는 결론이 나온다. 이것은 x_0는 M에 속한다는 가정에

모순된다. 다른 한편, 만일 x_0는 M에 속하지 않는다면, 다시 M의 정의에 의해서 x_0는 $f(x_0)$에 속한다. 그런데 $f(x_0)=M$이므로 x_0는 M에 속한다는 결론이 나오는데, 이것은 x_0는 M에 속하지 않는다는 가정에 모순된다. 그러므로 X와 2^X 사이에 1-1 대응함수가 있을 수 없다. 즉 $card(2^X)$는 $card(X)$보다 확실히 더 크다

17세기 철학자 스피노자는 "신이라는 말로, 나는 절대적으로 무한인 자, 즉 각 속성이 영원하고 무한한 본질을 표현하는 무한히 많은 속성들로 이루어진 실체로 이해한다."("By God I understand a being absolutely infinite, i.e., a substance consisting of an infinity of attributes, of which each one expresses an eternal and infinite essence.")(스피노자, 윤리학, 제1부, 신에 관하여, 정의들)라고 신을 정의했다. 현대 집합론의 입장에서는 스피노자가 말하는 "무한(infinite)"이 도대체 어떠한 무한인지 질문하고 싶을 것이다. 자연수 집합 아니면 실수 집합에 해당하는 무한인가? 칸토어의 집합론은 무한에 관한 우리의 사고를 근본적으로 변화시켰다.

칸토어, 집합론, 푸리에급수 그리고 무한

칸토어처럼 동시대 동료들 사이에서 그렇게 상반되는 평가를 받은 수학자는 또 거의 없을 것이다. 크로네커 같은 수학자들에게 칸토어는 젊은이를 타락시키는 자였고 반면, 힐베르트 같은 수학자들에게는 그는 예

외적으로 재능 있는 수학 연구자였다.

삼각함수 급수에 대한 문제 즉 “하나의 함수가 2가지 이상의 삼각함수 급수 표현들을 가질 수 있는가?”라는 문제를 해결하기 위해, 독일의 위대한 수학자 게오르크 칸토어는 집합론을 만들어 실수 이론의 기초를 닦았다. 이것은 수학의 발전에 지대한 영향을 미쳤다. 오늘날, 집합의 언어와 집합론의 몇 가지 기본적인 결과 없이는 수학을 하는 것이 거의 불가능하다. 위대한 수학자 데이비드 힐베르트는 “칸토르가 창조한 파라다이스에서 아무도 우리를 쫓아낼 수 없다”고 선언했다.

칸토어가 집합론을 창시하기 전에는 수학은 엄밀성을 유보하고 진보하는 경우가 왕왕 있었다. 때때로 수학자들은 정확한 정의를 세울 수 없었고 직감이나 기하학적인 도형들에 호소했다. 예를 들어, 실수들은 ‘직선 위의 점들’로 이해되었다.

엄밀성의 결여 외에도, 예를 들어, 해석적 표현을 가진 함수들 – 다항식 급수로 표현되는 함수들 즉 해석함수들만이 고려되고 있었다. 칸토어의 연구는 수학의 기초가 되었고 수학의 엄밀함과 정확성에 대한 고대 그리스 사상을 되살렸다. 그것은 또한 유익한 일반화를 이끌었고 수학에서 새로운 가능성을 열었다.

칸토어(Georg Cantor : 1845~1918)는 1845년에 제정러시아의 수도인 페테스부르크에서 태어났다. 칸토어의 아버지는 덴마크 출생이었는데 러시아에 옮겨와서 성공한 상인 겸 주식 중개인이 되었다. 6명의 자녀를 포함한 가족과 함께 페테스부르크의 독일인들의 집촌[集村]에 살던 그는 건강이 좋지 않아 칸토어가 11살 때 독일의 온화한 기후로 옮겨갔다.

러시아에서 칸토어는 개인 교습을 받았다. 그는 특히 수학에서 우수한 성적으로 학업을 마친 후, 취리히에서 수학 공부를 계속하고 싶어 했고 아버지는 마지못해 그것을 승낙했다. 칸토어는 그의 아버지의 영향을 많이 받았는데, 그 아버지는 아들의 학교와 대학 시절 내내 그의 삶과 직업에 대해 많은 선의의 조언을 해주곤 했다. 한편 칸토어는 또한 똑같이 바이올린 연주에도 뛰어난 기량을 보였다. 그의 두 할머니들은 다 상트페테르부르크에서 존경받는 전문 음악가로 활동했다. 라틴어로 '칸토어'라는 그의 성은 '가수' 또는 '음악가'라는 의미이다.

1863년 그의 아버지가 사망했을 때, 칸토어는 베를린으로 전학을 가서 바이어슈트라스[Karl Weierstrass] 에른스트 에두아르트 쿠머(Ernst Eduard Kummer), 그리고 크로네커의 강의를 들었다. 1867년 정수론에 관한 논문으로 박사학위를 마쳤지만 칸토어는 대학교에 정규 자리를 얻지 못했다. 그의 교수 자격 논문을 작성하는 동안, 그는 여학교와 교사 양성기관에서 잠시 교편을 잡을 수밖에 없었다. 논문을 완성한 후에 그는 할레 대학에서 교편을 잡았다.

할레 동료 하이네(Heine, Eduard,1821-1881)의 격려를 받고, 그는 하이네 자신과 디리클레, 립슈츠(Rudolf Lipschitz (1832~1903)그리고 리만 같은 저명한 수학자들이 연구했지만 별 신통한 결과를 얻지 못했던 문제에 대한 해결책을 모색했다.

칸토르의 첫 논문 ber einen die trigonometrischen Reerrasatz("삼각함수 급수에 관한 정리")는 1870년 3월에 출판이 완료되었고 "삼각함수의 무한급수에 의하여 임의로 주어진 함수의 표현의 수렴 성질에 대한 이해의 증진"을 위한 것이라고 제출되었다. 리만이 행한 삼각함수 급수와 복소함수에 관한 연구로부터 시작하여, 그 논문에서 칸토어는 다음과 같은 정리를 보여 주었다.

칸토어의 유일성 정리(1870): 모든 함수 f: R → R의 푸리에 급수는 많아야 단 한 가지 표현만을 가질 수 있다. 함수 f(x)가 모든 x에 대해 수렴되는 삼각함수 급수로 표현되는 경우, 그 표현은 유일하다.

기술적으로 살펴보면 다음과 같다.

"단일 삼각함수 급수

$$\frac{1}{2}a_0 + \sum_{n=1}^{\infty}(a_n \cos nx + b_n \sin nx)$$

가 모든 실수 x에 대해 점별로 0으로 수렴한다면, 각 a_n과 b_n은 0과 같은가?"

이 경우

$$\cos nx = \frac{e^{inx} + e^{-inx}}{2}, \qquad \sin nx = \frac{e^{inx} - e^{-inx}}{2}$$

라고 놓으면, 우리는 위의 급수를 다음과 같은 급수로 대체할 수 있다.

$$S = \sum_{n=-\infty}^{\infty} c_n e^{inx} \quad , \quad x \in \mathrm{R}$$

그러면 위 문제는 다음과 같은 문제가 된다: 만약 S가 모든 실수 x에 대해 0으로 수렴된다면, 각 c_n은 0과 같아야 하는가?

이 문제는 디리클레, 하이네, 립슈츠, 리만 등 당시의 위대한 수학자들에 의해 시도되었다. 위의 질문에 완전한 일반적으로 긍정적으로 대답한 사람은 칸토어였는데, 그 당시의 주목할 만한 일대 쾌거였다.

1871년 그는 그 결과를 강화하여, 어떤 주어진 구간에서 급수가 유한한 점들에서 발산해도 유일성이 유지된다는 것을 증명하였다. 이 결과는 하이네, 피터 디리클레, 베른하르트 리만 등 그 당시 많은 위대한 수학자들에 의해 이전에 시도된 것인데, 그들은 지금까지 그것이 특정한 제한된 상황에서 성립되고 있다는 것을 보여줄 수 있었을 뿐이었다.

그는 또한 삼각함수 급수로 유일한 표현이 가능한 수 집합이 어떤 집합인지 연구하는 중에, 실수 집합에 대한 정확한 정의가 아직 없다는 것을 깨닫게 되었다. 이로 인해 칸토어는 몇 가지 일반적인 위상수학 개념을 도입하게 되었다. 그리고 서수 이론을 발전시킨다.

정의 집합 D 바깥의 모든 점에 대해 삼각함수 급수가 0으로 수렴하면 급수의 모든 계수들이 0이면 집합 D를 유일성 집합이라고 부른다. 유일성 집합의 부분집합도 유일성 집합이다.

칸토어는 공집합이 유일성 집합임을 보였다. 1872년 후반 그는 스위스에서 휴가를 보내면서 우연히 리하르트 데데킨트(Richard Dedekind)를 만났는데 당시 그는 브런즈윅 공과대학 수학 교수였다. 이전에 데데킨트는 실수집합 R의 구조에 대한 공리적 분석을 제공하는 논문을 발표했었다. 그는 실수집합을 완비성을 갖고 순서가 있는 집합으로 정의했다. 칸토르와 데데킨트는 여러 해 동안 활발하게 편지를 주고받았다. 그들의 편지의 수학적 부분은 후에 뇌더와 카바일레(Cavailleès)에 의해 출판되었고 현재 인디애나 에반즈빌 대학(the University of Evansville in Indiana.)에 보관되어 있다. 그들은 공동으로 실수집합 주제를 발전시켰다. 그들의 서신 교환은 아주 생산적이었다. 그 서신 교환으로 데데킨트는 소위 데데킨트 절단개념(切斷概念)을 통해서 무리수 개념을 정의하였고 칸토어는 집합론을 발전시킬 수 있었다.

1873년 11월 29일, 칸토어는 데데킨트에게 "자연수 집합의 각 원소가 양의 실수 집합의 각 원소와 일대일 대응이 가능한가?"라고 묻는 편지를 보냈는데, 데데킨드는 그 대답을 알지 못한다고 답신했다. 그러나 그 질문은 실용적으로 별로 흥미롭지 않다고 덧붙였다.

길이가 다른 두 구간의 점들의 개수를 어떻게 비교할 수 있는지에 대한 문제는 갈릴레오에게로 거슬러 간다. 두 구간 모두 무한히 많은 점들을 포함하고 있지만 한 구간의 점들의 개수가 다른 구간의 점들의 개수보다 더 많은가? 그리고 모든 자연수가 완전제곱[Perfect Square, 完全一]은 아니므로 완전제곱수들의 개수는 자연수 개수보다 더 적다고 말할 수 있을까?

유한 집합의 개수들을 비교하는 식으로 무한 집합들의 원소들의 개수를 그대로 비교할 수 없다. 그래서 이 시점에서 칸토어는 기수(cardinality, 基數)의 개념을 도입했다. 1873년 말에 그는 모든 유리수와 자연수들을 대응시키는 방법을 발견했다. 그런 다음 칸토어는 정수 계수를 포함하는 다항식 방정식의 해 집합인 대수적 수 [algebraic number, 代數的數] 집합의 기수가 자연수 집합의 기수와 같다는 것을 입증하고 이 아이디어를 더욱 발전시켰다.

그는 실수집합의 가산성(즉 셀 수 있음)을 증명하기 위해 비슷한 절차를 사용했지만 허사였다. 그러나 불과 몇 주 후인 1873년 12월, 그는 귀류법으로 자신의 원래 추측과는 반대되는 명제를 증명할 수 있었다. 그는 구간 [0,1] 집합이 셀 수 없다는 것을 증명했다.

칸토어는 적어도 두 가지 다른 유형의 "무한"이 있어야 한다는 것을 깨달았고, 그는 두 세트의 카디널리티를 나타내기 위해 히브리 문자 알레프(Aleph)를 도입했다.

지금까지의 결과는 다음과 같은 간명한 식으로 표현될 수 있다.

$$\aleph_0 = |N| = |Q| < \aleph_1 = |R|$$

모든 대수적 수 집합은 셀 수 있고 실수집합은 셀 수 없음으로 대수적 수가 아닌 실수 즉 초월수 집합은 셀 수 없다는 결론이 바로 나온다.

1874년, 처음에 과잉이라고 생각했던 칸토어는 놀랍게도, 단위 정사각형의 점들 $((x,y): 0 \le x \le 1, 0 \le y \le 1)$을 단위 구간의 점(x|y)에 일대일 대응 시킬 수 있는 방법을 찾았다. 정사각형 점 x = 0.a2a3a...와 y = 0.b1b3...인 점 (x,y)에 구간. [0, 1]의 수 z = a1b1a2b2a3b3...를 대응시키는 방법이었다.

이러한 경천동지할 결과(칸토어는 데데킨트에게 보낸 편지에서 "나는 그것을 보지만 그것을 믿을 수 없다(Je le vois, mais je ne le corris pas!)"고 썼다)를 가장 먼저 접한 데데킨트도 2차원 표면이 1차원 구간과 동일한 기수를 갖는다는 데 놀랐다. 그러나 그는 칸토어의 추론에서 아무런 결함도 발견할 수 없었다고 한다.

1874년에는 칸토어는 누이의 친구와 결혼했다. 신혼 여정에서 그들은 인터라켄으로 갔고, 그곳에서 칸토어는 데데킨트와 만났고 여행기간 대부분을 데데킨트와 수학적 토론을 하는데 쏟아 부었다고 한다.

칸토어는 소위 연속체 가설을 제창했지만 증명하거나 반증할 수 없었다. 연속체 가설이란 유리수 집합 기수와 실수집합 기수 사이에 있는 기수는 없다는 추측이다. 이 문제는 1960년대에 폴 코헨이 집합론 공준들에서 도출불가하다는 것을 증명함으로써 해결되었다.

칸토어는 또한 스웨덴의 Acta Mathematica에 한 논문을 제출했는데 여기서 그는 수학 역사상 최초의 프랙탈인 칸토어 집합(cantor set)라고 불리는 집합을 제시했다. 그 집합은 단위 구간을 3등분하고 가운 데 구간을 제거하고 나머지 구간들에서도 같은 작업을 무한히 반복할 때 생기는 집합이었다.

1895년과 1897년에는 그의 집합론을 포괄적으로 제시하는 논문을 제출했는데 거기에는 오늘날 모든 수학자들에게 친숙한 집합의 정의를 포함되어 있었다. 즉 집합은 우리의 지각과 사고에서 명확하고 구분되는 대상들의 오임이라고 정의되었다.

스탠포드 철학 백과사전에 의해 "현대 수학의 가장 큰 업적들 중 하나"로 묘사된 집합론은 칸토어가 1873~1884년에 행한 연구로부터 나온 결과인 논문들에 의해 확립된 것으로 널리 인정되고 있다. 특히 집합론의 기원은 1874년 칸토어에 의해 발표된 단일 논문("모든 실제 대수적 수의 집합의 속성에 관하여")으로 거슬러 올라간다. 그것이 제시하는 근본적이고 가장 결과적인 결과는 실수의 비가산성이다. 그 결과, "연속체(즉 실수집합)"에 속하는 실수와 "대수적 수 집합"에 속하는 수의 구별이 생겼다.

자기 지시와 역설

러셀의 역설

칸토어의 집합론에는 중대한 문제가 있었다. 칸토어의 소박한 집합론에서는 한 집합은 자기 자신의 원소가 될 수 있었다. 1901년 수학자 버트런드 러셀은 프레게의 논리체계와 칸토어의 소박한 집합론이 모순을 지닌다는 것을 보여주는 역설－소위 러셀의 역설(-逆說, Russell's paradox)을 발견했다고 편지를 썼다. 그것은 수학을 집합론 위에 정초하려는 칸토어와 힐베르트의 추구에 일대 타격이었다. 그 대략적인 내용은 다음과 같다.

M이라는 집합을 "자신을 원소로 포함하지 않는 모든 집합들의 집합"으로 정의하자. 다시 말해, A라는 집합이 집합 M의 원소가 되기 위한 필요충분조건은 A가 A의 원소가 아닌 것이다. 칸토어의 집합론에서 집합 M은 아무런 문제없이 잘 정의된다. 여기서 M이 자기 자신을 원소로 포함하는가? 라는 질문을 하면 모순적인 결론이 나온다. 만약 포함한다고 가정하면 그 정의에 의해 M은 자신을 원소로 포함하지 않는다. 반대로 M이 자신을 원소로 포함하지 않는다고 가정했을 때에는 다시 그 정의에 의해 M은 자신에 포함되어야 한다. 즉 "M은 M의 원소이다"라는 명제와 "M은 M의 원소가 아니다"라는 명제는 둘 다 모순이 도출된다.

소박한 집합론이라는 말에서 '소박한'은 후대 수학자들이 칸토어가 제창한 집합론을 공리적 집합론(axiomatic set theory)과 구분 짓기 위해 붙인 것이다. 'naïve'란 단어를 '소박한'이라고 긍정적으로 해석했지만, '순진한', '생각이 얕은' 이런 느낌의 단어이다.

칸토어의 집합론은 다른 한편으로는 제논의 역설 이후 금기시 되어온 무한의 개념을 끄집어 내었다. 그는 무한이라는 개념을 상이한 종류로 분류했고 이에 대해 많은 수학자들이 반발했다. 수학자 푸앙카레는 칸토어의 집합론과 무한 수를 심각한 수학의 질병이라고 불렀고, 선배 수학자 크로네커는 그를 과학 사기군, 배교자, 젊은이를 지적 타락으로 이끄는 자라고 매도했다. 그리고, 러셀의 역설과 베른의 역설과 같은 역설들이 나오면서 칸토어의 집합론은 일대 위기를 맞게 된다.

다른 한편, 당대 일부 수학자들은 칸토어 집합론을 공리화하기 시작한다. 유클리드의 원론에 나오는 그 공리화 방법론을 집합론에 도입되었다. 집합론을 체계화 시킨 측면도 있지만, 러셀의 역설을 비롯한 역설들이 주장하는 칸토어 집합론이 지닌 모순들을 극복하기 위해 시작되었다. 오직 이러한 역설들을 극복하기 위해 도입된 류의 공리(Axiom of class)는 그 필요성도 의문일 뿐만 아니라, 칸토어의 집합론에 심각한 제약을 가한다. 러셀은 유형이론을 바탕으로 그 모순을 해결하였다.
러셀의 역설은 거짓말쟁이의 역설과 깊은 관련이 있다.

거짓말쟁이의 역설

고대 그리스 철학자이자 시인인 에피메니데스(Epimenides)는 기원전 6세기에 다음과 같은 글을 썼다

"모든 크레타 섬 사람들은 거짓말쟁이이다."

에피메니데스 자신도 크레타 섬 사람이다.

그래서 크레타 섬 사람이 모든 크레타 섬 사람들은 거짓말쟁이라고 주장하는 셈이 된다. 만일 이 주장이 참이라면 에피메니데스 자신도 거짓말쟁이가 되고 그는 거짓말을 하고 있음으로 이 주장은 거짓이 된다. 이것은 자가당착이다. 만일 이 말이 거짓이라면 크레타 사람 에피메니데스는 참말을 하고 있을 수 있다. 그러면 이것도 자가당착이 된다.

이와 비슷하게

"나는 지금 거짓말을 하고 있다."

라는 문장을 보자. 이 말이 참이라면 이 말은 거짓말이다. 반대로 이 말이 거짓말이라면 거짓말을 하고 있지 않다는 모순되는 결론이 나온다.

또는

"내 명령에 불복하라"

라는 명령을 보자. 만일 이 명령에 복종한다면, 복종하지 말라는 명령을 따르지 않게 되고 반대로 이 명령에 복종한다면, 불복하라는 명령을 위배하게 된다. 오도 가도 못하는 형국이 된다.

이와 같은 역설이 생기는 이유를 살펴보면 위 예들은 모두 자기 자신을 가리킬 때 문제를 일으킨다는 것을 알 수 있다. 모든 자기지시(self-reference)가 역설을 발생시키는 것은 아니지만, 많은 경우들에 역설은 이 자기지시에서 발생한다. 러셀의 역설도 자기 자신을 포함하지 않는 집합에서 발생하는 역설임을 상기하자. 불완전성 정리를 증명하면서 괴델도 같은 자기지시 논리식을 구성했다고 한다.

괴델의 불완전성 정리

20세기의 첫 30년 동안에 수학자들은 대부분의 고전수학의 무도순성이 자연수의 산술에서의 무모순성 결과에 의존함을 알게 되었다. 1929년에 비엔나대학의 괴델(Gödel, 1906~78)은 알파벳의 글자들과, 그것들의 결합인 단어와 문장들을, 수치부호(numerical code)로써 표현하는 법을 창안해 냈다. 괴델은 논리식의 각 요소를 인코딩하기 위해 소수들(prime numbers)를 사용했다. 예를 들어, 그는 특정 소수를 '등호"에 해당하는 것으로 정의했다. 그리고 또 하나의 소수는 "합(+)"을, 또 다른 하나는 "마이너스"를 나타낸다. 이런 식으로 논리식의 각 요소들과 소수들에 대응시킬 수 있었다. 그러한 모든 소인수들을 곱하면 주어진 논리식을 인코딩할 수 있고 그렇게 얻은 곱은 괴델 수(Gödel Number)라고 한다. 즉 괴델 수란 기호, 명제, 증명 등을 구문론적 대상, 즉 기호의 유한열 (finite sequence) 또는 문자열 (string)로 보고, 이들 문자열 각각에 특정한 방법으로 대응시킨 자연수이다. 그래서, 가능한 모든 명제들은 그것들과 동치인 괴델 수를 가지고 있다. 모든 정수들은 소인수분해 될 수 있음에 주목하자.

그리하여 괴델은 1931년에 자연수의 산술을 기술할 수 있을 정도의 논리적 체계는 피할 수 없이 모순성을 가지든가 불완전성을 가짐을 발표하였다. 그는 괴델 수를 써서 본질적으로

(이 괄호 안의 진술은 증명할 수 없다.)

는 것과 동치인 산술의 명제를 구성할 수 있었다.

만약에 이 명재가 옳다면, 증명할 수 없다고 했기 때문에 증명할 수 없는 명제의 예가 된다. 그러므로 그 체계는 불완전하다. 한편, 이 명제가 거짓이라면, 그것은 증명할 수 있는 명제가 되고 따라서 거짓된 명제를 증명할 수 있게 되어서 그 체계는 모순에 빠지게 된다. 이 논법은 거짓말쟁이 논법과 같음을 주목하자. 자기 지시를 한 결과 모순이 생긴다. 이 정리는 괴델의 불완전성 정리(Gödel's incompleteness theorem)라고 불린다.

기호나 명제들을 자연수에 대응시키는 괴델의 아이디어는 중세 유대교의 신비주의. 카발라[Kabbalah]의 게마트리아[gematria]의 아이디어와 같다고 한다. 게마트리아에서는 헤브라이어의 알파벳은 각각의 수치를 가지고 있으며, 그 문자의 조합인 단어 또는 문장도 일정한 수치를 가지게 된다. 괴델은 게마트리아에서 그 아이디어를 얻었을지도 모른다.

자기지시

자기 지시(Self-reference)는 자연어 또는 형식언어에서 문장, 아이디어 또는 논리식이 자신을 가리키는 것을 말한다. 자기지시는 직접적으로 문장이나 논리식을 매개로 하여 또는 인코딩을 통해 표현될 수 있다. 철학에서 그것은 또한 주체가 자신을 말하거나 가리킬 수 있는 능력을 말하기도 한다. 1인칭 주격 단수 대명사, "나"라는 단어는 자기 자신을 가리킨다. 자기 참조(지시)는 수학, 철학, 컴퓨터 프로그래밍, 언어학에서 연구되고 응용된다. 자기지시 명제들은 때때로 역설적이다. 고전철학에서 자신이 들어 올릴 수 없는 돌을 창조할 수 있는 전지전능한 존재가 존재하는 것이 가능한가라는 전지전능의 역설과 같은 자기지시 역설들이 제기되었다.

우로보로스

다양한 창조신화는 무엇이 창조자를 창조했는가 하는 문제를 해결하기 위해 자기 지시를 이용한다. 예를 들어, 이집트 창조 신화는 자신을 창조하기 위해 자신의 정액을 삼키는 신을 가지고 있다. 고대 그리스 신화에서 우로보로스[Ouroboros] 자신을 잡아먹는 뱀이다,

벨기에의 초현실주의 화가 르네 마그리트(René Magritte, 1898~1967)는 자기 지시 작품으로 유명하다. 그의 그림 〈이미지의 배반〉(1929)을 살펴보자. 그 그림에는 'Ceci n'est pas une pipe'("이것은 파이프가 아니다")라는 문구가 적혀 있는데, 그 진위는 전적으로 ceci라는 단어가 묘사된 파이프를 의미하는지, 아니면 그림이나 문장 그 자체에 대해 언급하는지에 달려 있다. 기하학적 원리와 수학적 개념을 토대로 2차원의 평면 위에 3차원 공간을 표현한 네덜란드의 판화가 에셔[Maurice Cornelis Escher]도 또한 손이 자신을 그리는 것과 같은 많은 자기지시 개념을 묘사하고 있다.

법원의 역설 :프로타고라스 대 에우아틀로스 소송

지금까지 전해지고 있는 가장 오래된 자기지시 역설의 사례 가운데 하나는 고대 그리스 소피스트인 프로타고라스와 그의 제자 에우아틀로스(uathlus) 사이에 벌어졌던 것으로 알려진 소송 이야기일 것이다. 그 역설은 '법원의 역설(paradox of the court)'로도 불리고 있는데 자기지시로 인해서 발생하는 전형적인 역설로 볼 수 있다. 그 이야기는 다음과 같다.

기원전 5세기에 그리스에 살았던 소피스트인 프로타고라스는 배심원들(juries) 앞에서 변론하는 기술 같은 수사을 가르치고 돈을 받았다. 프로타고라스는 변호사가 될 수 있도록 에우아틀로스에게 수사학을 가르치기로 계약했다. 에우아틀로스는 처음에 큰 금액의 수업료의 절반만 지불했으며, 그들은 에우아틀로스가 법정에서 첫 번째 소송에서 승소한 후에 나머지 반을 지불하기로 합의했다. 그러나 에우아틀로스는 꽤 오랫동안 개업을 미루었다. 프로타고라스는 돈을 원했을 뿐만 아니라 그의 평판을 걱정하며 소송을 하기로 결정했다. 법정에서 프로타고라스는 다음과 같이 변론했다.

"에우아틀로스는 그가 나에게 돈을 지불하지 말아야 한다고 주장하지만 이것은 터무니없다. 그가 이긴다고 가정해 보자. 이 사건이 그의 첫 번째 소송이고 승소했기 때문에 그는 나에게 돈을 지불해야 한다.

반면에, 그가 패소했다고 가정해보자. 그렇다면 그는 법원의 판결에 따라 나에게 돈을 지불해야 한다. 그는 승소하든 패소하든 나에게 돈을 지불해야 한다."

에우아틀로스는 훌륭한 학생이었고 프로타고라스의 변론과 비슷한 변론으로 반론을 펼쳤다.

"프로타고라스는 내가 그에게 돈을 지불해야 한다고 주장하지만 이것은 불합리하다.

그가 이 사건에서 승소했다고 가정해 보자. 나는 나의 첫 번째 소송에서 승소하지 않을 것이기 때문에 우리의 합의에 따라 그에게 돈을 지불할 필요가 없다. 반면에, 그가 그 소송에서 패했다고 가정해보자.

그러면 법원의 판단에 의해서 돈을 지불하지 않아도 된다. 그가 승소하든 패소하든 나는 그에게 돈을 지불하지 않아도 된다."

첫 번째 소송이 프로타고라스가 제소하지 않았다면 이런 역설은 나타날 수가 없었을 것이다. 첫 번째 소송 당사자가 바로 프로타고라스이었기 이런 역설이 발생했다.

공안[公案]:한 손으로 손뼉 치기

공안이란 선불교, 특히 임제종(臨濟宗)에서 참선하는 수행자에게 정진(精進)을 돕기 위해 사용하는 간결하고도 역설적인 문구나 물음으로 선가(禪家)에서 스승이 제자에게 깨침을 얻도록 인도하기 위해 제시한 문제로 인연 화두(因緣話頭)라고도 한다. 공안이란 말의 기원은 원래 중국에서 공부(公府)의 안독(案牘)이라고 하는 말, 곧 백성이 따라야 할 국가의 공문서(公文書)라는 뜻에서 나왔다. 현재 모두 1,700개의 공안이 전해지는데 이는 선사의 언행록에서 뽑아 모은 것이다. 공안은 당대(唐代)의 선문답(禪問答)에서 형성되기 시작하여 송대(宋代)에 이르러 성행하였고, 널리 알려진 공안집으로는 1125년에 중국 승려 원오극근(圓悟克勤)이 이전부터 있던 공안집에서 100개 정도를 가려내어 편집、주석한 《벽암록(碧巖錄)》과 1228년에 중국 승려 혜개(慧開)가 48개를 모은

《무문관(無門關)》이 있다.

대표적인 공안으로는 '양손이 마주칠 때 소리가 난다. 한 손으로 손뼉을 칠 때 나는 소리를 들어보라'라는 공안이 있다. 이 공안은 여러 가지로 해석할 수 있지만 자기지시로도 해석할 수 있다.

"처음에 수행자는 공안이 주의를 집중해야 할 활동성이 없는 물체라고 생각한다; 오랫동안 연속적인 반복을 반복한 후에, 그는 공안 역시 공안에 대한 답을 찾는 활동이라는 것을 깨닫는다. 공안은 추구되고 있는 대상이자 그것을 끈질기게 찾는 그 자신이다.

공안에서는 자아가 직접 자신을 보는 것이 아니라 공안을 가장하여 보는 것이다. 한 사람이 이 동일성을 깨닫는 순간, 두 손이 하나가 된다. 수행자는 그가 이해하려고 하는 바로 그 공안이 된다. 그것이 한 손이 내는 소리다."

(G. Victor Sogen Hori, "Translating the Zen Phrase Book")

공안은 바로 그 공안을 풀려고 하는 공안 자신이다! "한손이 내는 소리" 공안은 바로 자기지시 역설의 좋은 예라고 볼 수 있을 것이다.

라플라스의 악마

1814년에 프랑스의 수학자 피에르 시몽 라플라스는 만일 누군가(악마, Demon)가 우주 안의 모든 원자의 정확한 위치와 운동량을 안다면, 그것들의 과거와 미래 값은 고전 역학의 법칙들에 의해서 계산될 수 있다는 주장을 내놓았다. 이 소위 .라플라스의 악마[-惡魔, Laplace's demon]는 뉴턴의 운동 법칙을 이용해, 과거와 현재의 모든 현상을 설명해 주고, 미래까지 예언할 수 있을 것이라고 보았다.

"우리는 현재 상태의 우주를 과거의 결과이자 미래의 원인으로 간주할 수 있다. 어떤 순간에 자연을 움직이는 모든 힘들을 알고 있고 자연이 구성된 모든 물체들의 모든 위치를 알고 있는 지능은, 만일 이 지능이 이 자료들을 분석할 수 있을 정도로 방대하다면, 단 하나의 공식에 우주의 가장 큰 물체의 운동과 가장 극미한 원자의 운동들을 담을 것이다.; 그러한 지능에게는 그 어떠한 것도 불확실 하지 않을 것이며 과거와 마찬가지로 미래도 그것의 눈앞에 보일 것이다."

(Pierre Simon Laplace, *A Philosophical Essay on Probabilities*)

라플라스 자신은 "악마"라는 단어를 쓰지 않았다.

그렇지만 그 이전에 비슷한 생각을 라이프니츠도 제시했다.

"모든 것이 수학적으로 진행된다.... 누군가 사물들의 내적 부분들에 대한 통찰력을 가질 수 있다면, 게다가 모든 상황을 고려하고 그것을 고려할 수 있을 만큼 기억력과 지성을 가지고 있다면, 그는 예언자가 되어 거울에서처럼 현재에서 미래를 볼 것이다."

(G. Leibniz, in H. G. Alexander, ed., The Leibniz-Clarke correspondence, New York: Barnes and Noble (1956).)

강력한 지능이 미래를 볼 수 있을 것이라는 생각은 매우 흥미롭고 많은 사람들의 상상을 자극한다. 가령 예를 들어 중국계 오우삼 감독 영화 페이첵(Paycheck, 2003)에서는 미래를 보는 기계를 만들어서 돈과 권력을 차지하려는 계획을 둘러싼 이야기가 전개된다. 주인공 마이클 제닝스(벤 에플릭)는 분해 공학자로 각종 회사의 비밀스런 프로젝트들을 수행해 주고 프로젝트 완료 즉시 비밀보장과 엄수를 위해 자신이 맡아 수행했던 프로젝트에 대한 기억을 찾아내 삭제시켜 머릿속의 증거 자체를 없애 버린다. 그렇지만 이 영화에서 반전이 일어나는데 그 이유는 마이클이 바로 자신의 미래를 보기 때문이었다. 그 결과 미래가 바뀐다.

라플라스의 악마에 대해서도 같은 논법이 적용된다. 만일 라플라스의 악마가 자신의 미래를 볼 수 있다면, 그는 그대로 행동하지 않을 것이다. 그가 행동을 바꾸면서 미래도 바뀔 것이다. 자기지시의 역설이다.

무한의 역사

아낙시만드로스

무한 개념은 처음에는 밀레토스의 아낙시만드로스(Anaximander, BC 610~546 BC)와 함께 서양에 나타나는데, 그는 모든 사물의 원리는 아무런 한계가 없는 것이라고 제안했다. 이 무한한 원리는 그래서 한계가 없는 것(무한정자, 무한, 아페이론 aperion)이라고 불린다. 아무런 한계가 없기 때문에, 모든 반대는 아페이론으로 가면 초월되고, 창조된 것들 사이의 모든 갈등은 화해된다.

이태리 물리학자이자 저술가인 카를로 로벨리는 아낙시만드로스(BC 610~BC546)를 "첫 번째 과학자"라고 부른다. 과학적 연구의 독표는 정확한 양적 예측이 아니라 세계의 작동 방식을 이해하는 것이고 과학적 지식의 핵심은 확신 혹은 자기 세계관에 갇혀서 머무르지 않는 능력 또는 그런 확신과 세계관을 바꿀 준비가 되어 있는 태도, 관찰, 토론과 새로운 시각이나 비판들을 통해 실제로 변화하는 행동을 보이고, 모든 선입견, 숭배, 영원한 진실이라고 가정되는 것을 비판하고, 반항하고 배척하는 것이라고 정의한다면 최초의 과학자는 아낙시만드로스라고 로벨리는 주장한다. 동양에서는 맹자는 공자의 사상을 그대로 받아들이고 그것을 확장시킨 반면 아낙시만드로스는 스승인 탈레스의 사상을 비판하고 발전시켰다.

아낙시만드로스는 《자연에 관하여》라는 저서에서 다음과 같은 것들을 주장했다.:

- 대기현상은 자연적인 원인으로 인해서 발생한다. 빗물은 바닷물과 강물이 태양열로 인해 증발되어 생긴 것이다. 이러한 물은 결국 바람에 실려 땅으로 떨어진다. 천둥과 번개는 구름들이 격렬하게 부딪혀서 일어난다. 지진이 나고 땅이 갈라지는 이유는 너무 강한 열이나 폭우 때문이다.
- 지구는 크기가 정해져 있고 우주에 떠 있는 천체이다. 굳이 특정한

방향으로 떨어질 이유가 없음으로 떨어지지 않는다.

- 태양, 달, 별들은 완벽한 원을 그리며 지구 둘레를 돈다.
- 자연을 이루는 사물들의 기원 혹은 유일한 근원은 '양적이나 질적으로 제한이 없는 아페이론'이다.
- 자연은 필연성에 따라 발생한다. 이러한 필연성으로 인해서 시간이 흐름에 따라 현상이 전개된다.
- 아페이론이 뜨거운 것과 차가운 것으로 갈라지면서 세상이 생겨났다.
- 과거에는 물이 지구를 덮어서 동물은 원래 바다에 살았다. 최초의 동물은 물고기 아니면 물고기 비슷한 종류의 것이다. 물이 말라 육지가 드러나자 이들은 육지에 올라와서 새로운 환경에 적응했다.

아낙시만드로스의 『자연에 대하여』라는 그리스 최초의 철학책은 단편만 남아 있는데 거기에서 그는 세계의 근원은 전혀 규정되지 않는 물질이라고 하고, 이것을 아페이론이라고 불렀다. 이것은 불사불멸(不死不滅)의 영원히 운동하는 물질이고, 이것이 뜨거움과 차가움이라는 대립을 낳으며, 이들의 투쟁에 의해 만물이 만들어지지만, 만물은 또 필연적 법칙에 따라 쇠멸하여 근원으로 되돌아간다고 하였다.

아리스토텔레스에 따르면, 최초의 그리스 철학자들은 모든 것의 "기원" 또는 "원리"(그리스어 "아르케arché"는 두 가지 의미를 모두 가지고 있음)를 찾고 있었다. 아낙시만드로스는 이것을 "무한정" 또는 "한계가 없는 것" 또는 "무한"으로 보았다.

아낙시만드로스에게 만물의 원리인 "무한"에 관하여 아리스토텔레스는 다음과 같이 적고 있다.

"203b3. 이 사실들로부터 이 연구가 자연의 연구자들에게 적합하다는 것이 분명하다. 원리(근원)이 아니라면 무한은 끝이 없이 존재할 수도 없고 다른 어떤 힘도 가질 수 없기 때문에 그들은 모두 무한을 원리(근원)로 만든다. 모든 것은 근원이거나 원리에서 파생되기 때문이, 그러나, 무한을 파생시키는 원리는 없다. 만일 무한이 파생된 것이라면 무한은 한계가 있을 것이기 때문이다. 게다가, 그것은 생겨나지도 않고 소멸되지도 않는다, 그러므로, 그것은 일종의 원리임을 시사한다. 왜냐하면 생겨나는 것은 끝나야하고, 소멸되는 모든 것에는 종말이 있기 때문이다. 그래서 내가 말하듯이, 무한은 원리가 없지만 그 자체가 다른 것들의 원리가 되고 무한 이외의 다른 설명적인 요소들을 제공하지 않는 [자연 철학자들]에 의해 말해지듯이 '모든 것을 둘러싸고 모든 것을 조종하는' 것으로 생각된다. 그리고 그것은 아낙시만드로스와 대부분의 자연 철학자들이 말하듯이 '불사불멸'이며 이기 때문에 그것은 신적이라고 생각된다."

(아리스토텔레스, 자연학 203b 3-14)

피타고라스

약 532BC 즈음에 사모스의 수학자 피타고라스는 직각삼각형에 관한 유명한 피타고라스정리를 발견하였다. 피타고라스 정리는 서양문화에서 수학의 시작이었다. 그 이래 수학–증명 및 연역 추론의 기술–은 서양철학에 심오한 영향을 미쳐왔다.

아낙시만드로스는 무한을 좋은 것으로 보았지만 피타고라스는 그것을 혐오스럽게 보았다. 왜냐하면 그것은 이해할 수 없고, 한정되어 있지 않으며 우주에만 존재하는 조화와 아름다움이 결여되어 있기 때문이다. 피타고라스는 어느 날 대장간에서 들려오는 망치 소리에서 영감을 얻어 음과 수학적 연관성을 연구하기 시작했다고 전해진다. 피타고라스는 4

명의 대장장이들이 망치를 두들기는 소리를 들으면서 음악의 기초 법칙을 발견했다고 하는데, 그 망치들의 무게는 각각 12, 9, 8, 6 파운드였다. 이 수들에서 그는 옥타브(12:6 = 2:1). 제5음(12:8 = 3:2), 제4음(12:9 = 4:3) 그리고 온음[whole tone]]을 유도해 내었다. 피타고라스와 그의 제자들은 음악을 수학과 연결시켰고 음표들 사이 간격이 수치로써 표현될 수 있음을 발견하였다. 한 악기의 현의 길이는 이 간격에 대응하고 그것들은 숫자들로 표현되었다. 한 옥타브[octave 주파수 비(比)가 1대 2인 음정, 즉 완전 8도 음정을 의미한다] 스텝의 두 음조(tones)를 내는 두 현의 길이의 비는 2:1이다.

사실은 피타고라스는 모든 것에서 수를 보았다. 우주의 신적 원리들은 비록 감각으로는 지각할 수 없지만 수들의 관계로써 표현될 수 있다고 그는 확신했다. 그러므로 우주의 비밀은 연역 및 지각 가능한 세계에 관한 분석적 반성을 통해서 순수한 사고에 의해 드러날 수 있다고 그는 추론했다. 이렇듯 피타고라스는 모든 것이 수(數, number)이며, 우주는 이해할 수 있고 명확한 수적(數的) 원리에 의해 창조되고 통치된다고 가르쳤다. 피타고라스의 우주생성(cosmogenesis)에서는 세계는 원래 하나였고 거기서 복수(複數)의 것들이 파생되는 원리는 수 단위인 하나(일)에서 다른 모든 자연수들이 도출되는 것과 같다. 피타고라스학파는 모든 것들에서 한계와 무한정, 하나와 많은 것, 휴식과 운동과 같은 영원한 원리들이 조합되어 있다고 보았다. 생성되는 물질세계가 수학적 존재의 세계를 모방한다고 피타고라스학파는 보았고 이러한 통찰은 고대와 현대의 서양과학의 기초가 되었다. 그래서 그의 유명한 말 "만물은 수이다"가 나왔다. 피타고라스는 "정방 수square numbers" 그리고 "입방 수 cubic numbers"라고 말했다. 그는 수를 형태에 연관시켜서 산술을 기하에 관련시켰다. 그의 가장 위대한 발견인 피타고라스 정리는 그와 같은 일련의 사고에서 나왔다.

그러나 피타고라스학파의 세계상에서의 문제는 피타고라스학파 자신에 의해 발견되었다. 우주 전체가 자연수와 그것들의 비율에 의해 구성되고 정렬된다면, 모든 것은 다른 것들의 자연수 비율로 이해할 수 있어야 한다. 단위 사각형의 대각선의 길이가 그 변의 길이와 비-비례적이라는 것이 피타고라스 정리에 의해 거짓임이 드러났다. 현대 용어로 표현하면, 피타고라스학파는 2의 제곱근이 유리수가 아니라는 것을 발견했다.

그러나 그리스인들은 기하학적 크기와 수를 전혀 다른 종류의 것으로 보았다. 수들은 이산적인 1, 2, 3... 같은 정수들로서 짝수, 홀수, 소수 등의 성질을 갖는 것들이었다. 한편, 기하학적 크기는 짝수와 홀수의 개념이 의미가 없는 연속적인 공간적 대상이었다. 산술적 양으로써 기하학적 크기를 표현할 수 없었기 때문에 그리스인들은 산술과 기하학을 근본적으로 구별해야한다고 생각했다.

수학에서 기하학의 연속적인 크기와 산수의 이산량 사이의 구분은 무한정과 한계, 무한과 유한 사이의 관계에 중대한 문제가 있다는 하나의 징후였다. 기하학의 연속적인 크기는 무한정하고 이해 불가한 아페이론이었다., 이산적인 수와 그 비율로는 기하학적 크기를 나타낼 수 없었다.

제논

기원전 5세기경 엘레아에서 활동한 그리스 철학자 제논(Zenon of Elea, BC 490?~BC 430?)이 반대자들의 공격으로부터 파르메니데스(Parmenides, BC 515?~BC 445?)의 철학을 지키기 위해 사용했던 논증 방법인 제논의 역설

[Zenon's paradoxes]은 존재가 일자가 아니고 다자일 때 존재가 움직인다고 가정할 때 그 논리가 가진 모순들을 지적해서 그 주장이 자가당착적임을 보인다. 그것은 일원성과 불변을 주장하는 스승 파르메니데스의 견해를 간접적으로 지지하기 위해서 고안되었다. 고대 그리스에서 많은 주장들이 공간과 시간은 무한히 나눌 수 있다는 개념에 결정적으로 의존하기 때문에, 제논은 무한의 개념이 문제적이라는 것을 처음으로 보여준 사람이었다.

기원전 5세기 초 파르메니데스는 외관과 실재의 구분을 강조했다. 실재는 불변이고 파괴될 수 없는 간단없는 일자이기 때문에 실재의 모습은 기만적이라고 그는 말했다. 우리의 일반적인 관찰은 거짓된 것을 보여준다. 그들은 실재를 보여주지 않는다. 이 형이상학적 이론은 헤라클레이토스의 이론과는 정반대지만, 분명히 제논에 의해 뒷받침되었다. 플라톤에 따르면 역설은 움직임, 변화, 그리고 존재론 그리고 복수성(즉, 다수의 것들이 있다는 인식)이라는 현실에 대한 우리의 상식적인 믿음은 모순적임을 증명함으로써 파르메니데스를 위해 상세하고 뒷받침적인 주장을 제공하도록 설계되었다. 플라톤의 제논에 대한 고전적 해석은 아리스토텔레스를 비롯해 수세기 동안 대부분의 다른 해설자들에 의해 받아들여졌다. 그의 이분법과 아킬레스 역설은 아마도 어떤 연속적인 과정에도 무한한 시간이 소요된다는 것을 증명하는 것으로 추정되는데, 이는 역설적이다. 제논의 화살과 경기장 역설은 불연속적인 변화의 개념이 역설적이라는 것을 보여준다. 왜냐하면 연속적인 변화와 불연속적인 변화는 모두 역설적이기 때문이다.

제논 이전의 그리스 사상가들은 시를 써서 자신들의 철학적 견해를 제시하는 것을 선호했다. 제논은 시에서 벗어나 명시적인 전제나 결론을 담고 있는 산문을 쓰기 시작했다. 그리고 그가 반대한 일부 논제를 잠정벅으로 가정하고 나서 모순적인 결론이나 모순을 추론하려고 함으로써 그의 역설에서 간접적인 증명 방법을 채용하여 그 잠정적인 가정을 무너뜨렸다. 이러한 간접적인 증명 또는 귀류법은 아마도 그리스 수학자들로부터 비롯되었을 것이지만 제논은 그것을 좀 더 체계적이고 의식적으로 이용했다.

상대 논리의 허점을 지적하기 위한 제논의 역설들은 아리스토텔레스와 플라톤 같은 후대 철학자들의 저작을 통해 알려졌다. 10가지 역설이 현재 알려져 있다. 운동과 복수성에 관한 역설들과 장소 그리고 조알에 대한 역설들이 있는데 그 중 가장 대표적인 네 가지는 〈아킬레우스와 거북이의 역설(Achilles and the tortoise paradox)〉, 〈화살의 역설(Arrow paradox)〉, 〈이분법의 역설(Dichotomy paradox)〉, 〈경기장의 역설(Stadium paradox)〉이다.

제논(Zeno)은 이산과 연속 간의 양립불가능성을 설명하는 몇 가지 유명한 역설을 개발했다. 예를 들어, 제논의 사고실험의 한 변형에서, 날아가는 화살은 표적을 맞힐 수 없다. 왜냐하면 그것은 먼저 표적의 절반까지 이동해야 하고 그 다음에 나머지 거리의 절반을 이동해야 하고 이런 식으로 무수히 여러 번 이동해야 하기 때문이다.

산술적으로 말하면 목표물까지의 총 거리가 1이면 화살은 먼저 1/2의 거리를 이동한 다음 다시 1/4의 거리를 이동하고 그 다음 1/8의 거리를 이동해야 한다. n 단계를 거치면 화살표로 이동한 총 거리는 $1/2 + 1/4 + 1/8 + ... + 1 / 2^n = 1 - 1 / 2^n$ 이 된다. 그러나 n이 아무리 커도 이 합계는 n의 모든 값에 대해 1 − 1 / 2n 〈1이므로 항상 목표물에 도달하지 못한다. 따라서 화살은 절대 목표를 맞힐 수 없다.

제논은 이 사고실험을 사용하여 연속적인 운동의 단일성을 이산적인 단계들로써 이해하려고 시도할 때 나타나는 내재하는 모순을 보여준다. 그러나 제논도 피타고라스학파도 이 역설을 해결하지 못했다. 따라서, 무한계와 한계 사이의 긴장은 서구사상의 변증법에서 계속 나타났다.

제논이 창안한 복수성의 역설 중에서 가장 도전적인 것은 무한 분할의 역설이다. 어떤 물체가 이론적으로 다수의 부분들로 나눌 수 있다고 가정하자. 제논에 따르면, 재조립 문제가 발생한다. 물체를 두 개의 겹치지 않는 부분들로 자른 다음, 이와 유사하게 이 부분들을 다시 부분들로 자른다고 상상해 보자. 이 분할 과정을 무한히 반복한다.

가상의 분할이 끝까지 간다고 가정하면, 마지막에 우리는 제논이 말하는 "원소들"에 도달한다. 여기에서 재조립에 관한 문제가 발생한다. 가능성은 세 가지다. (1) 그 원소들은 아무것도 아니다. 그럴 경우 원래의 물체는 무(無)의 합성물이 될 것이고, 따라서 전체 물체는 단순한 외관에 불과하게 될 것이며, 이것은 터무니없다. (2) 원소들은 어떤 것이지만 크기는 0이다. 그런데 크기가 0인 것들을 무한 번을 더하면 그 합은 0이기 때문에 원래의 물체는 크기가 없었다. 이것은 황당무계하다. (3) 원소는 어떤 것이지만 0의 크기를 가지고 있지 않다. 만일 그렇다면 이것들은 더욱 분할될 수 있고, 분할 과정은 결국 끝나지 않았다는 말이 되는데, 이는 그 과정이 이미 완료되었다는 우리의 가정과 모순된다. 요약하면 세 가지 가능성이 있었지만 세 가지 가능성 모두 모순을 낳는다. 그래서 물체는 다수의 부분들로 나눌 수 없다.

조알 역설도 있는데 여기에는 두 가지 공통적인 해석이 있다. 첫 번째 해석인 표준 해석에 따르면, 1부셸의 조알들이 이 용기에서 바닥으로 떨어질 때, 소리가 난다. 부셸의 조알들은 개별 알갱이들로 구성되어 있기 때문에, 각각의 알갱이도 소리를 내고, 다시 각 알갱이의 천분의 일도 그만큼의 소리를 내고 다시 그것들의 천분의 일도 그만큼 소리를 내고 궁극적인 부분들도 그만큼의 소리를 낼 것이다. 그러나 이 결과는 우리가 실제로 한 알갱이의 천분의 일이 내는 소리를 듣지 못하듯이 궁극적인 부분이 내는 소리를 듣지 않는다는 사실과 모순된다. 하지만, 부셸의 궁극적인 부분이 소리를 내지 않는다면 어떻게 소리를 낼 수 있을까? 이 주장의 원천은 아리스토텔레스 물리학 제4장 250a19~21이다. 조 또는 밀 알갱이 부분이 소리를 내면 다음 작은 부분도 소리를 내야 한다는 반복적인 규칙에는 호소력이 있는 것 같다.

중국 명가의 역설

중국 전국시대에 나타난 제자백가의 하나로 이름[名]과 실재[實]의 관계에 대한 논리적 분석을 통해 인간 인식의 상대성과 제한성을 강조하였으며, 명실(名實)의 불일치를 극복하여 천하를 바로잡겠다는 명실합일의 정치사상을 전개한 명가[名家]는 궤변처럼 보이는 주장을 하기도 했는데. 특히 명가를 대표하는 사상가 공손룡의 '백마비마론'은 후세까지도 궤변의 대명사처럼 여겨지기도 했다. "날아가는 새의 그림자는 움직이지 않는다."라는 명가의 학설은 시간과 공간의 한 순간에서는 움직임이 정지 상태에 있다는 제논의 화살의 역설과 유사하다.

또한 공손룡(公孫龍)과 더불어서 고대 중국의 제자백가 중 명가(名家)의 대표적 인물인 혜시(惠施, 기원전 370년?~기원전 310년?)는 중국 전국시대의 정치가, 사상가이다. 그의 저술은 매우 많았다고 하나, 현재 전해지는 것은 없다. 장자[천하] 편에 이른바 '역물10사(歷物十事)'라 불리는 10개의 명제가 전해지고 있다. 이 명제들은 모두 모순된 명제들이다. 증명은 없이 결론적인 명제만 10개 제시되었다. 그 중에는 무한을 다루는 것도 있다.

1) "무한히 큰 것은 바깥이 없으니, 이를 일러 '큰 하나'라 한다.
무한히 작은 것은 안이 없으니, 이를 일러 '작은 하나'라 한다."
(至大無外, 謂之大一；至小無內, 謂之小一。)

2) "두께가 없음은 쌓을 수 없으나, 그 크기는 천리이다."(無厚不可积也, 其大千里)

이 두 번째 역설은 제논의 무한분할 역설과 흡사하다. 무한 분할하면 크기가 0이 되지만, 원래 물체는 크기가 있다.

아리스토텔레스의 가무한

철학 사상에서 무한과 유한 사이의 변증법이 작용한 중요한 방식들 중 하나는 존재와 생성 사이의 관계를 이해하려는 시도였다. 무한한 존재의 세계에서 유한한 생성의 세계가 어떻게 생겨났는지를 설명하는 문제에 더하여, 생성이 존재와 어떻게 관계될 수 있는지를 이해하는 문제가 더 있다. 헤라클레이토스(Heraclitus)는 사실은 모든 대립물이 하나로 통일되어 있고 생성이라는 무상한 흐름은 그 통일성이 나타나는 한 가지 형태라고 가르쳤다. 통일적인 하나가 여러 가지 형태로 변태한다. 파르메니데스 (Parmenides)도 사실상 하나(일자)만 있다고 단언했지만 그는 헤라클레이토스와는 다르게 변화와 복수가 애초부터 불가능하다고 주장하였다. 따라서, 피타고라스의 정적인 존재라는 영역은 근본적으로 일시적인 사물들의 무상함과 양립할 수 없다. 그러나 헤라클레이토스도 파르메니데스도 이 문제에 대한 철저한 만족스러운 철학적 해결책을 제시하지 못했다.

존재와 생성의 영역은 형태(이데아)와 감각계라는 분리된 영역들이 아니다. 대신에 존재와 생성은 형태(이데아)와 감각 사물의 본질에 함축되어 있다. 그러므로 무한정과 한계는 서로 근본적으로 대립되지 않는 공존하는 원칙들이다. 플라톤은 무한과 유한을 하나로 종합하였고 이것은 그의 주요한 공헌 중 하나였다. 그는 무한과 유한 간의 관계를 이해할 수 있는 방법을 제공한다.

제논을 비롯한 여러 사람들에 의해 발견된 무한의 역설에 근거하여, 아리스토텔레스는 무한이 그 어떠한 방식으로도 실제로 존재할 수 있다는 개념을 거부하고 무한은 단지 잠재적이 될 수 있을 뿐 가무한만 있고 실무한[實無限, actual infinite]은 없다고 주장했다. 다른 말로하면 아리스토텔레스는 무한은 실제로 존재하는 현실은 아니라고 보았다. 예를 들어, 아리스토텔레스의 견해에 따르면, 자연수들은 셈을 계속할 수 있음으로 한계가 없어서 잠재적으로 무한하다.

우리가 아무리 수를 세어도 어떤 유한한 수까지만 세기 때문에 정수들은 실제로 무한하지 않다. 사람은 실제로 무한까지 셀 수 없다. 또한 아리스토텔레스는 연속체는 실제로 존재하지 않는다고 보았다. 따라서 아리스토텔레스에 따르면, 화살은 공간이 실제로 무한히 나뉘어져 있지 않기 때문에 표적에 도달한다. 그러나 이 해결책을 역설에 적용하면서, 아리스토텔레스는 연속체의 존재를 가정하는 기하학의 기초를 암묵적으로 거부하는 셈이 된다. 그러나 아리스토텔레스의 무한 개념에 대한 이런 문제가 있다고 해도 그의 생각은 수세기 동안 널리 영향을 미칠 수 있었다.

에우독소스와 실진법

아리스토텔레스의 잠재적 무한이라는 관념을 써서, 그리스 수학자 에우독소스[Eudoxus (BC 408-355)는 2천 년 후의 미적분의 원자론적 방법의 씨앗을 심었다. 아르키메데스(Archimedes, 287-212 BC)는 에우독소스의 실진법(悉盡法, method of exhaustion)은 광범위하게 사용하여 기하학적 도형과 관련된 산술공식을 얻었다.

예를 들어, 그는 다음과 같이 원의 면적에 대한 공식을 도출할 수 있었다. 원 밖과 원 안에 정 n－다각형 내접시킨다. 이제 측면의 수 n이 커질수록 내접하고 외접하는 두 다각형이 원의 모양에 접근한다는 것을 알 수 있다. 따라서 n의 값이 클 경우 두 다각형의 면적이 원의 면적에 매우 근접하게 된다. 원의 면적은 항상 더 작은 정다각형의 면적과 큰 정다각형의 면적 사이에 있다. 그러므로 원의 면적은 충분히 큰 n의 값을 선택하고 2개의 정다각형의 면적을 계산함으로써 얼마든지 원하는 정확도로 계산할 수 있다. 그러나 이 방법은 원의 면적에 정확한 값을 제공하지 않는다는 약점이 있다.

원의 실제 면적에 대한 정확한 공식에 도달하려면 n을 무한대와 등치시켜야 한다. 그러나 그러려면 무한한 수의 삼각형들을 더해야 하는데 그것은 현실적으로 불가능하다. 더욱이,무한히 작은 삼각형의 변은 길이가 0이 되어서 그 면적은 0이 된다. 따라서 무한한 수의 면적 0인 삼각형들을 더하면 그 합은 0이 된다. 따라서 에우독소스의 실진법은 실제 무한대에 적용하면 모순과 역설을 수반한다.

그의 방법으로는 일정한 연속적인 크기를 정확하게 계산할 수도 없고 유한으로써 무한을 이해할 수도 없다. 그의 실진법은 연속 크기에 대한 유한한 근사값을 계산하는 기법일 뿐이다. 에우독소스의 기법은 실용적이지만 무한의 근본적인 문제를 해결하지 못했다. 예를 들어 실무한이 없다면 기하학에서 나타나는 무한 연속체는 어떻게 이해해야 하는가?

쿠자누스

플라톤의 통찰은 기독교 세계관을 토마스 아퀴나스(1224~1274 CE)가 아리스토텔레스 사상을 퍼뜨리기 전까지 기독교에서 지배적인 사상이었다. 그러나 아퀴나스는 아리스토텔레스와는 다르게 형이상학적 무한 즉 신을 믿었다. 한편, 기하학적 연속성으로 표현되는 무한을 더 미묘하게 이해하는 데 도움이 되는 다양한 수학적 논증이 개발되었다. 예를 들어 둔스 스코투스(Duns Scotus, 1266년~1308년)는 원이 무한한 수의 점들로 구성되어 있다고 생각하는 것은 올바르지 않다고 주장했다 크기가 다른 두 개의 동심원을 보자.

한편으로 큰 원은 더 긴 원주를 가지므로 더 작은 원보다 더 많은 점을 가져야 한다. 반면에 두 원의 점은 일대일 대응으로 쌍을 이루기 때문에 같은 수의 점을 가져야 한다. 이와 같은 논증들은 무한에 대한 추론이 항상 완전히 비합리적이지는 않다는 것을 보여준다. 결론은 역설적일지 모르지만, 아마도 이성이 전적으로 모순이 없이 무한대에 어떻게든 적용될 수 있다는 것을 그것은 시사한다. 이 가능성을 보여주고 수리적이 철학적 무한을 향한 사고의 흐름을 돌리는 첫 번째 인물은 쿠자누스였다.

쿠자누스([Nicolaus Cusanus], 1401~1464)는 독일 추기경, 철학자 및 행정관이었다. 그의 첫 번째이자 가장 유명한 논문, 유식한 무지(De Docta ignorantia)은 유한과 무한에 대한 신비한 담론이다. 이 독창적인 논문은 무지의 지와 대립물의 일치에 대한 그의 중요한 철학적 개념을 제시하는 것 외에도 전통적인 교리와는 완전히 다른 다양한 대담한 천문학 및 우주론을 포함한다. 예를 들어, 코페르니쿠스 훨씬 전에, 그는 지구가 우주의 중심에 있지 않고 정지해 있지 않다고 주장했다. 또한 그는 케플러(Kepler)보다 훨씬 오래 전에 행성의 운동이 원운동이 아니라고 주장했다. 그러나 이러한 사변은 경험적 관측에 근거한 것이 아니라 형이상학적 원리에 근거한 것이었다.

그는 유한과 무한은 비교불가라고 주장했다.:

무한과 유한의 비교 관계가 없다는 것은 자명하다. ... 그러므로 닮음을 통해 유한한 지성이 사물에 대한 진리를 정확하게 얻을 수 있지 않다. ... 진실은 더 많거나 적은 어떤 것이 아니라 나눌 수 없는 어떤 것이기 때문이다. 진리가 아닌 것은 진리를 정확하게 측정할 수 없다. ... 지성은 진리에 대한 관계는 내접다각형이 원과의 관계와 같기 때문이다.

(쿠자누스, 유식한 무지 중)

여기서 쿠자누스는 형이상학적인 아이디어를 설명하기 위해 수학적 비유를 도입한다. 확정적인 다각형이 연속적인 원을 측정할 수없는 것처럼 우리의 유한한 마음은 무한을 알 수 없다. 우리가 무한에 대해 알 수 있는 것은 우리가 무한을 알 수 없다는 것이다. 쿠자누스는 우리가 무한자를 이해하려면, 대립물의 일치를 통해 그것을 이해해야 한다고 주장했다. 예를 들어, 그는 무한에서 원이 직선과 일치한다고 가르쳤다. 그는 점점 더 커지는 직경의 원들을 고려함으로써 이 역설적인 진술을 설명했다. 원의 크기가 커질수록 주어진 원주는 덜 구부러지고 직선과 유사해진다. 그러므로 무한한 원은 선과 일치한다. 그러나 이 대립물들이 실제로 일치한다는 사실은 이성적인 마음으로는 이해할 수 없다. 그것은 합리적인 용어로 일관되게 표현될 수 없는 신비한 통찰을 통해서만 볼 수 있다. 따라서 니콜라우스는 유한과 무한이라는 대립물을 마음속에서 합치시킨다. 그는 우리의 합리적 이해의 한계에 대해 논하는 동시에 이러한 한계를 초월하는 통찰을 지적했다.

대담하게도 당대의 우주론에 반하여 쿠자누스는 우주가 천구에 둘러싸여 있지 않으며 지구 또는 태양이 그 중심에 있지 않다고 주장했다.

"세계 기계에는 이 감각적 지구, 공기, 불 또는 그 어떤 것이든 고정된 부동의 중심이 될 수는 없다. 운동 중에는 고정된 중심과 같은 최소가 없기 때문이다. 그리고 비록 세상은 무한하지 않지만, 그것이 둘러싸인 경계가 없기 때문에 세상은 유한하다고 상상할 수 없다. ... 그러므로 지구가 세계의 중심이 아니듯이, 고정된 별들의 천구는 그 둘레가 아니다."

우주는 무한히 크기 때문에 어떤 점이라도 똑같이 중심으로 볼 수 있음으로 고유한 중심이 전혀 없다. 따라서 쿠자누스는 공간적 관점을 우주론에 도입했다.

"지구, 태양, 또는 다른 별에 있는 모든 관측자들에게 언제나 마치 부동의 중심에 있고 다른 모든 것이 움직이는 것처럼 나타나기 때문에 사람은 자신과 관련하여 항상 다른 극들을 선택하게 될 것이다. 사람이 태양, 지구, 달, 화성 등 어디에 있든 상관없다. 그러므로 세계 기계는 어디서에 중심이 있고 그것의 둘레는 아무 데도 없다. 왜냐하면 그 둘레와 중심은 어디 에나 있고 어디에도 없는 신이기 때문이다."

쿠자누스는 한층 더 나아가 지구가 실제로 움직이고 있다고 주장한다.: "중심이 될 수 없는 지구는 모든 움직임을 결여할 수 없다. 사실, 무한히 덜 움직일 수 있는 방식으로 움직여야 할 필요가 있다."

케플러를 예견한 것처럼 쿠자누스는 행성과 별의 움직임은 원운동이 아니며 등속도 아니라고 말한다. 그의 우주론적 추측은 단지 코페르니쿠스 혁명만을 예견했을 뿐 아니라 그것들을 훨씬 넘어갔다. 쿠자누스의 우주는 한정된 크기의 태양 중심의 우주가 아니라 크기가 무한한 중심이 없는 우주였다.

쿠자누스는 또한 수학에서 미적분과 연속체의 수학에 대한 길을 닦을 가능성을 열었다. 피타고라스학파가 자연수들의 비율로 표현할 수 없는 특정한 기하학적 크기를 발견한 이후로 수학은 산술과 기하학이라는 두 가지 비교불가한 분과로 나뉘어졌다. 이 분과는 무한(기하학적 연속체)와 유한(정수의 산술) 사이의 근본적인 구분이었다.

그러나 아랍인들은 엄격한 이론적 기초의 결여를 무시하고 무리수를 자유롭게 사용하였다. 무리수들은 피사의 레오나르도 (Leonardo of Fisa, 피보나치)가 1200년에 처음으로 유럽 전역에 소개하였다. 비록 유럽 전역에서 광범위하게 사용되었지만, 유한 십진법 전개 같은 명확한 방법으로 표현할 수 없기 때문에 무리수가 실제로 어떤 의미에서 수인지 명확하지 않았다. 실제로 무리수의 기초는 무한의 수학을 필요로 한다. 따라서 무한이 절대적으로 생각할 수 없는 것으로 간주되는 한 그러한 수학은 발견될 수 없었다. 무한의 논리를 사용하고 무한의 실재성을 되살려서 쿠자누스는 수학에서 중요한 발전을 위한 문을 열었다.

해석기하학

데카르트(René Descartes,1596-1650)와 페르마(Pierre de Fermat,1601~1665)가 산술과 기하학을 통합한 것은 근대과학 발전에서 필수적인 발판이었다. 해석기하학은 기하학적 대상을 대수 방정식으로 변환하거나 그 반대의 경우도 가능하게 해주었다. 이러한 대응은 기하학적 평면에 평면상의 각 점 P에 고유한 쌍의 수 (x, y)를 연결하는 데카르트 좌표계를 드입함으로써 가능하다. 예를 들어 중심에서 등거리에 있는 점집합과 같이 기하학적으로 정의되는 원은 대수적으로 방정식 $x^2 + y^2 = r^2$을 만족하는 좌표집합으로 나타낼 수 있다. 여기서 r은 원의 반지름이다.

그러나 해석기하학의 기초에서 기하학적 공간의 연속체에 있는 각 점에 하나의 수가 실제로 대응된다는 암묵적인 가정이 있었다. 그러나 피타고라스 사람들이 보여주었듯이 어떤 기하학적 크기에는 그와 대응되는 유리수-즉 자연수 비는 없다. 십진법 전개와 같은 수 형식으로 특정 점의 좌표를 표현하려고 시도하면 그것은 무한수열이 된다. 그럼에도 해석기하학은 이러한 미해결 문제가 그 토대에 있는 데에도 계속해서 사용되었다. 실수에 대한 엄격한 수학적 기초가 최종적으로 마련되기까지는 수백 년이 걸렸다.

미적분학

미적분은 심오한 수학적 돌파구였지만 그 가정에는 무한의 역설이 내포되어 있었다. 미적분의 발전은 대부분 다음과 같은 문제에 의해 유발되었다. 곡선상의 임의의 점을 주면 그 점에서의 곡선에의 접선은 무엇인가? 해석적 기하학을 사용하면, 이 문제는 하나의 양(예 : 시간)의 임의의 다른 양(예 : 위치)의 변화율(예 : 속도)은 무엇인가에 상응하는 대수적 문제로 해석 될 수 있다.

이 문제를 해결하기 위한 체계적인 방법은 뉴턴(Isaac Newton, 1642~1727)과 라이프니츠(G. W. Leibniz,1646~1716)에 의해 독자적으로 지금은 미적분이라고 불리는 것을 만들어 냈다. Eudoxus의 기법을 임의의 곡선으로 일반화하고 해석기하학을 사용하여 대수 방정식에 그 원리를 적용함으로써 라이프니츠와 뉴턴은 이전에는 해결할 수 없었던 많은 수학적 문제를 해결하는 강력한 기법을 제공했다. 미적분으로써 예를 들어 뉴턴이 고전 물리학의 법칙과 보편적 인 중력법칙을 공식화할 수 있었다. 이것은 서구 역사에 중대한 영향을 미쳤다. 무한에 대한 형이상학적 사고가 어떻게 세상에서 극적인 결과를 가져 왔는지에 대한 가장 강력한 예이다.

그러나 실용적인 성공에도 불구하고 미적분의 핵심에는 역설과 모순이 있었다. 미적분은 유한한 방식으로 표현될 수없는 무리수의 존재를 당연한 것으로 여긴다는 사실 외에, 또한 무한히 작은 양의 무한한 합계를 포함하는 수학적 조작을 포함한다. 이 이상한 무한소(infinitesimals)는 어떤 양수보다 한 번 작지만 그렇다고 0도 아니다. 설상가상으로, 미적분은 또한 무한소의 무한합을 계산하는 과정을 수반했으며, 그 결과 불가사의하게 유한한 수를 산출했다. 미적분이 작동했고 따라서 거기에는 모종의 진리가 있었다.

19세기가 돼서야 미적분에 대한 엄격한 기초가 Augustin Cauchy,

1789~1857)와 Karl Weierstrass,(1815~1897)에 의해 제공되었다. 문제에 대한 해결책의 본질은 무한소와 무한을 모두 없애고 대신 잠재적으로 임의로 작게 만들 수 있는 작지만 한정된 양들 사이의 관계로 생각하는 것이었다. 이 접근법은 극한(limit)이라는 수학 개념에서 정식화되었다.

그러나 해석기하학과 미적분학의 기초에 근본적인 문제는 해결되지 않았다 : 어떻게 유한 조건으로 표현될 수없는 무리수를 사용하는 것이 정당화될 수 있는가? 이 문제에 대한 해결책은 리차드 데데킨트(Richard Dedekind, 1831~1916)에 의해 제공되었는데, 본질적으로 연속체의 무한을 공식적으로 수학에 도입할 수밖에 없었다. 데데킨트는 기하학적 연속체에 2의 제곱근과 같은 그 어떠한 유리수에도 대응하지 않는 점이 있으므로, 그러한 유리수들 사이의 '갭'을 무리수로 채우는 기법을 고안했다. 그러나 데데킨트의 정의에는 무한한 유리수집합이 필요했다. 따라서 해석기하학과 미적분학에 사용되는 수의 기초를 제공하기 위해 실무한이 궁극적으로 수학에서 명시적으로 도입되어야 했다.

게오르그 칸토어도 또한 수학에서 실무한을 되찾아주는 역할을 했다. 그는 일련의 최초의 체계적인 수학적 집합론뿐만 아니라 초한(超限)수의 엄격한 수학을 제공한 최초의 인물이다. 칸토어의 근본적인 공헌 중 하나는 무한집합들의 크기를 비교하는 방법이다. 칸토어는 두 집합들 간에 일대일 대응이 있으면 그 두 집합의 원소들의 개수는 같다.

02 수 체계

고대 그리스의 수 개념

수학의 정의

수학을 나타내는 영어의 mathematics라는 단어는 고대 그리스어(μάθημα(máthēma))에서 유래되었는데, "배운 것", "알게 되는 것"을 의미하며, 따라서 "학문"과 "과학"을 의미하기도 한다.

현재에 일반적으로 받아들여지는 수학의 정의는 없다. 아리스토텔레스는 수학을 "양의 과학"이라고 정의했고 이 정의는 18세기까지 우세했다. 19세기에 수학 연구가 엄밀해지면서 양과 측정에 대한 명확한 관계가 없는 군론과 사영기하학 같은 추상적인 주제를 다루기 시작하면서 수학자와 철학자들은 다양한 새로운 정의를 제안하기 시작했다

오늘날 수학에 대한 세 가지 선도적인 유형의 정의들은 논리주의, 직관주의, 형식주의라고 하는데, 각각 다른 철학적 사상 학파를 반영하고 있다. 그것들 모두 심각한 문제를 가지고 있고, 어느 것도 널리 받아들여지지 않고 있다.

일부 현대 철학자들은 수학은 과학이 아니라고 생각하며, 저명한 과학철학자 칼 포퍼를 인용한다. 그러나 칼 포퍼 자신은 대부분의 수학적 이론은 물리학과 생물학처럼 가설적-연역적이며, 따라서 순수 수학은 그 가설이 추측인 자연과학에 훨씬 더 가까운 것으로 보았다.

수학은 특히 가정의 논리적 결과들을 탐구한다는 면에서 물리과학의 많은 분야와 공통점이 많다. 직관과 실험은 또한 수학과 (기타)과학 모두에서 추측의 형성에 역할을 한다. 실험 수학은 수학 내에서 계속해서 중요성이 커지고 있으며, 계산과 시뮬레이션은 과학과 수학 모두에서 점점 더 많은 역할을 하고 있다.

그리스 수 개념의 난점과 피타고라스학파

피타고라스는 "만물은 수"라고 말했다고 전해진다. 즉, 우리가 보고 듣는 모든 것은 셀 수 있다고 그는 보았다. 그리스 기하학은 기원전 6세기에 피타고라스학파와 함께 시작되었다.

그리스에서 "수 number"는 자연수를 가리킨다. 그래서 "수"는 "확정적인 사물의 확정적인 개수 a definite number of definite things"를 가리킨다. 이러한 수 개념은 그리스 수학과 철학에서 시대가 가도 불변으로 남았다. 그것은 서양에서 16세기까지 "numerus"라는 단어의 의미로 쓰였다.

그렇지만 수 개념은 그리스 수학과 철학에서의 2가지 근본적인 문제를 수반했다.

1) 세어지는 것들의 특징은 무엇인가? 세어지는 것들은 어떠한 의미에서 "단위들"인가?
2) 어떠한 의미에서 그 사물들 또는 "단위들" 자체가 하나의 통일체

(unity)인가? 하나라는 단어에 의해 표현되는 수는 하나의 통일체인가?

피타고라스학파는 주로 2번째 문제에 관심을 기울였다. 어떻게 해서 많은 사물들이 하나로 이해될 수 있는가?

5개 의자들, 7명의 사람들, 10마리 암소들. 모든 경우에 수(5, 7, 10,...)들은 많은 것들을 나타내지만 우리는 그 수로 우리는 많은 것들이 하나의 집합, 하나의 집단을 이룬다고 이해한다. 피타고라스학파가 발전시킨 수의 학문 "산술 [arithmetic, 算術]"은 그 문제에 대한 해답을 제공하려 했다.

모든 가시적인 것들에 관한 한, 피타고라스학파의 "산술"은 단지 "수학적" 학문이 아니라 주로 가시적인 우주의 학문 즉 우주론 즉 우주의 통일성과 질서에 관한 학문이었다.

피타고라스학파에게 홀수는 좋은 것이었는데, 그 이유는 "하나"가 좋은 것이기 때문이었다. 피타고라스학파는 홀수, 짝수, 소수, 서로 소인 수, 과잉수, 완전수, 부족수, 친화수, 완전수 등 수들을 다양하게 분류하였다. 여기에서 완전수(完全數)란, 자기 자신을 제외한 모든 약수의 합이 자기 자신과 같은 수를 말한다. 또, 과잉수(過剩數 abundant number)란, 자기 자신을 제외한 모든 약수의 합이 자기 자신보다 큰 수이를 말하고, 부족수(不足數 : deficient number)란 자기 자신을 제외한 모든 약수의 합이 자기 자신보다 작은 수이다. 예를 들면, 6의 약수는 1, 2, 3, 6이고 8 = 1 + 2 + 3임으로 6은 완전수이다. 18 〈 1 + 2 + 3 + 6 + 9, 8 〉 1 + 2 + 4이므로 18은 과잉수이고 8은 부족수이다. 또, 친화수(親和數 : amicable number)란, a가 b의 자기 자신을 제외한 모든 약수의 합이 되고, 또 b가 a의 자기 자신을 제외한 모든 약수의 합이 되는 한 쌍의 수 (a, b)를 가리키는 말이다. 그들은 왜 이런 분류를 했을까? 그것들은 모든 수에 하나의 통일성을 주려고 하기 때문이었다. 가령 "6"은 "하나"이다. 즉 모든 6개의 사물들은 하나의 집단으로 볼 수 있다. 왜냐하면 "6"은 하나의 삼각형으로 나타낼 수 있고, 그 삼각형은 6개의 것들을 하나가 되게 하기 때문이다. 모든 가시적인 사물은 어떤 사물들의 집단 따라서 어떤 자연수 종에 속한다. 그런 의미에서 모든 가시적인 것들의 "본성"은 "수"이다.

테트락티스(tetractys)는 점을 삼각형 모양으로 배열한 삼각수이고, 점의 개수는 1 + 2 + 3 + 4 = 10인 4번째 삼각수가 된다. 그 갯수만큼 점을 써서 배열할 때, 1, 3, 6, 10, ...과 같이 정삼각형으로 배열할 수 있는 수들을 삼각수(三角數), 1, 4, 9, 16, ...과 같이 정사각형으로 배열할 수 있는 수들을 사각수(四角繡)라 불렀다. 피타고라스학파는 마찬가지로 오각수, 육각수들을 다루었다.

삼각수, 사각수, 5각수들은 서로 다른 종에 속한다. 피타고라스학파의 우주론적 산술은 수들의 종과 수 자체들 사이의 모든 가능한 관계들을 고려하면 더 확장될 수 있다. 가시적이거나 들리는 것들을 비율, 비례 그리고 그것들의 다양한 형태와 성질들에 관련시킬 수 있다. 비율의 학문은 Logistic이라고 불린다. 그것은 피타고라스학파에게 모든 계산의 기초이다. 사물들을 계산하는 것은 서로에 대한 관계에서 사물들의 각자의 수들을 관련시키는 것이기 때문이다. 피타고라스학파의 산술(그리고 계산학 logistics) 특히 수들의 도형은 아마도 후대 그리스 수학의 "기하학적" 형태의 기원일 것이다.

피타고라스학파는 각 종의 가장 작은 수에 특별한 중요성을 부여했다. 그것들은 "뿌리" 수들이라고 불렸다. 같은 종의 다른 모든 수는 "gnomon"

을 써서 그 "뿌리"에서 나오기 때문이다. gnomon하나의 점들(직선들)의 그림에 첨가되어서 비슷한 모양의 그림을 생산하는 점들(직선)의 배치를 가리킨다.

플라톤의 수 개념: 이데아로서의 수

하나의 수의 통일성(단일성) 문제에 대한 피타고라스학파의 답은 "형태"이다. 그러한 단일성은 그 자체가 하나인 어떤 것 때문이다. 이 하나는 "형태 Form"이다. 그것은 많은 것들을 하나로 만든다. 이 해답은 플라톤 철학의 일부이다.

플라톤은 하나는 많은 것이고 많은 것은 하나라는 주장을 한다.(Philebus, 140, 160)

그는 수는 확정적인 것들의 확정적인 개수라는 첫 번째 의문에서 시작한다. 우리는 6개의 별, 6마리 황소 등을 셀 수 있다. 분명히 "여섯"은 별이나 황소와는 무관하다. 이 "여섯" 자체는 무엇인가? 이 "여섯"은 어떤 것인가? 플라톤은 우리가 6개의 별 , 6마리 황소들을 셀 수 있다는 것은 이미 "순수한" 수가 존재했기 때문이라고 보았다. 즉 이미 "순수한" 단위들의 개수가 있기 때문에 셈이 가능하다고 그는 가정한다.

순수 단위는 우리의 지각으로 감지할 수 없다. 그 단위들은 무한히 많으며 서로 같다. 그것들은 각자 하나이다. 그것들은 하나인 한 분할 불가하다. 이러한 무한히 많은 "순수" 단위들은 산술의 주제이다. 피타고라스학파의 수 형태 체계 전체는 이 순수단위들과 관련하여 이해되어야 한다.

2번째 의문 즉 "많은 순수단위들이 어떻게 해서 하나의 수가 되는가?"에 대한 피타고라스학파의 대답에 대해서 플라톤은 피타고라스의 "형태"

는 같은 형태의 수들 간의 차이점을 설명하지 않는다고 비판했다.

플라톤에 따르면 각 수의 단일성(통일성)의 진정한 원리는 수들의 이데아(Ideas of Numbers)에서 발견된다.

소크라테스의 죽음을 서술하는 것을 취지로 하여, 영혼의 불멸을 다루고, 이데아론을 전개하는 플라톤의 철학적 대화편(對話篇) (기원전 4세기경)의 「파이돈」에서, 소크라테스는 하나의 것이 다른 하나의 것에 합쳐지면 2개의 것이 어떻게 나올 수 있는지를 궁금해 한다. "둘"은 그 것들과는 별개의 어떤 것인가? 그 둘은 어디에 있는가?

플라톤은 오직 처음 아홉 가지 수만 다룬다. 최초의 존재는 이상적인 "하나(일)"이다. 그것은 존재라는 이데아, 하나와 동일하다. 그것은 "절대적인" 하나이다. 일은 독특하고 다른 단위들 중 하나의 단위가 아니다. 그것은 "수"가 전혀 아니다. 최초의 산술적인 수는 "둘"이다. 이것은 모든 그리스 산술에 대해 적용된다. 하나는 존재를 넘어서고 모든 구조들을 넘어서는 선의 이대아이다.

산술적 수들은 "이데아적인 수들"의 상(이미지)들이기 때문에 하나의 통일체이다. 플라톤의 "이데아적인 수들"은 피타고라스학파의 "뿌리 수들"과 유사하다. 피타고라스학파가 감각세계에 대해 한 것을 플라톤은 "관념" 세계에 대해 하려고 했다.

아리스토텔레스의 수 개념: 구체적인 것을 추상

아리스토텔레스는 플라톤의 해볍에 대한 반대하여 순수한 산술 단위들이 존재한다는 것을 부정했다.

산술의 주제는 산술단위들이지만 그것들은 "순수성"은 그것들이 독립적으로 존재한다는 사실에서 오는 것이 아니라 그것들이 모든 감각되는 사물에 대해서 "중립적"이라는 데에서 온다.

이 "중립성"은 추상화의 결과로 생겨난 것이다. 사물들을 셀 때 우리는 그 사물들이 하나의 존재라고 생각하고 그 성질을 제외한 모든 성질들을 사상한다. 사물들을 셀 때 우리는 그 사물들로부터 그것들은 전체로서 하나의 존재라는 특성을 "추상화(추출)"한다. 이 관점에서는 우리는 분수도 사용할 수 있다. 산술적 "단위들"은 비록 그것이 이데아적인 단위일지라도 그러한 단위들이 있다고 가정하는 한 분할이 불가능하다. 그러나 우리는 언제나 단위들을 바꿀 수 있다. 하나 전부가 아니라 그것들의 부분들에서 단위를 다시 구성하고 추상화할 수 있다.

2)아리스토텔레스는 사물들의 개수에 단일성(통일성)이 있음을 부정한다. 다수의 사물들은 많은 것을 나타내지 결코 그것 자체가 하나가 아니다. 수 단위들의 모임이 있다고 해서 그 수들이 하나가 되는 것을 의미하지 않는다. 6개의 사과들의 통일성은 "사과"이다.

유클리드의 수 개념: 수와 크기, 비율과 비례

유클리드[Euclid, BC 330?~BC 275?]는 이집트의 알렉산드리아에서 활약한 그리스의 수학자로서 그리스 기하학을 대성하였다. 그의 저서 《기하학원론(기하학원본 또는 단지 원론 · 원본으로 불리기도 한다)》(13권)은 플라톤의 수학론을 기초로 한 것으로, 몇 가지 자명한 골리들을 가정한 후에 그로부터 알려지거나 새로운 정리들을 연역하는 공리주의적 방법에 기초하여 그 이전의 수학(기하학)의 업적을 집성(集成)함과 동시에 상당히 엄밀한 이론체계를 구성하였다. 그의 공리주의적 방법은 오늘날 수학체계 구성에서 필수적인 방법론적인 기초가 되고 있다.

• 유클리드 수

유클리드는 2로 시작하는 양의 정수(자연수) 이론을 제시한다. 1은 단위이고, 수가 아니다. 0은 아직 없었다. 수들은 덧셈과 "더 큰 것에서 더 작은 것의 뺄셈" 연산으로 조합될 수 있는데 그 이유는 결과적으로 나오는 수가 양수임을 보장하기 위한 것이다. 곱셈 연산도 허용된다. 수들은 서로보다 '같거나', '더 크거나 또는 더 작을' 수 있다.

유클리드는 정수를 나누어 유리수를 생성하지 않는다. 대신에, 더 작은 숫자가 더 큰 수의 인수이든 아니든 간에 그 수의 부분이 될 수 있다. 예를 들어 3은 9의 부분이고, 7의 부분이기도 하며, 3과 6은 14의 "같은 부분"이다. 그러나 유리수 3/9, 3/7, 6/14은 구성되지 않는다.

• 유클리드 기하학적 크기

유클리드의 수 이론은 이산량만을 다룬다. 연속적인 양은 기하학에서 다루어진다. 여기에서 그는 5쌍으로 10가지 종류의 크기를 다루는데 역시 0이라는 개념은 없다.

유클리드의 크기 처리의 주요 특징은 의식적으로 그리고 의도적으로 같은 종류의 크기 사이에서만 결합과 비교가 이루어진다는 것이다. 같은 종류의 크기들은 가감될 수 있으며, 빼기의 경우에는 그 결과가 양의 크기로 나오게 제한된다. 크기에는 수를 곱할 수 있다. 그 수가 정수인 경우, 크기의 "배multiple"가 생성된다., 그 반대는 결코 일어나지 않는다. 즉, 수에 절대 크기가 곱해질 수 없다.

크기들은 "같음", "더 크다"또는 "더 작다"로 비교된다. 유클리드는 수와 동일한 단어를 사용하지만, 구조적으로 유사한 개념일 뿐이지 결코 동일한 관념이 아니다.

유클리드가 같은 종류의 크기만을 다루므로 그가 곱셈을 피하는 이유가 분명해진다. 첫째로, 두 수를 곱하면 종류가 바뀐다; 예를 들어, 직선과 직선의 곱은 직사각형 면적이 된다. 둘째로, 곱셈의 많은 부분들(각도×각도, 각도×직선, 입체×직선 등)은 어쨌든 정의할 수 없다. 그래서 일관성을 위해 그는 모두 생략했다.

유클리드의 《원론》에는 잘 알려진 바와 같이 구간의 "길이" 개념에 해당하는 것이 없었으며 일반적으로 기하학적 도형에 대한 측정도 없었다. 유클리드에게 크기는 곱하거나 나눌 수 없다. 승과 근에 대해서도 마찬가지이다. 유클리드 수는 항상 "자연수" 또는 "양의 정수"라고 부르는 것이다. 예를 들어 비례 평균의 결정과 같은 수치 연산은 그 답이 자연수가 되도록 엄격하게 제한되었다.

• 유클리드 비율 및 비례

비율은 유클리드의 세 번째 유형의 양이다. 그것은 두 개의 수 또는 같은 종류의 두 가지 크기 사이에서만 성립한다. 유클리드에게 비율 사이에 '= '를 쓰는 기하학적 대수학자의 습관은 용납할 수 없다. 또한 같은 종류의 크기의 곱셈과 관련된 결과를 유도하는 것도 있을 수 없다.

피타고라스 정리와 비교불가

피타고라스[Pythagoras, BC 580년~BC 500년]는 수학자, 철학자로서 음사모스 섬에서 살다가, 사모스는 포류크라테스가 정적이었던 관계로 성년이 되어 기원전 530년경 이탈리아로 옮겨가서 크로톤 시에서 살았다

크로톤에서는 가입자는 기밀을 맹세하고 공동체적이고 고행적인 생활

방식으로 생활하는 비밀결사를 설립했다. BC 510년경에 크로톤이 결정적인 승리를 거둔 후, 피타고라스의 추종자들은 민주주의 지지자들과 갈등을 겪었고 피타고라스 집회소는 불타 버렸다. 피타고라스는 이 박해를 받는 동안 살해되었을 수도 있고, 다른 곳으로 도망쳐서 살다가 거기서 죽었을 수도 있다.

가장 확실한 것은 피타고라스의 것으로 확인되는 가르침은 모든 영혼이 불멸하고 죽음에 따라 새로운 몸으로 들어가는 것을 의미하는 "환생"또는 윤회한다는 것이다. 그는 또한 행성이 수학방정식에 따라 움직이고 따라서 음악의 들리지 않는 교향곡을 만들어낸다고 공언하는 음악적인 우주(musica universalis)의 교리를 창안했을지도 모른다. 학자들 사이에서 피타고라스가 그 수비학적이고 음악적인 가르침을 발전시켰는지 아니면 그의 추종자들, 특히 크로톤의 필롤라오스가 그 가르침을 개발했는지 의견이 분분하다. 그는 추종자들이 콩을 먹는 것을 금지했을 수도 있지만, 엄격하게 채식을 하도록 권유했을 수도 있다.

고대에 피타고라스는 피타고라스의 정리, 피타고라스의 튜닝, 플라톤의 정다면체, 비율이론, 지구의 구형, 샛별과 저녁별의 정체를 금성으로 확인 등 많은 수학적, 과학적 발견을 한 사람으로 평가받았다. 그는 자신을 철학자(지혜의 애호가 philosopher, "lover of wisdom")라고 부른 최초의 사람이었으며 지구를 다섯 개의 기후대로 나누는 최초의 사람이었다고 전해진다.

비교불가(incommensurability)라는 개념의 사용은 유클리드의 《원론》을 번역하는 과정에서 주로 유래했는데, 두 개의 선분 a와 b에 대해 세 번째 선분 c가 있어서 a 와 b가 c의 몇 배의 길이가 되는 경우에 비교가능(commensurable)하다고 말한다. 유클리드는 실수의 개념을 사용하지 않았지만 선분의 합동개념을 사용했으며 하나의 선분은 다른 것보다 길거나 짧다.

a/b가 공통척도 가능이라는 것은 어떤 실수 c와 정수 m과 n의 존재하여

$$a = mc, \ b = nc$$

라는 조건이 필요충분조건이다.

즉 길이 c의 단위로 표기된 눈금자로써 길이 a의 선분과 길이 b의 선분 모두를 유한 번으로 측정할 수 있다고 하자. 그러면 a와 b 둘 다 측정할 수 있는 길이의 공통단위가 있다. 이것은 그 용어의 기원이다. 그렇지 않으면 쌍 a와 b는 비교불가(incommensurable)라고 한다.

피타고라스학파는 비교불가 길이의 존재를 증명한 것으로 알려져 있다. 특히 피타고라스학파 철학자 메타폰툼의 히파수스([Hippasus of Metapontum] BC 530~450 BC)가 때때로 무리수(공통척도 불가 길이)의 존재를 발견했다고 믿어진다. 그는 피타고라스학파 철학자였다. 그의 삶이나 신념에 대해서는 거의 알려져 있지 않다. 무리수의 발견은 피타고라스인들에게 충격을 주었다고 하며, 히파수스는 이것을 누설한 죄로 신들의 벌을 받아 바다에서 익사했다고 한다.

그런데 이러한 무리수는 피타고라스 정리에서 자연수의 비로 표현할 수 없는 직각삼각형의 예에서 발견되었는데, 직각을 낀 두 변의 길이가 둘 다 1일 때 빗변의 길이는 $\sqrt{2}$가 되고 이 길이는 결코 자연수의 비로 표현할 수 없음이 증명되었기 때문이었다.

실수체계

$\sqrt{2}$ 와 피타고라스 정리

그리스 수학에서 길이는 단위 길이에 대한 비로 계산되었다. 선분 AB의 길이를 측정하려고 하면, 단위 길이를 m번 겹쳐서 그 끝이 선분 AB와 닥 맞아 떨어지면, 선분 AB의 길이는 m이 된다. 만일 그렇지 않으면, 선분 AB를 n번 이어 놓은 것이 길이단위를 m번 겹쳐서 그 끝이 선분 AB가 n번 복사와 것과 정확히 들어맞는다면 $n(AB)=m$이므로, 선분 AB의 길이는 m/n이 된다. 이러한 식으로 그리스인들은 모든 길이는 유리수(공통척도 가능수)로 표현될 수 있을 것이라고 생각하였다.

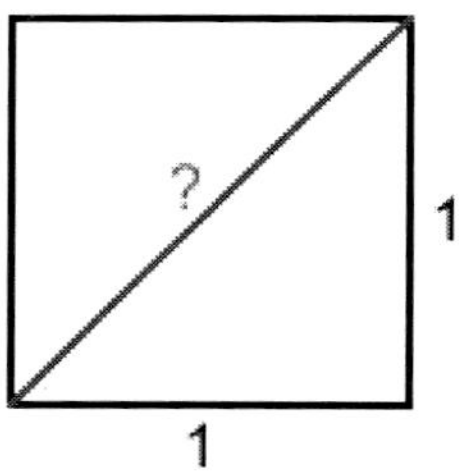

그러나 직각 삼각형에서 피타고라스 정리가 성립됨도 알려져 있었다. 직각을 이루는 변들의 길이가 1인 직각삼각형의 빗변의 길이를 x라고 놓으면, $x^2=1^2+1^2=2$이다.

과연 $x^2=2$ 이 되는 유리수가 과연 존재할까?

만일 $x=\dfrac{n}{m}$, m,n은 서로 소인 양의 정수라고 하면 $x^2=2$이므로, $\dfrac{n^2}{m^2}=2$, 이것을 정수에 관한 방정식으로 바꾸면 $n^2=2m^2$가 된다. 그

러므로 n^2은 2의 배수 즉 짝수이다. 그러므로 n도 짝수이다(만일 n이 홀수라면, 홀수×홀수=홀수이므로, n^2도 홀수가 되어 모순이 된다). n이 짝수이므로 $n = 2k$(k는 양의 정수). 이 식을 $n^2 = 2m^2$의 좌변에 대입하면, $4k^2 = 2m^2$, 그러므로 $2k^2 = m^2$이 되어 다시 m^2도 2의 배수 즉 작수가 되므로, 위에서와 같은 논법으로 m도 짝수가 된다. 결과적으로 n도 m도 다 작수가 되어서 이것은 그 두 수가 서로 소이라는 가정에 모순이 된다. 그러므로 $x^2 = 2$인 수 x 즉 $\sqrt{2}$는 유리수가 아니다.

그러므로 기하학적으로는 제곱하여 2가 되는 길이가 존재하지만, 그러한 길이는 그리스 수 체계 내에서는 자연수들의 비율로는 존재하지 않는다는 역설적 상황이 발생 하였다. 그래서 그리스 수학에서는 산술과 기하, 이산량(즉 자연수)과 연속량(크기)는 전혀 다른 종류의 대상으로 간주되었다. 유클리드는 기하적 크기에서도 길이나 면적은 서로 다른 종류의 수량으로 보았고 따라서 그것들은 서로 곱하거나 나눌 수가 없었다.

중세에 서양에서 도시화와 화폐경제가 발달하면서 피타고라스 철학처럼 모든 것을 수량화하려는 광풍이 불었다. 영국의 옥스퍼드 대학의 머튼 학파와 프랑스 파리 대학의 계산학파가 이런 운동을 주도했다. 르네상스 시대에 이태리의 소위 "계산학파"는 상업적 계산을 위해 수 종류들 간의 전통적인 구분을 무시하는 계산들을 했었다.

그보다 후에 프랑수아 비에트 François Viète (1540~1630)는 디오판토스시대에 유행하던 정수론 문제들과 그 해답이 약 100여개 기록되어 있는 책인 디오판토스의 〈아리스메티카〉에 대한 재해석을 통해 수학에 기호를 도입했다.

디오판토스는 계산 과정에서 형상에 대한 약어 및 각 형상에 속하는 단일 수(arithmos)에 대해 독립 기호로 사용되는 기호를 도입했다. 그렇지만 디오판토스의 문자 기호는 "형상에 속하는 어떤 하나의 수 arithmos"에 대한 단순한 약자였을 뿐, 변수가 아니었다.

유클리드의 일반적인 비례이론을 방정식이론으로 치환하려고 하면서 비에트는 모든 비율을 방정식으로 구성되는 것으로 이해하고 모든 방정식은 한 번 변환하면 비례의 해가 되는 것으로 생각했다. 그러므로 그는 임의로 가정한 수들을 기반으로 "임의의" 양의 확정 해를 허용한다. 이것은 혁명적 발상이었다. 수 종류들 간의 그리스시대부터 오래 사영되어온 구분을 무시한 것이다.

따라서 방정식 이론으로서 일반 비례이론을 실현하는 것은 사실상 방정식이론을 비에트가 "종의 계산 *logistic of species*"이라고 부른 계산술로 변모시키는 것이 된다. 그는 정리와 문제의 구분을 제거한다. 그는 정리가 수학적 대상들에 관한 진리라기보다는 모든 수학문제에 대한 "일반해를 찾는 기술" 또는 "발견의 발견술"이라고 생각했다. "종의 계산"의 "종" 측면에서, 종은 일반적인 해결책을 가능하게 하는 것이다.

일반 비례이론을 방정식 이론으로 변형시키고, 수학적 연산을 기호화하는 등식 기호와 구문규칙을 완성한 후에, 비에트는 양 자체에 의해 정의된 대상, 연산할 일반적 대상을 요구하고 이 목적을 위해 그는 디오판토스의 형상들을 전유하여 그것들을 "변수"로 바꾸어 읽는다. 일단 방정식에 들어간 문자기호는 하나의 수량이 아니라 일반적인 수량으로 해석된다. 기호와 디오판토스의 문자-약자는 것은 그것이 수량의 개념을 상징한다는 면에서 구분된다. 비에트의 "종"은 이 점에서 아리스토텔레스의 "진정한" 산술적 형상들의 일반화로 이해될 수 있다. 비에트의 기호 수학은 일반적인 수 개념을 갖고 계산하는 것을 허용하게 해주었다.. 종류마다 다른 수가 아니라 일반적으로 서로 계산할 수 있는 일반 수의 개념은 이때부터 생겨났다. 그렇다고 "실수"가 구성된 것은 아니었다.

그 후에 데카르트는 직선을 "실수들"에 대응시켰다. 물론 그도 실수들을 구성하지 않았다.

이 문제 즉 "실수의 산술화"는 19세기 말에 와서 데데킨트, 바이어스트라스나 칸토어 같은 수학자들에 의해서 유리수들로부터 실수들을 구성하여 실수체계가 만들어지고 나서야 해결이 되었다. 특히 칸토어의 아이디어는 코시(Cauchy) 수열을 이용하여 "갭"이 없는 직선에 해당되는 수 체계를 만든다는 것이었다. 코시 수열이란 수열의 뒷 부분들이 서로 가까워지는 수열을 가리킨다. 칸토어는 하나의 실수를 하나의 코시 수열로 보고 실수집합을 구성하였다.

• 실수집합의 공리

우리는 여기서 칸토어 등이 구성한 시루집합의 공리들을 살펴보고 그 공리들로부터 우리가 익히 알고 있는 실수집합의 연산과 성질들을 유도하려고 한다. 실수집합은 자연수 집합을 포함하고 대수공리, 순서공리, 완비공리를 만족하는 어떤 집합-체계라고 가정한다.

실수 집합은 유리수들을 포함하는 어떤 "수"들의 집합이 되어야 한다. 우리에게 중요한 것은 유리수 집합이 더하기 연산, 곱하기 연산 그리고 이 연산들에 대한 몇 가지 성질들을 만족시킨다는 것이다. 또한 유리수 집합은 "순서(크기)"에 대한 성질들을 갖고 있다. 그러므로 실수집합도 이런 성질들을 만족시키면서 동시에 “$\sqrt{2}$”같은 수도 갖는 어떤 집합이어야 한다.

R이라는 집합은 자연수를 포함하는 어떤 “수들”의 집합으로서 우선 대수 공리들을 만족해야 한다. 그 수들을 실수라고 부르자.

합 공리

실수 x, y에 대하여 x와 y의 합이라고 불리는 실수 $x+y$가 있다. $(x,y)\rightarrow x+y$는 합이라고 부르며, 다음과 같은 성질들을 만족한다.

A1) 결합법칙

모든 실수 x, y ,z에 대하여 , $(x+y)+z=x+(y+z)$

A2) 항등원

실수 집합 R에는 0라는 원소가 있어서 다음을 만족한다;

임의의 실수 x에 대해, $x+0=0+x=x$

A3) 역원

임의의 실수 x에 대해서, 어떤 실수 y가 있어서, $x+y=y+x=0$

A4) 교환법칙

임의의 실수 x, y에 대하여 $x+y=y+x$

우리는 유리수에서 0가 항등원임을 잘 알고 있다. 그리고 이 0는 유일하다는 것도 잘 알고 있다. 실수체계에서의 0도 유일할까? 그 답은 예이다. 그 이유를 보면, 만일에 항등원의 조건을 만족시키는 다른 수 $0'$이 있다고 하면 $0'=0'+0$(0가 항등원)=0($0'$이 항등원)이 되어 두 수는 사실상 같은 수임이 판명된다.

A2에서의 역원도 사실은 유일하다. 이것을 보기 위해서 실수 x에 대한 역원이 두 수 y ,z가 있다고 해보자.
즉 $x+y=y+x=0$, $x+z=z+x=0$ 이 된다고 하자. 그러면
$y=y+0=y+(x+z)=(y+x)+z=0+z=z$ 그러므로 $y=z$
(첫 번째 등식 ; 0이 항등원, 두 번째 등식: $x+z=0$, 3번째 등식 ; 결합법칙, 4번째 등식:$y+x=0$, 5번째 등식:0가 항등원 이용)

x의 덧셈에 대한 역원을 $-x$로 표기하자. 그러면 x는 $-x$의 역원이므로 $-(-x)=x$이다.

곱 공리

실수 x, y에 대하여 x와 y의 곱이라고 불리는 실수 xy가 있다. $(x,y) \rightarrow xy$는 곱이라고 부르며, 다음과 같은 성질들을 만족한다.

M1) 결합법칙

모든 실수 x ,y ,z에 대하여 , $(xy)z=x(yz)$

M2) 항등원

실수 집합 R에는 어떤 $e \neq 0$라는 원소가 있어서 다음을 단족한다;
임의의 실수 x에 대해, $xe=ex=x$

M3) 역원

0이 아닌 임의의 실수 x에 대해서, 어떤 실수 y가 있어서 ,
$xy=yx=e$

M4) 교환법칙

임의의 실수 x, y에 대하여 $xy=yx$

합 공리에서와 마찬가지로 곱의 항등원은 유일하다. 만일 e'이 다른 항

등원이라면, $e' = e'e = e$이다. 이 항등원은 실수 집합의 단위원소라고 부르자. 곱셈의 역원도 유일하다. 실수 x에 대한 곱의 역원이 두 수 y, z가 있다고 해보자. 즉 $xy = yx = e$, $xz = zx = e$이 된다고 하자. 그러면 , $y = ye = y(xz) = (yx)z = ez = z$ 그러므로 $y = z$이다.

실수 x의 곱의 역원을 x^{-1}로 표기하자. 0에 대한 역원은 정의되지 않음을 주목하자.
Q)왜 0에 대한 역원이 없는 것일까?

이에 대한 답은 분배 법칙을 정의하고 나서 보기로 하자.

분배법칙은 합 공리와 곱 공리의 관계를 밝혀 주는 공리이다.

분배공리
임의의 세 실수 x, y, z에 대하여
$x(y+z) = xy + xz$

$(y+z)x = yx + zx$ 라는 사실은 교환법칙에서 바로 나옴을 주목하자.
이제 임의의 실수 x에 대해서 $0x = x0 = 0$ 임을 보이자.
$0x + x = 0x + ex = (0+e)x = ex = x$, 그러므로 $0x + x = x$, 이 식의 양변에 $-x$를 더해주면 $(0x+x)+(-x) = x+(-x)$, 이 식에서
좌변= $(0x+x)+(-x) = 0x + (x+(-x)) = 0x + 0 = 0x$
우변=$x+(-x) = 0$ 이므로 $0x = 0$이다.

이제 0는 곱셈에 대한 역원을 가질 수 없음을 보이자. 만일 0가 역원 0^{-1}을 갖는다면, 즉 $00^{-1} = 0^{-1}0 = e$이 되는 실수 0^{-1}가 존재한다면,

다른 한편 $00^{-1}=0$임으로 $e=0$ 이 된다. 이것은 M2)에서 $e\neq 0$이라는 가정에 어긋난다. 또한 임의의 실수 x에 대해서

$x=xe=x(00^{-1})=(x0)0^{-1}=00^{-1}=e$이 되어서 모든 실수는 e와 같게 된다.

명제 모든 실수 x, y에 대하여 $(-x)y=-(xy)$

증명 $(-x)y+xy=(-x+x)y=0y=0$이므로, $(-x)y$는 덧겜에 대해 xy의 역원이 된다.

명제 든 실수 x, y에 대하여 $(-x)(-y)=(xy)$

증명 $(-x)(-y)=-(x(-y))=-((-y)x)=-(-(yx))=yx=xy$

명제 $(-e)(-e)=e$

증명 주장2에 의해서 $(-e)(-e)=ee$이다. 그런데 $ee=e$이므로 증명이 끝났다.

정의

$x+(-y)$는 앞으로 $x-y$로, xy^{-1}은 $\frac{x}{y}$로 표기하자.

"빼기"와 "나누기" 연산이 있는 것이 아니라 역원을 간편하게 표시하는 수단일 뿐이라는 것을 명심하자.

유리수에도 크기(순서)가 있기 때문에 실수집합에도 순서를 도입하자. 우리는 유리수 집합 중에서 양수집합의 성질, 즉 양수+양수=양수, 양수×양수=양수 라는 성질을 공리로 확대한다.

순서공리

실수 집합 R에는 양수 집합 P 라고 불리는 집합이 있어서 다음 조건을 만족한다.

ORD 1) (3분법) x가 실수이면 $x \in P$, 또는 $-x \in P$ 또는 $x=0$ 이고, 이중 한 가지만 참이다.

ORD 2) $x, y \in P$이면, $x+y \in P$, $xy \in P$

즉 3분법은 실수는 양수이든지, 그 역원이 양수이든지, 아니면 0이든지 3가지 경우 중 한 가지, 그리고 한 가지만 성립한다는 말이고, 순서공리 2는, 양수+양수=양수, 양수×양수=양수임을 나타낸다. 어떤 유리수가 양수인지에 관하여는 일절 언급하고 있지 않음을 주목하자.

곱셈의 항등원 e 즉 1이 양수임을 보이자.

명제 임의의 0이 아닌 실수 x에 대해 x^2는 양수이다.

증명

x는 0이 아니므로 3분법에 다르면 x가 양수이든지 $-x$가 양수이다.

1) x가 양수인 경우

그러면 양수×양수=양수이므로 x^2은 양수이다.

2) $-x$가 양수인 경우

양수×양수=양수이므로 $(-x)(-x)=x^2$은 양수이다.

이제 $1=1^2$이므로 1은 양수이다.

0도 아니고 양수도 아닌 실수를 음수라고 부르자. 즉 $-x$가 양수이면 실수 x는 음수라고 한다. 유리수에서 양수×음수=음수가 되고, 음수×음수=양수가 되는데, 이것이 실수에서도 성립함을 보이자. 이제 x가 양수, y는 음수라고 하자. 그러면 $-y$는 양수이다. 그러므로 양수×양수=양수에서 $x(-y)=-xy$는 양수이다. 그러므로 xy는 음수이다. 이번에는 x가 음수, y도 음수라고 하자 그러면 $-x$가 양수, $-y$는 양수이다. 따라서 $xy=(-x)(-y)$도 양수이다.

유리수에서 양수의 곱의 역원은 양수이다. 실수에서도 마찬가지로 성립한다. x가 양수일 때, 만일 x^{-1}이 음수라면 $-x^{-1}$는 양수이다. 그러드로 $-1=x(-x^{-1})$도 양수가 된다. 이것은 1이 양수이기 때문에 3분법에 어긋난다. 비슷하게 음수의 곱의 역원도 음수이다.

x가 양수이면, $x>0$, x가 음수이면 $x<0$라고 표기하자. $x-y$가 양수이면, 즉 $x-y>0$이면 $x>y$ 라고 표기하자. 그러면 우리는 다음과 같은 부등식들을 얻는다.

임의의 세 실수 x, y, z에 대하여.

부등식 1) $x<y$, $y<z$이면, $x<z$

부등식 2) $x<y$, $z>0$이면 $xz<yz$

부등식 3) $x<y$이면 $x+z<y+z$

브등식 4) $x<y$, $x,y>0$ 이면 $\frac{1}{y}<\frac{1}{x}$

부등식4만 증명하자. 우선 $\frac{1}{x}$, $\frac{1}{y}$가 양수임을 주목하자. 그러면 $\frac{1}{x}-\frac{1}{y}=\frac{1}{x}\frac{1}{y}(y-x)$는 세 양수들의 곱이므로 양수이다. 나머지 부등식은 연습문제로 남긴다.

우리는 0과 다른 실수의 곱은 0임을 알고 있다. 그 역도 참일까? 즉 두 실수의 곱이 0이면 그 중 한 실 수는 0일까?

명제 두 실수 x, y의 곱 xy가 0이면, $x=0$, 또는 $y=0$이다.

증명 만일 $x \neq 0$이면, $y=y1=y(xx^{-1})=(yx)x^{-1}=0x^{-1}=0$가 되어 $y=0$이다.

실수 집합 위에 정의된 대수 공리와 순서 공리는 유리수 집합에서도 성립하는 성질이기 때문에 실수 집합과 유리수 집합이 다르다는 것을 보여주지 못한다. 특히 이 두 가지 공리를 갖고서는 $x^2=2$가 되는 양의 실수 x가 있다는 것을 보일 수 없다. 그러므로 실수 집합에는 유리수 집합에 없는 무엇인가 다른 공리가 필요하다.

S를 실수들의 한 집합이라고 하자. 어떤 고정된 실수 c가 있어서 S의 모든 원소 x에 대해, $x \leq c$이면, S가 위로 유계라고 말한다. 이때 c는 S의 상계라고 부른다. 비슷하게 아래로 유계, 그리고 S의 하계도 정의할 수 있다. S가 유계라는 말은 S가 위로도 아래로도 유계 , 즉 어떤 고정된 실수 c가 있어서 S의 모든 원소 x에 대해, $x \leq c$, $-c \leq x$이다.

S가 위로 유계일 때, S의 상계들 중에서 가장 작은 상계를 S의 최소상계라고 한다. 즉 실수 b가 S의 최소상계라는 뜻은

1) S의 모든 원소 x에 대해 $b \geq x$

2) S의 모든 원소 x에 대해 $c \geq x$인 수 $c \geq b$ 이다.

유리수 집합의 부분 집합이 유계일지라도, 유리수 내에서는 최소상계가 없을 수도 있다. 가령 $\sqrt{2}$에 접근해 가는 유리수들의 집합 {1,1.4, 1.41, ...}은 그 안의 모든 수가 2보다 작지만, 그렇다고 최소상계가 유리수 안에 있지는 않다.

최소상계공리

S가 위로 유계인 공집합이 아닌 실수들의 한 집합이면, S의 최소상계 실수 집합 안에 있다.

최소상계공리는 직관적으로 이해하기도 쉽지 않고, 왜 이런 공리가 꼭 필요한지 알기도 어렵다. 그러나 이 공리의 위력은 실수가 "구멍"이 없는 직선과 같음을 보일 수 있다는 데 있다.

대수공리와 순서공리 그리고 최소상계공리를 만족시키고, 유리수들을 포함하는 하나의 집합을 실제로 "구성"할 수가 있다. 이런 집합들은 서로가 "같다"는 것을 증명할 수 있기 때문에, 그 집합은 실수집합 R이라고 부르는 것이다.

명제 모든 자연수들보다 더 큰 실수는 없다.

증명 만일 모든 자연수보다 더 큰 실수 b가 있다면, 자연수 집합은 위로 유계이다. 그러면 최소상계공리에 의해서 자연수 집합의 최소 상계인 실수 b가 존재한게 된다. b가 최소상계이므로 b-1은 자연수집합의 상계가 될 수 없다. 따라서 b-1보다 학실히 더 큰 자연수가 존재한다. 그런 수 중의 하나를 n이라고 부르자. 그러면 $n > b-1$, 즉 $n+1 > b$이다. $n+1$도 자연수이므로, 이것은 b가 모든 자연수보다 더 크다는 가정에 모순된다.

명제

실수 a가 모든 자연수 n에 대하여 $0 \le a < \frac{1}{n}$이면 $a=0$이다.

증명

만일 a가 0이 아니라면, 역수들에 관하여 위 식은 모든 자연수 n에 대해 $\frac{1}{a} > n$이 되므로, $\frac{1}{a}$은 모든 자연수보다 더 큰 실수가 되므로 위의 정리에 모순된다.

이제 자승하면 2가 되는 실수가 있음을 보이자.

명제

$b^2 = 2$가 되는 양수 b가 있다.

증명

S는 양의 실수 중 자승하면 2보다 작거나 같은 실수들의 집합이라고 하자. 만일 $y \in S$라면 $2^2 - y^2 \ge 4-2 > 0$에서 $(2-y)(2+y) > 0$가 된다. 그런데 $2+y$가 양수이므로 $2-y$도 양수여야 한다. 그러므로 이 집합의 모든 원소는 2보다 작다. 따라서 최소상계 공리에 의해서 집합 S는 최소상계 b를 갖는다. 이제 $b^2 = 2$임을 보이자. 3분법에 의하면, $b^2 > 2$ 도, $b^2 < 2$도 성립할 수 없음을 보이면 $b^2 = 2$가 될 수밖에 없다.

$b^2 < 2$라고 가정하자. 이때 $n > \frac{5}{2-b^2}$가 되는 자연수 n을 택하자. 그러면

$$(b+\frac{1}{n})^2 = b^2 + \frac{2b}{n} + \frac{1}{n^2} \le b^2 + \frac{4}{n} + \frac{1}{n} = b^2 + \frac{5}{n} \le 2$$

가 되므로 $b+\frac{1}{n}$은 S의 한 원소가 되는데, 이 수는 S의 상계인 b보다 더 크므로 모순이 된다. 그러므로 $b^2<2$는 성립하지 않는다. 비슷한 논법으로 $b^2>2$도 성립하지 않으므로, $b^2=2$이다.

다음으로 우리는 유리수 집합은 실수 집합 안에서 "조밀"하게 있음을 보이자. 즉 실수 집합의 어디를 가든 그 근방에는 유리수가 있음을 보이자.

명제

임의의 두 실수 a, b $(a<b)$에 대해서도 $a<r<b$가 되는 유리수 r이 있다.

증명

$0<a<b$라고 가정하자. $b-a>0$이므로 $b-a>\frac{1}{m}$이 되는 자연수 m가 있다. (명제2.8) 집합 $A=\left\{k\in N : \frac{k}{m}\geq b\right\}$는 자연수 집합의 부분집합이므로, A는 최소가 되는 자연수를 갖고 있다. 그 자연수를 n이라 하자. 그러면 $a<\frac{n-1}{m}<b$이다. n의 정의에 의해서 $\frac{n}{m}\geq b$, $\frac{n-1}{m}<b$는 명백하다. 다른 한편, $\frac{n}{m}\geq b$이고, $b-a>\frac{1}{m}$ 따라서, $-\frac{1}{m}>a-b$이므로,

$\frac{n}{m}-\frac{1}{m}>b+a-b=a$이다.

복소수

$x^2=-1$이라는 방정식의 해를 실수 안에서는 결코 구할 수 없다. 앞에서 보았듯이, 실수는 자승하면 0보다 크거나 같을 수밖에 없기 때문이

다. 그렇지만, 우리가 유리수 체계를 확장하여 실수 체계를 만들어 방정식 $x^2=2$의 해가 있는 수 시스템을 구성하였듯이, 방정식 $x^2=-1$의 해가 있는 수 체계를 구성할 수도 있을 것이다. 이런 수들 중 하나를 i라고 표기하자. 그러면 $i^2=-1$이다.

이제 $C=\{a+ib : a\in R, b\in R\}$이라는 집합을 고려하자. 이 집합의 원소들을 복소수라고 부르고, 복소수 $z=a+ib$에서 a를 z의 실수부, b를 z의 허수부라고 부르고 각각 $Re(z)$, $Im(z)$로 표기하자. 이 집합은 단지 하나의 집합일 뿐 아직 +나 × 같은 연산이 주어지지 않았다.

$$(a+ib)+(c+id)=(a+c)+i(b+d),$$
$$(a+ib)(c+id)=(ac-bd)+i(ad+bc)$$

로 정의하면 집합 C는 4칙 연산이 자유로운 소위 "체"가 된다. 가령 $a+ib$의 덧셈에 대한 역원은 $-a+i(-b)$이다.

명제 **복소수 집합 C 에서 대수 공리가 성립한다.**

증명 먼저 1(즉 $1+i0$)이 곱셈의 항등원임은 쉽게 알 수 있다.

$$(a+ib)(1+i0)=a1-b0+i(a0+b1)=a+ib$$

다음으로 $z=a+ib(\neq 0)$의 곱셈에 대한 역원을 찾아보자. 그 수를 $x+iy$라고 놓으면 $(x+iy)(a+ib)=1$에서 $ax-by=1$, $bx+ay=0$, 이 방정식들을 풀면 ,$(a^2+b^2)x=a$, $(a^2+b^2)y=-b$ 그러므로 $x=\frac{a}{a^2+b^2}$, $y=\frac{-b}{a^2+b^2}$ 이다. 다른 법칙들도 유사하게 쉽게 증명될 수 있다.

$z = a + ib$에 대해서 $\bar{z} = a - ib$를 z의 공액복소수라고 정의하자. 그러면 $z\bar{z} = a^2 + b^2$이 됨은 쉽게 계산할 수 있다.

그러므로 $\frac{1}{z} = \frac{Re(z)}{z\bar{z}} + i\frac{-Im(z)}{z\bar{z}}$가 된다.

명제2.2.2) 공액연산은 덧셈과 곱셈을 보존한다.

1) $\overline{z+w} = \bar{z} + \bar{w}$

2) $\overline{zw} = \bar{z}\bar{w}$

실수들은 $a = a + io$로 $i = 0 + i1$로 볼 수 있다.

복소수들은 실수들의 순서쌍으로도 볼 수 있다. 즉 $a + ib = (a,b)$로 보면 이 실수쌍들의 합과 곱은

$$(a,b) + (c,d) = (a+c, b+d),\ (a,b)(c,d) = (ac - bd, ad + bc)$$

가 된다. 복소수를 이런 식으로 해석하면 i라는 "신비한" 수의 존재를 가정할 필요가 없다. 또한 이 관점에서는 복소수들은 평면상의 점들과 같게 된다. "점"이 "수"라고 하니 약간 이상하긴 하지만, 아무튼 사칙연산이 가능 하므로 "수"라고 부를 수 있겠다.

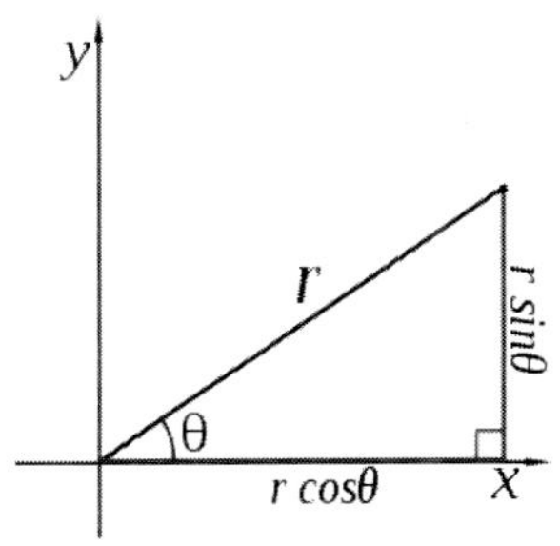

평면상의 점(a,b)는 직교좌표만이 아니라 극좌표로도 나타낼 수 있으므로, 복소수도 역시 극좌표로 표현할 수 있다.

원점에서 점(a,b) 까지 거리를 r, 양의 $x-$축과의 시계 반대 방향각을 θ라고 하면 ;직교좌표와 극좌표의 관계를 보면

$$r=\sqrt{a^2+b^2}\ ,\theta=\arctan(\frac{b}{a}),\ a=r\cos\theta\ ,b=r\sin\theta$$ 이다.

그러므로, (a,b)=(($r\cos\theta,r\sin\theta$)=$r(\cos\theta,\sin\theta)$이다.

여기서 $e^{i\theta}=(\cos\theta,\sin\theta)$로 정의하면, $z=a+ib$=(a,b)=$re^{i\theta}$로 표현된다. 이것을 $z=a+ib$의 극형식이라고 하자. 복소수의 극형식은 복소수들의 곱을 표현하는데 특히 유용하다.

$z_1=r_1e^{i\theta_1}$, $z_2=r_2e^{i\theta_2}$에 대해서

$$z_1z_2=r_1e^{i\theta_1}r_2e^{i\theta_2}=(r_1\cos\theta_1,r_1\sin\theta_1)(r_2\cos\theta_2,r_2\sin\theta_2)$$
$$=r_1\ r_2(\cos\theta_1\cos\theta_2-\sin\theta_1\sin\theta_2,\cos\theta_1\sin\theta_2+\sin\theta_1\cos\theta_2)$$
$$=r_1r_2(\cos(\theta_1+\theta_2),\sin(\theta_1+\theta_2))$$
$$=\ r_1r_2e^{i(\theta_1+\theta_2)}$$

즉 두 복소수의 곱의 크기는 각 복소수의 크기의 곱이고, 그 각은 그 두 복소수의 각들의 합이다.

이 극형식의 곱 공식에서 각이 일정하면 $(re^{i\theta})^n=r^ne^{in\theta}$라는 공식이 나온다. 특히 $(e^{i\theta})^n=e^{in\theta}$은 오일러 공식이라고 불린다.

일반적으로 방정식 $z^n=1$의 해는 단위원을 n 등분한 점들 즉 n 정다각형의 꼭지점들이 된다. 그 해법은 복소변수 z를 극형식 $z=re^{i\theta}$ 형식으로 두는 것이다.

실제로 역사에서 허수 i는 $x^2=-1$이라는 방정식을 풀기 위해서 등장한 것이 아니다. 3차 방정식의 근을 구하는 과정에서 허수의 필요성이 나타났다. 간략하게 복소수의 역사를 살펴보자.

복소수의 역사

1225년에 피보나치(레오나르드 다 피사)는 한 지방 수학자가 제기한 3차 방정식 $x^3+2x^2+10x=20$을 풀어야 했다.

일반적인 3차 방정식은 $x^3+ax^2+bx+c=0$ 는 $x=y-\frac{a}{3}$ 다음과 같은 간단한 형태로 환원될 수 있다.

$$\begin{aligned} 0 &= x^3+ax^2+bx+c \\ &= (y-\frac{a}{3})^3+a(y-\frac{a}{3})^2+b(y-\frac{a}{3})+c \\ &= y^3+py+q \ \text{(여기서 } p=b-\frac{a^2}{3},\ q=\frac{2a^3}{27}-\frac{ab}{3}+c) \end{aligned}$$

방정식 $x^3+px+q=0$은 다음 3가지 경우로 분류될 수 있다.

($p>0$, $q>0$)

1) $x^3+px=q$

2) $x^3=px+q$

3) $x^3+q=px$

카르다노는 이 3가지 경우들에 대한 근의 그의 공식을 Ars Magna (1545)에 발표하였다. 2)번 방정식에서 음수의 자승근이 최초로 나타난다. 이것을 보기 위해서 $x=u+v$로 치환하여 2)식에 넣으면

$$(u+v)^3=p(u+v)+q$$

$$u^3 + 3uv(u+v) + v^3 = p(u+v) + q$$

여기서 다시 $3uv = p$로 놓으면 , 위 식은 $u^3 + v^3 = q$ 이 된다.

그러므로 우리는 새로운 미지수 u , v에 대해 다음 2가지 짓을 얻게 된다.

$$u^3 + v^3 = q \ , \ u^3v^3 = (\frac{p}{3})^3$$

이것은 2차 방정식의 두 근 u^3, v^3의 합과 곱에 관한 공식이므로, 이차 방정식의 두 근은

$$\frac{q}{2} \pm \omega \ , \ \text{여기서} \ \omega = \frac{\sqrt{q^2 - 4(\frac{p}{3})^3}}{2}$$

$$\text{그러므로, } x = u + v = \sqrt[3]{\frac{q}{2} + \omega} + \sqrt[3]{\frac{q}{2} - \omega}$$

카르다노는 Ars Magna에서 판볋식 $q^2 - 4(\frac{p}{3})^2$이 음수가 되는 경우를 논하지 않았다.

라파엘 봄벨리(Rafael Bombelli)는 “대수학(l'lgebra (1572, 1579)”이라는 책에서 처음으로 $\sqrt{-1}$에 대한 기호를 도입했다. 카르다노는 판볋식이 음이 되는 경우를 논하지 않았지만, 봄벨리는 $x^3 = 15x + 4$라는 방정식을 철저하게 논하였다. 카르다노의 공식에 의하면 $x = \sqrt[3]{2 + \sqrt{-121}} + \sqrt[3]{2 - \sqrt{-121}}$ 이다. 여기서 봄벨리는 $x = 4$라는 답을 유도한다. 그는 다음과 같이 놓는다.:

$$\sqrt[3]{2 + \sqrt{-121}} = a + bi$$

$$\sqrt[3]{2-\sqrt{-121}}=a-bi$$

그 후에 대수적 조작들을 하면 $,a=2$ $,b=1$이 나오고

$x=(2+i)+(2-i)=4$를 얻게 된다.

철학자인 르네 데카르트(1596~1650)는 그의 저서 “방법서설”의 부록에서 상상상의 수들(imaginary numbers)을 기하학적 불가능성과 연관시켰다. 데카르트는 “imaginary”라는 용어를 조어했다. “그 어떠한 방정식에서도 (그 차수와)같은 개수의 근들을 상상(imagine) 할 수 있다. 그러나 많은 경우들에서 상상하는 것에 대응되는 수량(quantity)은 존재하지 않는다.”

드므아브르(1667~1754)는 종교적 이유 때문에 프랑스를 떠나서 영국 런던에 가서 뉴턴과 친교를 맺게 되었다. 1698년에 그는 뉴턴은 이미 1676년에 오늘날 드므아브르의 공식이라고 알려진 등식 $(\cos\theta+i\sin\theta)^n$ $=\cos(n\theta)+i\sin(n\theta)$을 알고 있었다고 한다.

오일러(1707~1783)는 우리가 오늘날 쓰는 기호인 $i=\sqrt{-1}$를 도입했고, 복소수들을 직교좌표의 점들로 시각화 했지만, 만족스런 복소수의 기초를 제안하지는 않았다. 그는 $x+iy=r(\cos\theta+i\sin\theta)$라는 공식을 썼고, $z^n=1$의 근들을 정다각형의 꼭지점들로 보았다 또한 그는 e^z를 정의하고 $e^{i\theta}=\cos\theta+i\sin\theta$. 임을 보였다.

아르강(Jean-Robert Argand (1768~1822)은 파리의 경리 담당(Bookkeeper)이었는데, 1806년에 “상상 상의 양들의 기하학적 해석에 관한 에세이”라는 논문을 발표하여 복소수의 기학적 해석을 완성하였다.

해밀턴(William Rowan Hamilton (1805~65))은 1831년에 실수 순서쌍들 $(a,\ b)$을 커플리아라고 정의하였다. 그는 이 순서쌍들의 합과 곱을 $(a,b)+(c,d)=(a+c,b+d)$, $(a,b)(c,d)=(ac-bd,ad+bc)$로 정의하였다. 이것은 사실상 복소수의 대수적 정의이다

…

가우스(1777~1855)는 이미 1796년 이래 복소수의 기하학적 해석에 관해 알고 있었던 것 같다. 또한 그는 복소수(complex number)라는 용어도 도입하였다. 그는 또한 나중에 코시 정리라고 알려진 정리도 알고 있었다. 그 정리는 나중에 코시와 바이어스트라스가 가각 독립적으로 다시 발견하였다.

코시(Augustin-Louis Cauchy (1789~1857))는 1814년 프랑스 과학아카데미에 제출한 논문에서 복소 함수론을 창시하였다. 컨투어 적분(Contour integral)도 그 논문에 나타났다.

수와 문자의 기원

19세기 후반에서 20세기 초반에 활동한 다재다능한 수학자 앙리 푸앵카레Poincaré, 1854~1912)에 따르면, 자연수 개념은 인간에게 선천적으로 주어진다. 푸앵카레는 공집합에서 시작하여 자연수를 공리적으로 구성하려는 페아노(Giuseppe Peano,1858~1932 이탈리아의 수학자·논리학자)의 시도에 반대하면서 이런 주장을 펼쳤다. 푸앵카레는 자연수에 대한 우리의 이해가 선천적이며 근본적이라고 믿었기 때문에 모든 수학

을 기호논리로 수학을 환원시키려는 시도에 비판적이었다. 푸앵카레의 이런 비판은 1931년 쿠르트 괴델(Kurt Gödel)에 의해 옳았음이 증명되었다.

그렇지만 자연수 관념이 우리에게 선천적이라는 주장은 역사적 사실과는 달랐다.

수메르의 역사

문명은 보통 도시 생활에 의해 특징지어지는 정도의 복잡성을 획득한 문화이다, 즉 문명은 인구가 많은 사회의 경제, 사회, 정치 및 종교적 필요에 대처하기 위해서 상당한 수의 전문가들을 부양할 수 있는 문화이다. 야기에는 기록을 위한 문자 시스템, 단순한 건물 대신에 기념비적 건축물, 신석기 도기에 그려진 것 같은 단순한 장식이 아닌 예술 등이 포함된다. 이러한 최초의 문명은 메소포타미아의 수메르 문명이었다. 역사는 수메르에서 시작되었다.

기원전 6000년경에 메소포타미아(그리스어로 '강들 사이 땅')에서 농경문화가 시작 되었다. 농경지는 토지를 물과 분리시킴으로써 습지와 모래 둔덕에서 창조되었다. 습지는 배수되고 홍수는 통제되고 인공 운하를 통하여 물이 사막에 공급되었다. 기원전 3500~3100년 사이에 단순한 촌락들이 아니라 대규모 도시 센터들에 기초한 이전에 알려진 그 어떠한 것과도 현저하게 다른 종류의 경제와 사회질서의 기초가 놓여졌다.

신석기 장인(匠人)은 숯으로 가열함으로써 구리를 산화물 광석에서 추출하는 법을 발견하였다. 기원전 3100년 즈음에 금속장인들은 주석을 첨가하면 구리가 성능이 좋아진다는 것을 발견하였다. 그러므로 수메르에서의 문명의 도래는 서구에서의 청동기의 시작과 연관된다. 청동기

시대는 기원전 1200년경 철제 무기와 도구들이 대세를 이루게 되면서 막을 내렸다. 메소포타미아 평원은 돌도 금속도 그리고 연한 팜나무 외에는 목재가 없었기 때문에, 이 재료들은 시리아와 소아시아로부터 수송되어야 했다. 티그리스와 유프라테스를 따라 내려오는 수로 운송으로 그 문제가 풀렸다. 가장 오래된 돛단배(sailing boat)는 기원전 3500년 즈음에 한 수메르 묘지에서 발견된 모델에서 나타나 있다. 그 다음 바로 당나귀가 끄는 전차에서 바퀴가 등장하였다. 또 다른 중요한 발명은 도공의 물레(potter's wheel)인데, 기원전 3500년 직후에 수메르에서 처음으로 사용되었다. 그 이전에는 손으로 진흙을 주무르거나 감아서 도기들을 만들었다. 자신의 모멘텀으로 돌아가기에 충분히 무거운 축이 있는 진흙 디스크는 "최초의 진정한 기계장치"로 불려왔다.

기원전 3500~3000년 사이에, 수메르의 부유한 도시-국가들이 생겨났다. 그 중 우르(Ur)가 가장 유명하다. 그 삼각주는 대규모 관개와 홍수 통제가 없이는 거주가 불가능했는데, 처음에는 성직자 계급이 그 다음에는 신같은 왕들이 관개와 홍수통제를 관리하였다. 기원전 3000년 후에는 도시들 간에 전쟁이 빈번해지면서 군사 지도자가 왕이 되어 신과 인간 사이를 매개하는 역할을 맡게 되었다. 왕들과 성직자들은 위계 사회에서 지배계급이 되었고, 그 아래 필경사들, 신전의 세속 관리들이 있었는데, 그들은 도시의 경제생활의 모든 면을 관장했고, 사법 체계도 발전시켰다. 신전 바깥 사회는 대지주 및 군사 지도자들로 이루어진 귀족들과 상인, 장인, 그리고 공예가들 집단, 인구의 대다수를 구성한 자유농민들 그리고 노예들로 구성되었다.

수메르의 위대한 발명들을 보면, 설형문자 발명에서 풍부한 서사시 문학이 창조되었고, 창조 신화, 홍수 서사시 그리고 길가메시 서사시가 가장 유명한 데, 홍수 신화는 성경의 노아의 방주 얘기와 흡사하다. 길가메시 서사시는 대도시의 문명화된 생활의 매력을 찬양하고 그로 인한 불가피한 자연파괴도 노래한다. 조각도 발달하였는데, 다산 숭배가 보인다. 상업적 거래를 기록하는 것은 점토판에 사람의 서명을 새기는 데 사용되는 작은 원통 인장들에는 섬세한 기술이 요구되었다. 이런 점토판 수천 개가 신전에서 발굴되었는데, 수메르의 관리들은 계약들, 신용 승인, 이자 대금 및 사업 합작들을 포함하는 복잡한 상업 시스템을 개발했음을 보여준다. 더구나, 성직자들은 그들의 통제 하에서 대규모 공공 공사를 계획해야 했기 때문에 십진 기수법(decimal notation)과 60진법 시스템을 포함하는 유용한 수리적 표기들을 개발하였다. 1분은 60초, 한 시간은 60분과 원의 각을 360도로 나누는 관행은 여기에서 유래한다. 그들은 수표들(mathematical table)을 발명하고 2차 방정식들을 사용하였다. 종교 및 농업 목적으로 천체를 연구하였고, 1일은 24시간, 1주일은 7일의 월력(음력)을 창조하였다. 이 과학의 많은 부분이 그리스인 나중에는 아랍인들을 통해서 서구로 전파되었다. 그렇지만 수메르인들 자신들이 가장 찬미했던 업적은 도시 그 자체였다.

토큰과 수 그리고 문자의 발생

수메르 신화들 중 "엔메르카르와 아라타의 왕들(Enmerkar and the Lord of Aratta)"에 따르면 우루크-쿨라바의 왕인 엔메르카르가 여신 이난나(Inana) 신전을 재건축하기 위해서 아라타(Aratta)의 왕들에게 사신을 보내어 목재, 금, 은, 구리, 주석, 라피스 라줄리[lapis lazuli] 그리고 산석들을 요청하였다고 한다. 그렇지만 사신이 여러 번 왕래하면서 주고받는 내용이 복잡해지자 쿨라바의 왕 즉 엔메르카르는 재빨리 문자를 발명하여 점토판에 써서 서신을 전달하였다고 한다.:

"500~51

그의 말은 상당했고, 그 내용은 광범위했기 때문에, 그 사신은 그것을 반복할 수 없었다.

그 사신의 입이 지쳤기 때문에 그는 그 말을 반복할 수 없었다. 쿨라바의 군주는 점토를 두들겨 마치 판 위에처럼 메시지를 썼다. 그 이전에는 점토 위에 메시지를 적는 것은 확립되어 있지 않았다. 이제, 태양라애 바로 그날에, 그렇게 되었다. 쿨라바의 군주는 메시지를 마치 (점토) 판 (위에) 썼다. 그것은 바로 그것과 같았다."

출처: "엔메르카르와 아라타의 왕들(Enmerkar and the Lord of Aratta)"
http://etcsl.orinst.ox.ac.uk/section1/tr1823.htm

수메르 왕명록에 따르면, 엔메르카르는 이미 글쓰기가 수백 년 동안 흔한 관행이 된 기원전 2700년경에 살았다고 한다. 따라서 그는 문자를 발명한 것이 아니라 이미 쓰여지고 있었던 문자를 사용한 것뿐이었다. 도대체 수와 문자는 어떤 역사적 과정을 거쳐서 발생한 것일까? 갑자기 하루아침에 너터넌 것일까? 아니면 오랜 역사적 과정을 거치면서 진화해온 것일까? 답은 수와 문자는 오랜 진화를 거쳐서 발생해왔다는 것이다. 그 진화의 역사를 살펴보자. 처음에는 그 위에 아무런 표시가 없고 나타내어지는 물건과도 아무런 유사점이 없는 단순한 기하학적 모양의 점토, 소위 평이한 토큰들이 물건들의 개수를 세는데 사용되었다. 주로 곡식과 그 곡식에서 나오는 생산물을 세는데 쓰였고 그 물건과 그것의 개수를 동시에 나타내는 토큰이었다.

농업의 시작과 함께 평이한 토큰들이 나타났다. 기원전 8000~7500BC경에 평이한 토큰들의 초기의 일괄유물들은 비옥한 초승달 마을들 유적지에서 발견된다. 평이한 토큰들이란 구들, 평평하고 렌즈모야의 디스크들, 원뿔들, 사면체] 그리고 원통처럼 기하학적 모양을 한 점토로 된 물체들로서 어떤 대상과 그것의 개수를 동시에 나타내는 것이었다. 이 형태들은 완전히 자의적이고 최소의 노력으로 식별이 용이하고 복제가 쉬운 모양들을 만드는 데에만 관심이 있었음을 보여준다. 묘사하려는 대상과 닮은 토큰을 만든 것이 아니라, 순전히 기하학적인 모양만 고려했다. 토큰들은 평이했다. 즉 그 표면에 아무런 표시가 없었다. 단지 기하학적 모양만이 그 토큰들의 특징이었다.

이 토근들은 정사각형 곡식창고에서 같이 출토되는데 이것은 곡식들을 재배하고 저장하는 것을 기록할 필요가 발생하여 그런 평이한 트큰들이 출현했음을 시사한다. 그러므로 고대 중동에서의 기록 보존 장치의 발명은 동물 가축화 및 목축과는 거의 아무런 관계가 없어 보인다. 사실상 평이한 토큰들은 곡식들을 경작하고 저장하는데 기초하는 경제 및 사회경제적 변화를 갖는 지역들에서 나타난다.

이 토큰들의 특징은 그것이 셈해지는 대상과 셈이 분리되지 않았다는 것이다. 그 자체로서 수가 되는 1, 2, 3 같은 수는 없었다. 수는 언제나 그 대상과 같이 세어졌다. 예를 들어 계란형 토큰은 "오일 1단지"를 나타냈다. 기름 2단지를 표현할 때 현대에서는 "기름"과 "2" 그리고 "단지"가 전혀 다른 개념들이지만 평이한 토큰에서는 그런 분리가 전혀 일어나지 않는다. 셈해지는 대상과 수가 전혀 구분되지 않았다. 작은 원추형 토큰은 소량의 곡식단위를 나타냈다. 구들은 그 다음으로 큰 곡식단위를 나타냈다.

(복잡한 토큰들)

그 다음에 복잡한 토큰들은 기원전 3000년대 후반부에 나타난다. 그것은 고대 중동에서 도시 및 수메르 신전 제도가 등장한 것에 의해 특징지어지는 시기이다. 복잡한 토큰들은 수메르의 우루크에서 최초로 발생했다. 복잡한 토큰들이란 기존의 평이한 토큰들과는 다른 기학학적 모양들, 원추형(biconoid), 난형(卵形), 구부러진 코일, 장사방형, 파라볼라, 사각형, 삼각형들 외에도 도구들의 미니어쳐 표현, 식기(食器 utensils). 용기들, 동물 모양의 점토로 된 작은 물체들인데, 여기에는 그 점토 표면에 마킹이 되어 있다는 것이 평이한 토큰과 구분되는 특징이었다. 이제 그 복잡한 토큰들에는 사면체나 원통형에도 마킹을 한 것이 포함되었다. 3350~3100BC 수메르의 신전들이 실시한 경제는 공동체에 의해서 생산된 상당한 양의 잉여의 집결, 관리 및 재분배에 기초하고 있었다. 토큰 모양들과 개수가 크게 증가했다는 것은 그 당시 세금의 부과로 그것을 강요할 관청과 행정 행정, 도량형과 기록을 위한 정확한 장치, 대규모 저장 시설들 그리고 불복종에 대한 처벌 시스템이 요구를 반영했을 것이다. 그 결과 실린더 도장, 빗각 테두리 사발, 복잡한 토큰들, 기념비적 건축물, 도장들에 새겨진 고문 장면들이 나타났다. 복잡한 토큰들은 국가 형성에 결정적으로 중요한 세금징수에 중요한 기능을 담당하고 있었을 것이다.

토큰 시스템은 물품들를 기록하는 데에만 쓰였다는 것이 명백하다. 그렇지만 평이한 토큰들은 기초적인 농산물, 특히 곡식과 동물의 수량을; 복잡한 토큰들은 작업장에서 만든 재화들을 계산하는데 주로 사용되었다. 이런 용도의 차이는 두 가지 토큰 시스템이 있는 이유를 설명해준다. 그것은 평이한 토큰들의 최초의 일괄유물이 농경의 시작과 일치하는 이유를, 반면에 복잡한 토큰들이 도시 시대의 발생과 같이 시작되는 이유를 설명해준다. 그리고 그런 용도의 차이는 평이한 토큰들은 어디에서나 발견되는 반면, 복잡한 토큰들은 특정 지역들에서만 나타나는 이유를 설명해준다; 곡식들은 어디에서나 소비되었지만, 산업은 도시들에서만 번성했기 때문이다.

두 종류의 토큰들을 저장하는 방법은 달랐는데, 평이한 토큰들은 비어 있는 구 모양의 점토봉투에 담겨 있었지만, 복잡한 토큰들은 길쭉한 불라(*bulla*)에 줄로 엮어 있었다. 그런데 봉투 속에 평이한 토큰들이 담겨 있었기 때문에 그 안의 내용울을 확인하려면 봉투를 깨야만 했다. 그래서 토큰들을 봉투에 담기 전에 그 봉투 위에다 각인하는 관행이 발달되었고 그 결과 그 봉투 안에 든 토큰의 수와 모양을 밖에서도 확인할 수 있게 되었다. 다시 밖에서 확인할 수 있으면 안의 토큰들이 필요가 없음으로 토큰의 각인이 직힌 점토판이 발달하게 되었다. 다른 말로 하면 , 평이한 토큰들은 점토판에 음각으로 찍힌 마킹들에 의해서 대체되었다. 다른 한편 복잡한 토큰들은 스타일러스(stylus)로 쓰여진 사인들에 의해서 점토판들에 남게 되었다. 즉 평이한 토큰들은 점토판 위에 각인되었고, 복잡한 토큰들은 그 위에 금을 그어서 그려졌다. 이제 점토판 위에서 각인된 사인들은 숫자들을 표시하고 금이 새겨진 표시들은 세어지는 아이템의 종류를 나타내게 되었다. 각인된 사인들은 1-1로 그 마킹들을 반복함으로써 그 아이템들의 개수를 보여주었다; 곡식의 작은 1,2,3 도량은 1,2,3개의 작은 쐐기들로 표시되었다; 1,2,3 부쉘의 곡식은 1,2,3개의 원형 마킹으로 표시되었다. 동물 단위의 개수를 나타내는 각인된 마킹에 대해서도 마찬가지였다.

다른 한편, 새겨진 사인들은 1-1대응으로 절대 반복되지 않았다.; 예를 들어 33개의 기름 단지는 더 이상 기름 단지 사인을 33번 반복하여 표현되지 않았다. 그와는 달리, 기름단지를 나타내는 상형문자는 숫자들 -수를 나타내는 사인들- 뒤에 쓰여 졌다.

기원전 4세기의 우루크 상형 점토판 ,양을 나타내는 십자가 새겨진 원(양을 표시)과 각인된 5개의 쐐기(추상적인 수 5를 표시), 이것은 5마리의 양을 나타낸다.

각인된 한 개의 쐐기와 하나의 각인된 원형 사인은 원래는 곡식의 작고 큰 척도를 나타내었지만 이제 "1"과 "10"을 의미하게 되었다. 계란형은

“오일 1단지”를 나타냈었지만, 이제는 “1”를 나타내는 각인된 표시와 “기름 단지”를 나타내는 새겨진 표시로서 나타낼 수 있었다.

셈의 진화는 2단계를 거쳤다.

첫 번째 단계는 기원전 8000년 즈음에 다양한 형태의 토큰들이 1-1 대응 방식으로 상이한 종류의 물품들을 셀 때 발생하였다.

2번째 단계는 곡식 척도 단위를 나타내는 각인된 사인들이 추상적인 수를 표시하면서 발생하였다. 추상적 숫자의 발명은 셈과 소통에 있어서 하나의 혁명이었다. 이제 세어지는 물품과 숫자는 전혀 다른 것이 되었다.

시간이 흐르면서 토큰들은 물체들이 아니라 음을 나타내는 방향으로 진화되어 갔다. 점토판들 위에 재화들의 납부자와 수령자의 이름을 적어둘 행정적인 필요성에 의해서 표음기호의 발달이 촉진되었다. 개인들의 이름이 상징들에 의해서 새겨지는데 그 이름들의 앞 음절만 나타내게 되었다. 그래서 이것은 상품들이나 개염들을 나타내는 것이 아니라 순전히 음만을 나타내는 음절문자(syllabary)의 시발점이 되었다.

알파벳 음소문자의 기원과 전파

수메르 문자는 음절문자로 진화했지만 결코 음소문자로 발달하지는 못했다. 다소 아이러니하지만, 최초의 알파벳의 발명은 지금까지 발명된 문자 체계 중 가장 복잡한 문자 체계 중 하나인 고대 이집트 문자에서 기원했을 것으로 보인다. 이집트 상형문자는 표어문자, 음절 문자, 알파벳 문자를 결합했다. 기원전 2천년 중반이 되면, 시나이 반도 지역의 사회들에서는 그들 언어의 모든 소리들이 소수의 알파벳 기호를 사용하여 표현할 수 있게 되었다.

원래 시나이 문자에서 내려온 알파벳 시스템은 기원전 1150년이 되면 레반트 전체에서 널리 사용되었을 가능성이 있다. 그러나 이런 종류의 대본은 대부분 양피지나 파피루스와 같은 부패하기 쉬운 물질에 쓰여졌기 때문에, 원본 재료가 거의 남아 있지 않다. 그러나 파피루스는 사막의 건조함과 박테리아가 없어 이집트에 보존되어 왔다.

기원전 1450년부터 1150년까지 거슬러 올라가는 알파벳 글쓰기의 초기에는 고대 가나안 도시 우가리트[Ugarit] 유적지에서 발견되었다. 시리아의 라타키아 북방 약 11km의 지중해 연안에 있는 페니키아의 도시 우가리트 유적지에는. 최하층(V층)은 신석기시대, Ⅳ층은 할라프 기, III층은 B.C. 3000년대 후반, II층은 이집트 12왕조와 동시대, Ⅰ층은 B.C. 1450년경 이후에 속하는 유적들이 발굴되었다. 층은 성새(城塞)를 이루는 도시로 신전과 문서고가 딸려 있는 궁전이 서 있다. 문서고에서는 설형문자를 새긴 점토판이 다수 발굴되었는데 특히 알파벳 문자로 기록한 점토판이 유명하다. 30개의 관모양으로 구성된 문자 체계는 우가리트어를 쓰기 위해 고안되었다. 구우면 거의 파괴되지 않는 점토판에 우가리트 문자로 쓰여진 문서들이 새겨져 있었다. 그러나 남아 있는 몇 안 되는 문서들은 우가리트의 거주자들이 상하기 쉬운 물질에 글을 쓰는 일반적인 셈어 알파벳 글쓰기 전통에 더 익숙했음을 암시한다.

이러한 알파벳 문자는 현대 유럽의 알파벳 쓰기가 두 가지 중요한 측면에서 사용 방식이 달랐다. 첫째, 셈어 문자에서는 보통 왼쪽에서 오른쪽으로가 아니라 오른쪽에서 왼쪽으로 글을 쓴다. 둘째, 셈어 문자는 모음소리와 이중모음(a, e, i, o, u, o, ai 등)은 쓰지 않고, 자음(b, k, d, f, g 등).만 기록한다.

그리스인들은 기원전 950년에서 850년 사이에 페니키아인들과 그 지역의 다른 민족들과 정기적으로 접촉함으로써 레반트 알파벳을 알게 되었는데, 이때 지중해 전역에 시장이 형성되어 있었다. 셈어적 의미에서의 자음을 나타내는 몇몇 글자들은 그리스인들에게 모음처럼 들렸고 그들은 몇몇 셈어 문자를 모음을 나타내는 문자로 쓰기 시작했다.

그리스인들은 또한 그들의 알파벳을 이탈리아로 가져갔고, 그것은 라틴어를 비롯한 다른 언어에서 사용하기 위해 변용되었다. 비록 그리스 문자는 여전히 동유럽 제국에서는 사용되었지만 로마 제국은 서유럽의 많은 지역에 그들의 알파벳을 전파하였다. 5세기에 서로마 제국이 멸망할 무렵에는 그것은 이미 기독교 제국이었다. 라틴어로 된 글은 문학 행정에서 필수적인 것이 되어 있었다. 라틴 문자 체계와 기독교는 둘 다 그들을 낳은 제국에서 살아남았다.

중세 초기의 라틴어 알파벳은 고딕, 고 아일랜드어, 프랑스어, 고영어와 같은 다양한 언어를 표현하기 위해 수정되었다. 한편, 동양에서는 그리스 정교회가 북쪽, 러시아, 발칸반도로 확대되어 그리스 문자를 가지고 갔다. 두 명의 정교 성직자인 성 성 키릴과 메소디우스는 그리스 알파벳을 변용하여 슬라브어를 쓰는데 편리하도록 새 문자를 발명했다고 한다. 이 때문에 현재 러시아, 불가리아 등 동유럽 지역에서 사용되고 있는 알파벳을 성(聖) 키릴을 기리기 위해 키릴어라고 부른다. 이와 같이 셈어, 그리스어, 라틴어 알파벳은 현대 유럽, 중동, 인도 아대륙에서 현재 사용되는 대부분의 알파벳의 기초가 되었다.

음악과 수학: 바흐

옥스퍼드 대학의 수학자 사토이[Marcus du Sautoy] 교수에 따르면, 수학자들은 패턴을 찾고 있고 음악은 패턴-만들기에 관한 것이다. 몇몇 현대 작곡가들의 작품에서, 새로운 수학과 새 음악은 서로 맞닿는다고 한다. 대칭은 음악이 가장 기초적인 수준의 소리에서 갖는 그 어떤 것이다. 더 많은 대칭이 있을수록 그 소리는 더 순수하고 더 아름답다. 무수히 많은 디자인들 중에서 수학자는 아름다움 자체 때문에 하나의 패턴을 고르고 그것을 지상으로 끌어내리고 이것은 바로 작곡가들이 하는 것이다.

음악에서의 대칭 연산들

수학과 음악에서의 대칭연산들은 다음과 같이 비교될 수 있다.

• 수학 대 음악

평행이동(Translations) ↔ 조옮김(Transpositions)

좌우대칭 ↔ 역행(Retrograde-같은 선행과 후속)

상하대칭 ↔ 반행(inversions)

여기서 반행이란 선행(先行) 성부(dux)에 대해 후속(後續) 성부(comes)가 선행 성부의 반행형(反行形)으로 응답을 말한다. 후속 성부가, 선행 성부를 거울로 비친 것 같은 형태를 지니기 때문에 <거울 카논>(mirror canon)이라고도 한다.

바흐의 《음악의 헌정》 [A Musical Offering]을 보자. 그 곡은 바흐가 죽기 3년 전인 1747년, 프레데릭 대왕(프로이센의 왕)을 위해 쓰여 졌는데, 바흐는 왕의 궁전을 방문하자 바로 왕으로부터 '왕실의 테마'를 바탕으로 3부와 6부 푸가의 즉흥 작곡을 도전받았다. 바흐는 3부 푸가의 즉흥 작곡에 성공했다. 비록 왕실의 테마를 바탕으로 6부 푸가를 할 수는 없었지만, 그는 자신이 선택한 테마를 바탕으로 6부 푸가를 즉흥적으로 연출하여 궁중 청중을 놀라게 했다.

• 바흐의 《음악의 헌정》

바흐는 집으로 돌아와서 6부 푸가, 〈리체르카레(Ricercar)〉와 그 밖의 여러 작품을 작곡했다. 그것들은 모두 모두 왕실의 테마를 바탕으로 하였고 프레데릭 대왕에게 헌정되었다.

그 작품에는 다음과 같이 대칭적으로 정리된 13개의 곡들이 수록되어 있다.

Trio Sonata

Five Canons **Five Canons**

Ricercar **Ricercar**

카논은 정교한 형태의 선율로서, 주테마가 시작된 후에 어떤 형태로 모방되어 다른 부에 의해 연주된다. 모방은 직접 반복, 다른 간격 반복(조옮김), 반행 또는 역행일 수 있다. 때때로 주제와 모방이 함께 시작된다.

• 바흐의 음악의 헌정-음악 퍼즐

바흐는 그의 카논들에서 상이한 대칭들을 사용했다.

하지만, 상황을 흥미롭게 하기 위해 바흐는 10개의 카논 중 하나에 대해서만 전체 부들을 작성했다. 다른 것들은 음악 퍼즐로 남겨졌고, 바흐는 남은 부분이 어떻게 결정되어야 하는지를 나타내는 단서를 남겼다.

그림 : 바흐의 음악의 헌정 중 캐논 중 미해결 버전

Quaerendo invenietis("찾으면 알게 될 것이다")는 특정 카논, 특히 제목이 없는 카논들에 쓰여져 있었다. 바흐가 제시한 '퍼즐'은 해결되었고 바흐의 제자 요한 필리프 키른베르거(Johann Philipp Kirnberger)가 처음으로 출판하였다.

• 바흐의 '게 카논'(crab canon) 분석

주테마(1부)는 왕실의 테마 다음에 8음절 대선율(對旋律)로 구성된다. 주어진 선율을 끝으로부터 첫머리 쪽으로 연주하여 모방하는 것으로 한 사람은 앞에서부터 한 사람은 뒤에서 부터 연주 했을 때 하나의 곡으로 만들어지는 작곡기법인 역행 카논이 기용된다. 따라서, 두 번째 부는 첫 번째 부가 진행하는 것을 동시에 거꾸로 연주한다.

또는 마디 9의 끝에 좌우반사(역반사)가 발생한다. 각 부분은 역행하지만, 각 부는 서로 교환된다. 첫 번째 부는 2번째 부를 역방향으로, 두 번째 부는 첫 번째 부를 역방향으로 연주한다.

수학적으로, 이 마지막 해석은 뫼비우스 띠에서 시각화할 수 있다! 주요 주제를 가지고 반으로 자르고. 두 부분을 같이 접착하되, 접착하기 전에 비틀어 붙인다. 각 연주자는 이제 띠 주위에서 반대 방향으로 이동하며, 두 부가 한 "바퀴"를 돈 후 서로 지나칠 때 좌우대칭 반사가 일어난다. 비틀림은 부들의의 상호교환을 나타낸다.

철학자이자 미적분학의 공동 창시자인 고트프리드 빌헬름 라이프니즈는 "음악에서 얻는 즐거움은 세는 데서 오는 것이지만 무의식적으로 세는 데서 오는 것이다. 음악은 무의식적인 산수일 뿐이다."라고 말한다. 음악은 산술의 일부라고 그는 본다.

모차르트 [Wolfgang Amadeus Mozart, 1756년 ~ 1791년]

모차르트는 수를 사랑했다고 한다. 모차르트 가문의 친구 한 사람은 어린 볼프강에 대해 다음과 같이 썼다. "그가 계산할 때, 테이블, 의자, 벽 그리고 심지어 바닥까지도 분필로 된 숫자로 덮여 있었다."

모차르트가 성인이 되어도 수에 대한 집착은 사라지지 않았다. 그는 가족과 친구들에게 보낸 그의 편지에 온통 수로 도배했다. 정치적으로 민감한 발언을 검열관들의 눈에 띄지 않기 위해 그의 가족은 비밀 코드를 사용했다. 그러나 그는 또한 더 친밀한 교감에도 수를 사용했다. 가끔 그는 그의 수신인에게 항상 1,000 단위의 키스를 보냈다.

1095060437082라는 기이한 수열은 아내 콘스탄제에게 보내는 편지에 나타난다. 이 수열을 해독하면 10 + 9 + 50 + 60 + 43 + 70 + 82는 18제곱인 324가 되는데 이는 피가로의 오프닝에서처럼 모차르트와 콘스탄제 사이의 사랑의 결속을 표현하고 있을 것이다. 그는 또 다른 편지에서 "수들의 집의 친구"라고 자신을 서명했고, 콘스탄제는 모차르트가 죽은 후 전기 작가에게 "산술과 대수학에 대한 그의 사랑"에 대해 말했다.

하지만 상징과 숫자적인 이미지로 가장 많이 채워진 작품은 아마도 모차르트의 마지막 오페라인 '마술피리'일 것이다. 이 오페라는 프리메이슨의 기호로 가득 차 있으며, 이것은 수학에 의해 뒷받침된다. 그 오페라 작곡 7년 전에 모차르트는 비엔나에 있는 프리메이슨 결사에 가담했다. 예를 들어, 숫자 3은 프리메이슨 관습에서 매우 중요하다. 새 프리메이슨 회원의 입문식의 일부인 산장 문을 두드리는 세 번의 노크 소리가 오페라 곳곳에서 반복적으로 들린다. 동료 프리메이슨인 괴테는 "군중은 그 광경을 보면서 즐거워할 것이다. 동시에 입문자는 그것의 높은 중요성은 눈치 챌 것이다."라고 말했다.

3음 리듬 시퀀스를 외에도 숫자 3은 수많은 방법으로 오페라를 관통한다. 비록 이것이 모차르트가 사용했던 관악기에 가장 적합한 조(key)가 되는 것과 더 관련이 있을지 모르지만, 모차르트의 많은 프레메이슨 음악들은 3개의 플랫을 가진 조성인 E♭장조 [E flat major]로 쓰여져 있다. 많은 등장인물들이 세 명 씩 나온다.: 밤의 여왕을 섬기는 세 아가씨들, 세 소년들. 3부 화음(Three-part harmony)이 지천에 널려 있다.

오페라도 쌍으로 가득 차 있다. 낮과 밤, 불과 물, 오시리스와 이시스, 금과 은, 해와 달. 숫자 5는 한 부분을 차지하는데, 오각형이나 오각형 별의 기호를 선택한 프리메이슨에게는 또 다른 중요한 숫자다. 트리오가 4중주가 아니라 5중주에 자리를 내준다. 그리고 궁극적으로 사라스트로Sarastro의 힘은 태양의 일곱 개의 원들의 신비로운 봉인 속에 묶여 있다.

바흐[Johann Sebastian Bach, 1685년 ~ 1750년]

음악의 대칭에서 보았듯이 모짜르트만이 음악, 숫자, 암호에 매료된 유일한 작곡가가 아니다. 바흐는 음악에 수학을 많이 애용했다.

바흐의 가장 중요한 음악적 업적은 그의 음악이 진정으로 둘 또는 그 이상의 독립적 성부(聲部)를 동시에 노래하는 다성음악[多聲音樂, polyphony]의 힘, 내재적 조화 구조와 조직의 교묘한 응용, 그리고 복잡한 작품의 디자인에 대한 그의 상상이 풍부하고 흔치 않은 독창적인 접근 방식이라고 말해진다.

당시 독일 최대의 명문 대학의 본고장인 라이프치히에서 철학자인 라이프니츠와 크리스찬 볼프가 주창하는 진리 탐구의 학문적 풍토에 의해 바흐가 영향을 받았음은 의심할 여지가 없다. 두 사람 모두 철학을 'Weltweisheit'(세계의 지혜)로 정의했고 그 철학을 '세상이 어떻게 되어 있고 왜 될 수 있는지 우리에게 가르쳐 주는 모든 것에 대한 과학'으로 정의했다.

라이프치히 대학은 18세기 독일의 뉴턴주의의 중심지였다. 뉴턴은 현대 과학의 기초에 중요한 역할을 했다. 미적분의 발명, 운동법칙의 발견, 광학법칙, 만유인력의 개념은 아마도 그의 가장 위대한 업적이었을 것이다

자연의 지식에만 초점을 맞추는 계몽주의 이후의 과학과는 달리, 뉴턴 과학은 진리의 탐구가 항상 자연과 신의 원리를 모두 포괄한다고 본다.

신과 자연의 관계를 이해하려고 노력하면서 뉴턴은 그들 사이의 경계를 탐구하게 되었고, 그곳에서 그는 궁극적으로 자연과 신의 원리가 융합되는 것을 보게 되었다.

바흐의 음악은 다른 어떤 현대 음악가의 음악보다도 널리 퍼진 뉴턴주의의 문화와 발견의 일반적 정신에 더 많은 영향을 받았다. 그리고 17세기 루터 신학의 확고한 우산 아래 바흐의 음악적 발견은 궁극적으로 신의 작용을 가리켰다.

17세기 후반과 18세기 초 독일의 다양한 자연철학이 스스로를 '세상이 어떻게 존재하는지, 왜 그럴 수 있는지 우리에게 가르쳐 주는 모든 것의 과학'이라고 정의한다면 바흐의 음악철학은 발견에 대한 경험적인 탐구라는 의미에서 유사하게 이해될 수 있을 것이다.

그의 많은 제자들이 그의 음악과 가르침을 전파했고 꽤 많은 수의 제자들이 이론적인 논문들의 영향력 있는 저자가 되었다. 1750년 직후, 독일 음악 이론 - 그리고 반세기 후 유럽 이론도 거의 전적으로 '바흐 학파'의 지배적인 영향 때문에 방향을 바꾸었다. 바흐가 '혁명'을 창조했다면 그것은 이전에 따로 취급되었던 요소인 베이스, 화음, 대위법의 원리를 완전히 통합하는 작곡을 가르치는 데 있었다.

뉴턴 물리학에서도 큰 영향을 받았지만 다른 한편 바흐는 자신의 직업 때문에도 자연스럽게 수학에 접하게 되었다. 18세기 작센에서 활동한 루터교 음악가로써 바흐는 일상생활에서 이런저런 형태로 수학을 접했다. 키보드 연주자로서, 그의 시대의 음악을 가르치고 연습할 때, 보통 숫자로 화성을 나타내도록 쓴 베이스 성부인 '통주(通奏) 저음(figured bass)'라고 불리는 연주를 매일 했을 것이다. 이것은 화성을 나타내기 위해 일련의 숫자로 이루어진 베이스를 제공하는 시스템이었다. 또한 오르간 연주자로서 그의 기술은 배음렬(harmonic series)을 이해하고 음향적으로 오르간 스톱(organ stop)을 써서 원하는 소리를 합성할 수 있어야 했다. 8과 같은 정지 장치의 숫자는 기초음(foundation tone) '4' 두 번째 배음, '2' 네 번째 배음 등을 나타낸다. 이것들은 그의 일상생활에 흡수되었고, 우리에게 더 이상 관심을 가질 필요가 없을 정도였다. 그는 또한 키보드 조율을 해야 했다.

바흐가 활동하던 당시에 수학에는 성경수학이 있었고 비례도 수학의 일부였고 사람들은 수 체계와 히브리 신비 철학인 카발라(Cabala,)특히 게마트리아(gematria)에 열광했다.

폭넓은 성서적 수학의 관점에서 바흐 음악의 많은 예에서 이것이 관찰된다. 성령의 선물, 최종들 중의 최종, 또는 단지 대 죄악(罪惡, Deadly Sins)을 나타내는 숫자 7은 《오르겔뷔흐라인*Orgelbuchlein* (작은 오르간 곡집)》전체에서 발견된다.: 수난부에는 7개의 전주곡이 있다; 또한 Komm, Heiliger Geist, Herre Gott,(오라, 성령이여, 주 하나님이여)의 각 구절에서 7개의 페달 8분음표가 일관되게 있으며, 따라서 성령과 연관된다.

바흐 마태수난곡(St. Matthew Passion)에서 "진실로 나는 너희 중 한 명이 나를 배신할 것"이라는 그리스도의 말에 대해서 'Bin ich's??'('나인가?')라는 잘 알려진 합창단의 11 반응이 있다. 유다는 그가 누구인지 알고 있었기 때문에, 정당하게 그 질문을 하는 열한 명의 사도들을 남겨두고 떠난다. 성 삼위일체에 바쳐진 모음집인 Clavier Ubung III의 구조에는 27곡(3 × 3 × 3)이 나타난다. 이 모음의 내적 분할은 수 3에 대한 많은 의미심장한 표현들을 담고 있다. 숫자가 있는 전주곡(Prelude with Figuren)의 3가지 주제들은 분명히 아버지, 아들, 성령을 나타낸다. 말미에서의 한 주제에 대하여 두 개의 대위(對位) 주제가 동시에 진행되는 푸가(둔주곡)인 삼중푸가 [triple fugue]는 한 가지 주제에 대한 세 가지 표시를 보여준다.

만약 우리가 위대한 라이프치히 전주곡 C단조(Leipzig C-minor Prelude (BWV 546))를 보면, 두 개의 테마가 있으며, 이 테마를 합치면 144개의 bar(바, 악보에서 마디를 구분하는 수직선)를 정확히 설명할 수 있다. 이것은 자체로 상징적 숫자(12 × 12)일 뿐만 아니라, 두 테마의 89와 55라는 총 bar 수들은 각각 1부터 144까지 이어지는 표준 피보나치 수열 1 2 3 13 21 34 55 89 144 의 마지막 두 단계를 형성한다:.그 수열을 따라 더 진행하면 할수록 더 가까운 연속된 수들은 황금분할 [golden section, 黃金分割]에 더 가까워진다. 황금분할이란 선분을 크고 작은 두 부분으로 분할하되 작은 부분의 큰 부분에 대한 비(比)가 큰 부분의 전체에 대한 비와 같게 분할하는 것. 즉, 큰 부분을 a, 작은 부분을 b라고 하면, b:a=a:(a+b)가 되도록 분할하는 것을 말함. a는 대체로 1.168이 된다.

18세기 전반기의 바흐의 엄청난 성취는 일찍이 개화된 수학의 정신을 음악에 반영하고 적용한 결과라고도 볼 수 있다. 그것은 문화를 수학정신에 맞추어서 형성하는데 한몫 했다 바흐는 자신의 추상적인 음악에 관해서 "수학으로 하나님과 이야기했다"고 전해진다. 이제 개인의 목소리는 독립성을 잃었고 음색은 더 이상 노래를 부르는 것으로 이해되지 않고 기계적 개념으로 이해되었다. 바흐에게 음악은 일종의 수학으로 취급되어서 그는 음악을 성악대위법 vocal polyphony 단계에서 악기의 조화의 단계로 옮겨갔다. 음악은 다소 변이가 있는 인간 목소리들이 아니라 악기로 고정된 하나의 자율적인 소리를 기반으로 한 악기의 조화로 옮겼다.

철학자 지젝 (Slavoj Žižek 1949~)에 따르면 바흐는 뉴턴의 과학적 형식화된 우주를 음악에 새긴 유럽음악의 근대화자이다. 바흐 시대 이전의 음악은 아르모니아 문디(세계의 조화 harmonia mundi)라는 르네상스적인 시야에서 생각되었는데 세계 조화는 천체의 조화 피타고라스의 수학의 조화, 사회 유기체로서의 사회의 조화, 인체의 조화로 표현된 우주의 조화의 일부로 생각되었다. 이 모든 수준은 서로 서로를 조화롭게 반영하는 걸로 생각되었다.

바흐 시대에 완전히 다른 패러다임이 등장하기 시작했다. 음악 소리는 우주의 조화에 근거하지 않고 이성적 구조에 근거하는 질서에 따라 배열되어야 하는 '평균률의 음계'라는 패러다임이 지배적이 되었다. 바흐는 음악을 수학화 했고 이제 완전히 형식화되고 추상화된 기법이 되었다.

03

미분

수학 연구의 주요 주제는 함수이다. 함수를 연구하는 데 있어서 그것의 최댓값과 최솟값 그리고 증감을 알 필요가 있다. 그런데 이것들은 모두 함수의 “기울기”와 관련이 있다. 가령 직선을 보면 “기울기”가 양이면 그 직선은 증가하는 함수이고 음이면 감소하는 함수이다. 항상 증가하고 있으면 구간의 양끝에서 최대와 최소를 갖고 끝이 없으면 최대와 최소도 없다. 만일 한 연속함수가 증가하다가 어떤 감소하기 시작하면 그 함수는 그 점에서 극댓값을 갖고 역으로 감소하다가 어느 한 점에서 증가하기 시작하면 그 함수는 그 점에서 극솟값을 갖는다.

직선에서 “기울기”는 명백하게 정의될 수 있다. “한 직선의 기울기”라고 하지 “한 점에서의 기울기”라고 하지 않음에 주목하자. 직선은 모든 점에서 같은 기울기를 갖기 때문에, 그 직선 상의 임의의 두 점을 잡고 그 두 점의 y-값들의 차(y-증분이라고 부른다)를 x-값들의 차(x-증분)으로 나누어도 항상 같은 값-기울기가 나온다. 그렇지만 임의의 함수에서는 그 함수 위의 각 점마다 “기울기”가 달라지는 것이 정상이다. 이러한 경우에 한 점에서의 기울기를 정의하려면, 그 함수의 그래프를 따라서 주어진 점에 접근해 가는 점과의 기울기의 극한으로 정의해야 한다. 수학적으로는 함수는 “끊어진” 곳이 있을 수도 있고, “이어져” 있더라도, 어느 한 점에서 "날카로운" 형태를 할 수도 있다. 이러한 곳에서는 "기울기"가 정의되지 못한다. 이러한 점들은 예외적인 점들이기 때문에, 이러한 점들이 없는 함수–"매끄럽게 이어진" 함수–미분가능 함수만을 우리는 다룬다.

"매끄럽게 이어진" 함수들은 무수히 많고, 이것들에 대해서 일일이 기울기를 구하는 것은 불가능하다. 그러므로 수학에서는 "원자론적 방법"을 책한다. 즉 원자함수들이라고 볼 수 있는 함수들-직선, 삼각함수, 지수함수–에 대해서 기울기를 먼저 구하고, 다른 함수들은 이 함수들을 갖고서 대수연산(사칙연산)과 합성연산으로 구성하여 그것들이 이 원자함수들로부터 구성되었기 때문에 기울기도 보존되는지 아니면 다른 법칙을 만족하는지를 조사하는 관점을 택한다. 그렇지만 엄밀성을 기하기 위해서는 극한의 개념을 도입하여, 사칙연산과 합성연산에서 극한이 "보존" 된다는 사실을 확인해야 한다. 이 사실을 이용하여 연속함수들을 사칙연산과 합성연산을 해도 역시 연속함수가 나온다는 사실이 쉽게 유도된다. 기울기에 대해서는 이야기가 약간 달라진다. 합 연산에 대해서는 기울기가 그대로 보존되지만, 곱연산에 대해서는 기울기는 "라이프니츠 규칙"을 만족한다. 곱연산에 대해서 기울기는 "연쇄법칙"을 따른다는 것이 판명된다.

기울기는 일종의 변화율이다. 우리는 직선, 삼각함수 및 지수함수에 대해 "순간기울기"("순간변화율")을 구하고 나서, 대수연산과 합성연산을 이용해 나머지 일반 함수들의 순간기울기를 구한다. 그러면 국소적으로 최대나 최소가 되는 점 소위 극대-극소점에서는 기울기가 0이 된다. 이 정리는 "페르마의 정리"라고 불린다. 또한 함수의 그래프 위의 주어진 두 점 간의 "평균기울기"와 같아지는 어떤 점에서의 "순간 기울기"가 있다는 "평균치 정리"는 기울기를 이용하여 함수의 증감을 판정하는데 유용하다.

미분은 함수의 기울기-다라서 증감과 극대극소만을 구하는 데에만 유용한 것이 아니라, 함수 값에 대한 근사치와 그 대의 오차의 한계 그리고 방정식의 근에 대한 근사치를 구하는 데에도 유용하다.

테일러 다항식은 함수에 대해서 다항식을 근사시키고 아주 정밀한 근사치를 주는 다항식이다. 다른 한편 뉴턴 정리는 방정식의 근의 근사치를 구하는 데에 있어서 방정식을 구성하는 함수에 대해서 그 방정식의 근에 가깝다고 생각되는 $x-$좌표 상의 한 점에서 한 접선을 구하고 그 접선의 근 즉 $x-$절편을 근사근으로 본다. 다시 이 점에서 접선을 구하고 그 접선의 근을 구하는 과정을 거듭한다.

실함수의 극한

먼저 극한의 개념을 잠깐 보자. 우리는 실수값을 갖는 함수만을 다루자.

실함수 $f: I \to R$ (I는 실수 구간)들에 관해서는 극한의 개념을 적용할 수 있다. 극한이란 한없이 가까워진다는 말이다. 이는 직관적으로는 명백한 것처럼 보이지만, 수학적으로 엄밀하게 정의하려면 바이어슈트라스 [Karl Weierstrass]의 $\epsilon-\delta$ 방법을 도입해야 한다. 그렇지만 우리의 목적은 엄밀성이 아니라 이해이기 때문에 이를 생략하자.

가령 $f(x)=x^2$은 x가 2에 한없이 가까워지면, $f(x)$는 $2^2=4$에 한 없

이 가까워 질 것임은 직관적으로 명백하다. 앞으로 x가 c에 한없이 가까워지면, $f(x)$는 L에 한없이 가까워진다는 것은 다음과 같이 표기하자.

$$\lim_{x \to c} f(x) = L$$

이것은 x가 c에 한없이 가까워지면, $f(x)-L$은 0에 한없이 가까워진다는 것과 동치이므로

$$\lim_{x \to c} (f(x) - L) = 0$$

라고도 쓸 수 있다.

이때 L을 x가 c에 한없이 가까워질 때 $f(x)$의 극한(limit)라고 부른다.

함수의 극한이 항상 존재하는 것은 아님을 주의하자. 어느 한 점에서 "점프"하는 함수들을 생각해보면 결코 극한이 존재할 수 없음을 금방 알 수 있다.

우리가 흔히 쓰는 함수들은 "점프"가 없이 연속적이면서 "첨점"도 없이 매끄러운 함수들이다. 이런 함수들 중에서 가장 기본적인 함수들은 $f(x) = x$, $f(x) = \cos(x)$, $f(x) = e^x$ 들이 있다.(자연지수 함수 e^x에 대해서는 나중에 다룬다), 이런 함수들의 가감승제 그리고 합성을 통해서 얼마든지 많은 함수들을 만들 수 있다. $z = g(y)$와 $y = f(x)$ 의 합성함수

$$g \circ f(x) = g(f(x))$$

를 말한다.

예를 들어, $f(x) = x^2$, $g(x) = 2x$ 이면 $f(x) + g(x) = x^2 + 2x$,

$f(x)g(x) = x^2(2x) = 2x^3$이다. 그런데 $g \circ f(x) = g(x^2) = 2(x^2) = 2x^2$, $f \circ g(x) = f(g(x)) = g(x)^2 = (2x)^2 = 4x^2$으로서

합성 연산에서는 교환법칙이 성립되지 않는다.

함수들의 극한에서 가장 중요한 사실들 중의 하나는 극한은 이런 함수들의 극한들이 가감승제와 합성에서 "보존"된다는 사실이다.

즉 x가 c에 한없이 가까워지면, $f(x)$는 L에, 그리고 $g(x)$는 M에 한없이 가까워진다면,

x가 c에 한없이 가까워지면, $f(x) \pm g(x)$는 $L \pm M$에 한 없이 가까워지고, $f(x)g(x)$는 LM에 , 그리고 $\dfrac{f(x)}{g(x)}$는 $\dfrac{L}{M}$에 한없이 가까워진다.

합성에 대해서는 약간의 주의가 필요하다.

즉 x가 c에 한없이 가까워지면, $f(x)$는 L에, 그리고y가 L에 한없이 가까워지면 $g(y)$는 M에 한없이 가까워진다고 하면, x가 c에 한없이 가까워지면 $g \circ f(x)$는 M에 한없이 가까워진다.

이런 사실들을 기호로 표시하면

명제

극한의 대수

$\lim_{x \to c} f(x) = L$, $\lim_{x \to c} g(x) = M$이면 다음이 성립한다.

1) $\lim_{x \to c} (f(x) \pm g(x)) = \lim_{x \to c} f(x) \pm \lim_{x \to c} g(x) = L \pm M$

2) $\lim_{x \to c} (f(x)g(x)) = \lim_{x \to c} f(x) \lim_{x \to c} g(x) = LM$

3) $\lim_{x \to c} (f(x)/g(x)) = \lim_{x \to c} f(x) / \lim_{x \to c} g(x) = L/M \ (M \neq 0)$

명제

합성함수의 극한

$\lim_{x\to c} f(x) = L,\ \lim_{y\to L} g(y) = M$ 이면

$\lim_{x\to c} g\circ f(x) = M$

우리가 다루는 함수는 “점프”가 없는 연속적인 함수이기 때문에 위의 식들에서 $L = f(c),\ M = g(c)$ (합성함수의 경우에는 $M = g(f(c))$)가 된다.

접선과 도함수

평면상의 직선을 다른 곡선들과 구분하는 특징은 그것의 기울기가 일정하다는 성질이다. 즉 어떤 곡선이 직선이 될 필요충분조건은 그 기울기가 그 곡선상의 모든 점에서 일정하다는 사실이다. 아래 그림의 직선 L 상의 임의의 두 점 (x_0, y_0), (x_1, y_1)에 대하여 x, y의 “증분” $x_1 - x_0$, $y_1 - y_0$의 비 $\dfrac{x_1 - x_0}{y_1 - y_0}$가 일정하다는 사실은 삼각형들의 닮음에서 바로 나온다. 이 증분들의 비 $\dfrac{\Delta y}{\Delta x}$ (여기서 $\Delta x = x_1 - x_0$, $\Delta y = y_1 - y_0$)를 이 직선의 기울기라고 부른다. 가령 아래 그림 왼쪽의 직선의 기울기 m은 이 직선이 (−1,3)과 (1,1)를 지나므로

$$m = \frac{1-3}{1-(-1)} = \frac{-2}{2} = -1$$

이 직선 위의 임의의 점을 (x, y)로 놓으면 , (−1,3)과 (x, y)에서 기울기를 구한 값이 −1이 되어야 하므로

$$\frac{y-3}{x-(-1)}=-1$$

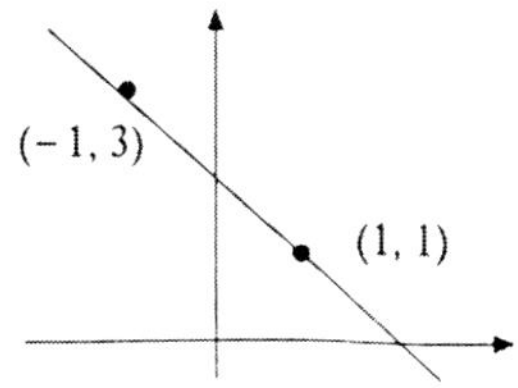

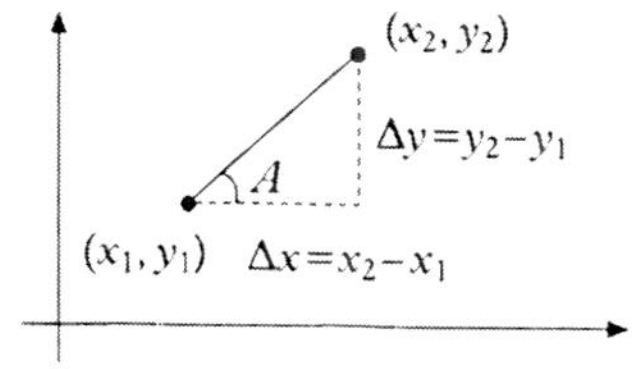

증분

따라서 $y-3=-(x+1)$ 또는 $y=-x+2$이다. 이것은 미지수 x, y에 관한 일차 방정식으로서 평면상의 한 점 (x, y)가 이 직선 위에 있으면, 반드시 이 방정식을 만족해야 하고, 역으로 이 방정식을 만족시키는 곡선은, 두 점 (−1,3), (1,1)를 지나고 기울기가 −1인 직선임을 쉽게 알 수 있다. 이처럼 기하학적 대상과 방정식을 대응시켜서 기하학적 도형을 대수적으로 연구하는 학문은 해석기하학이라고 부른다. 가령 직선은 1차 방정식으로 표현되고, 1차방정식으로 표현되는 도형은 직선이다. 함수들은 일종의 방정식으로 볼 수 있고 따라서 기하학적으로는 그래프로 나타낼 수 있다. 앞으로는 함수와 함수의 그래프를 구분 없이 사용하기로 하자.

그러면 다른 함수들-곡선들에서 "기울기"는 어떻게 정의되고, 구할 수 있을까?

곡선의 방정식을 $y=f(x)$라고 할 때, 그 곡선상의 주어진 한 점 $P_0(c, f(c))$에서의 곡선의 기울기는 그 곡선 상의 다른 한 점 $P(x, f(x))$를 잡고 그 다른 한 점을 점점 더 한없이 P_0에 가까이 보낼 때, 그 기울기들의 극한으로 정의하면 될 것이다.

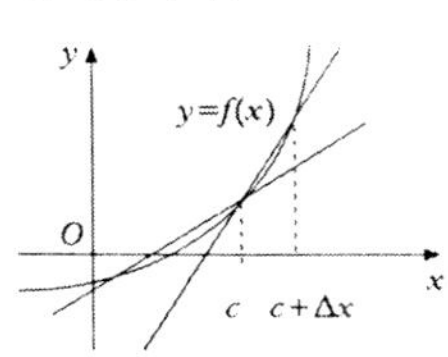

즉 $y=f(x)$ 상의 한 점 $P_0(c, f(c))$에서의 그 곡선의 기울기는

$$\frac{f(x)-f(c)}{x-c}$$

의 극한 즉

$$\lim_{x \to c} \frac{f(x)-f(c)}{x-c}$$

로 정의한다.

임의의 함수에 대해서는 이 극한은 존재하지 않을 수도 있음을 상기하자. 그러나 우리가 다루는 곡선은 "첨점"들이 없다고 가정했기 때문에, 이 극한은 존재한다.

$P_0(c, f(c))$에서의 그 곡선의 기울기라는 사실을 강조하기 위해서, 이 기울기는

$f'(c)$라고 표기하자(이것은 c에서의 f의 미분계수라고 불린다). 즉

$$f'(c)=\lim_{x \to c} \frac{f(x)-f(c)}{x-c}$$

이 기울기가 x-증분과 y-증분의 비이므로, $\Delta x = x-c$ 로 놓으면

$$f'(c)=\lim_{\Delta x \to 0} \frac{\Delta y}{\Delta x} \text{ 또는 } f'(c)=\lim_{\Delta x \to 0} \frac{f(c+\Delta x)-f(c)}{\Delta x}$$

로도 표현될 수 있다. 이 경우에 증분의 비라는 것을 강조하기 위해서 $f'(c)$ 대신에

$$\frac{df}{dx}(c),\ \frac{dy}{dx},\ \frac{dy}{dx}(c)$$

와 같이도 표기될 수 있다.

접선: 함수 $y=f(x)$ 상의 한 점 $P_0(c,f(c))$에서의 그 곡선에의 접선이란 $P_0(c,f(c))$를 지나고 기울기가 $f'(c)$인 직선을 말한다.

요약

미분계수 $f'(c)$는 기하학적으로는 그 곡선 상의 한 점 $P_0(c,f(c))$에서의 그 곡선의 "기울기"이고, 해석학적으로는 그 함수(방정식)의 c에서의 순간적인 변화율, 순간변화율이다.

그러므로 미분계수 $f'(c)$가 양이면, 그 곡선은 그 점에서 증가하고 있고, 음이면 감소한다.

이것의 엄밀한 증명에는 "평균치정리"가 필요하지만, 직관적으로 명백하므로 그냥 받아들이자.

한 점 c에서 함수 $y=f(x)$가 국소적으로 최대(최소)이면, f는 c에서 극대(극소)값을 갖는다고 한다.

페르마 정리

함수 $y=f(x)$ 가 한 점 c에서 극대(극소) 값을 가지면 $f'(c)=0$ 이다.

증명

그 점의 좌변에서는 기울기가 양이고 우변에서 음이다. 기울기는 음과 양이 동시에 될 수 없음으로 그 점에서 함수의 기울기는 0이다.

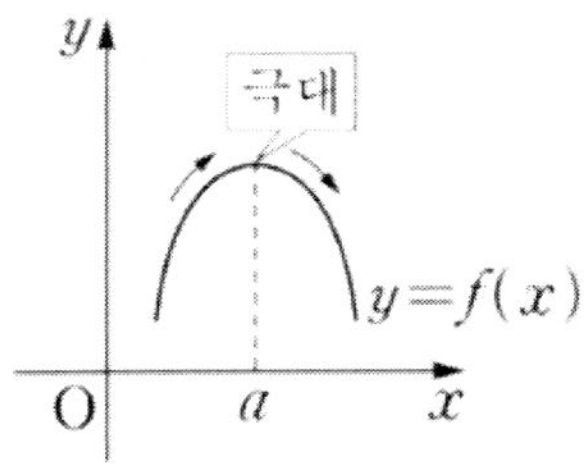

참고

함수 $f(x)$의 변화량과 순간 변화율(기울기)를 연관시키는 공식은 평균치 정리라고 부른다. 그 공식은 다음과 같다.

$$f(x)-f(a)=f'(c)(x-a)\ (c\text{는 } a\text{와 } x \text{ 사이의 어떤 값})$$

함수 $y=f(x)$의 그래프 위의 임의의 한 점 $P(x, f(x))$에 대하여 그 점에서의 순간변화율 $f'(x)$을 대응시키는 규칙

$$x \mapsto f'(x)$$

을 f' 또는 $\frac{df}{dx}$ 라고 표기한다. 이것도 하나의 함수이므로, 이것을 $y=f(x)$의 1계 도함수(derivative)라고 부른다. 즉

$$f' : x \mapsto f'(x)$$

그리고 $y=f(x)$에서 그 도함수 $f'(x)$를 구하는 과정은 $f(x)$를 미분한다(differentiate)고 한다. 마찬가지로 고계도함수들 $f''(x)$, $f'''(x)$, $f^{(4)}(x)$, ..., $f^{(n)}(x)$를 정의할 수 있다.

평균치 정리에 의하면 ,만일 모든 x에 대해 $f'(x)=0$ 이면, $f(x)$는

상수 함수이다.

왜냐하면 모든 x에 대해 ,$f(x)-f(a)=f'(c)(x-a)=0$

또한 도함수들이 같은 함수는 단지 상수 차이를 갖는 함수이다.

즉 모든 x에 대해 $f'(x)=g'(x)$이면 , 어떤 상수 C가 존재해서 모든 x에 대해 $f(x)=g(x)$이다.

함수의 그래프를 그리기 위해서는 그 함수의 증가하는 구간과 감소하는 구간을 알 필요가 있는데, 이것은 다시 $f'(x)>0$, $f'(x)<0$이 되는 구간과 일치한다. 그러므로 함수의 증감의 문제는 그 도함수의 부호 $f'(x)>0$, $f'(x)<0$를 결정하는 대수적 문제로 환원된다. 이것을 나타내는 표는 함수의 증감표라고 부른다.

함수 $y=f(x)$가 주어졌을 때, 그 도함수 $f'(x)$를 쉽게 구하는 공식이 있으면, 함수의 증감을 조사하는 문제는 한결 쉬워질 것이다. 그러나 함수는 무한히 많지 않는가? 그 많은 함수의 도함수를 다 구할 수도, 구한다고 해도 다 기억할 수도 없지 않을까?

극한을 다룰 때에도 언급했듯이, 함수들을 쌓는 기본적인 건축 벽돌(building block)-원소들은 직선, 삼각함수 및 지수함수라고 볼 수 있다. 이 "원소함수"들을 "결합"(가감승제와 합성) 시키면, 다른 "분자들(함수들)"이 나오기 때문이다.

명제 상수함수 $f(x)=C$에 대해, $f'(x)=0$

증명 상수함수의 기울기는 언제나 0이므로 명백하다.

명제 $\frac{d}{dx}(ax+b)=a$에 대해, $f'(x)=a$

증명 직선의 기울기는 a이므로, 도함수는 그 값이 a인 상수함수이다.

명제 $\frac{d}{dx}cos(x)=-\sin(x)$, $\frac{d}{dx}sin(x)=\cos(x)$

명제 $\frac{d(e^x)}{dx}=e^x$

참고 이것은 자연 지수함수 e^x의 정의라고 보아도 무방하다.

이제 함수들의 가감승제와 합성 연산에 대한 미분 공식을 보자. 증명은 생략한다.

명제 미분의 선형성질

$$\frac{d(af(x)+bg(x))}{dx}=a\frac{df(x)}{dx}+b\frac{dg(x)}{dx}$$

명제 곱에 대한 라이프니츠 미분공식

$$\frac{d(f(x)g(x))}{dx}=\frac{df(x)}{dx}g(x)+f(x)\frac{dg(x)}{dx}$$

명제 합성함수의 미분에 대한 연쇄법칙

$$\frac{d(g(f(x))}{dx}=\frac{dg}{dy}(f(x))\frac{df}{dx}(x)$$

주의

연쇄법칙은 $\frac{dz}{dx}=\frac{dz}{dy}\frac{dy}{dx}$로 이해하면 편리하다. 마치 dy로 나누어주고 곱한 것처럼 보인다. 연쇄법칙은 미분에서 합성 연산이 곱 연산으로 바뀌는 것처럼 보이지만, 사실은 이 합성은 미분에서 보존된다. 도함수가 원점을 지나는 직선(선형) 함수이기 때문에 이런 착시 현상이 나타난다. 고차원 미분에서는 함수들의 합성의 미분은 도함수들의 합성임이 명백하게 드러난다.

이제 기본함수들에 대한 미분 공식과 그것들의 가감승제에 관한 공식을 알고 있기 때문에, 매끄러운 (즉, 미분이 무한히 가능한) 함수들에 대한 도함수를 구할 수 있다.

예를 들어

$$\frac{d(x^2)}{dx}=\frac{d(x \cdot x)}{dx}=\frac{dx}{dx}x+x\frac{dx}{dx}=x+x=2x$$

$$\frac{d(x^3)}{dx}=\frac{d(x^2 \cdot x)}{dx}=\frac{dx^2}{dx}x+x^2\frac{dx}{dx}=2x^2+x^2=3x^2$$

비슷하게

명제 $\frac{d(x^n)}{dx}=nx^{n-1}$ **(n은 양의 정수)**

한편 나눗셈과 뺄셈은 사실은 곱셈과 덧셈이므로 그에 대한 미분 공식은 쉽게 유도할 수 있다. 물론 나눗셈과 뺄셈 함수들도 미분이 가능하다.

$$0=\frac{d(1)}{dx}=\frac{d(x \cdot \frac{1}{x})}{dx}=\frac{dx}{dx}\frac{1}{x}+x\frac{d(\frac{1}{x})}{dx}=\frac{1}{x}+x\frac{d}{dx}(\frac{1}{x})$$

그러므로

$$\frac{d}{dx}(\frac{1}{x}) = -\frac{1}{x^2}$$

또한

$$\frac{d}{dx}(\frac{1}{x^2}) = \frac{d}{dx}(\frac{1}{x} \cdot \frac{1}{x}) = (-\frac{1}{x^2})\frac{1}{x} + \frac{1}{x}(-\frac{1}{x^2}) = -2\frac{1}{x^3}$$

그러므로

$$\frac{d}{dx}(x^{-2}) = -2x^{-3}$$

일반적으로

$$\frac{d}{dx}(x^{-n}) = -nx^{-n-1} \quad (n\text{은 양의 정수})$$

따라서

명제 $\frac{d(x^n)}{dx} = nx^{n-1}$ (n은 정수)

다른 한편 역함수들이 있다.

$f : x \to y$에 대해 $f^{-1} : y \to x$ 인 함수 f^{-1}를 f의 역함수라고 하는데, 직선의 경우에 ㅎ명백하듯이 그 두 함수의 기울기는 서로 역수 관계에 있다.

그래서 가령 $\frac{d}{dx}(\sqrt[n]{x})$을 구하는 문제는 $z = g(y) = y^n$이 $y = f(x) = x^{\frac{1}{n}}$

과 역함수 관계에 있음을 주목하자. 즉 $g(f(x))=x$이다.

이 식의 양변을 미분하면 , 연쇄법칙에 의해서

$$\frac{dx}{dx}=\frac{d(g\circ f)(x)}{dx}=\frac{dg(y)}{dy}\frac{df(x)}{dx}=ny^{n-1}\frac{df(x)}{dx}$$

그러므로,

$$\frac{df(x)}{dx}=\frac{1}{n}y^{-n+1}$$

$y=x^{\frac{1}{n}}$을 위식에 대입하면

$$\frac{d}{dx}(\sqrt[n]{x})=\frac{1}{n}x^{\frac{1}{n}-1}$$

따라서 우리는 다음과 같은 결과를 얻는다.

명제 $\frac{d(x^n)}{dx}=nx^{n-1}$ (n은 유리수)

$y=f(x)$가 역함수 $z=g(y)$를 가지면, 즉 $g(f(x))=x$, $f(g(y))=y$인 경우에, 위와 같이 합성함수에 대한 연쇄법칙을 써서 미분하던

$$1=\frac{dx}{dx}=\frac{d(g(f(x))}{dx}=\frac{dg}{dy}(f(x))\frac{df}{dx}(x)$$

따라서

$$\frac{dg}{dy}(f(x))=\frac{1}{\frac{df(x)}{dx}}$$

역함수의 도함수의 원함수의 도함수의 역수이지만 , 미분하는 점이 다름을 주목하자. f는

x에서, 그렇지만, g는 y 즉 $f(x)$에서 미분이 된다.

명제

역함수의 기울기는 원함수의 기울기의 역수이다

$y=f(x)$가 역함수 $z=g(y)$를 가지면, 역함수의 도함수는

$$\frac{dg}{dy}(y)=\frac{1}{\frac{df(x)}{dx}} \quad \text{(단 } x\text{는 } y=f(x)\text{인 점)}$$

이제 함수들의 도함수를 어느 정도 구할 수 있기 때문에, 함수들의 그래프도 그릴 수 있다.

보기

$f(x)=x^3-3x^2-9x+7$ 일 때, f의 증감은?

해 $f'(x)=3x^2-6x-9=3(x+1)(x-3)$ 이므로

x		- 1		3	
$f'(x)$	+	0	-	0	+
$f(x)$	↗ (증가)	12 (극대)	↘ (감소)	-20(극소)	↗ (증가)

다변수 함수의 미분

2개 이상의 변수를 갖는 함수들이 있다. 각 지역들의 온도는 위치의 함수이기 때문에 2-변수 함수가 된다. 이 경우 “기울기(변화율)”를 구하려면 어떻게 해야 할까? 변수가 많은데 “기울기”라는 단어가 의미가 있을까? 하는 의구심이 생길 수 있다. 여기서 요점은 변수가 아무리 많아도

다른 변수들은 그 값을 고정시키고 나머지 한 변수만 변수처럼 취급하는 것이다. 즉, 다변수 함수를 마치 1-변수 함수로 취급하는 것이다.

예를 들어 $z = f(x,y) = x^2 y + \cos(x)$ 라는 2-변수 함수에 대해 이 함수를 x-변수만의 함수로 보고 미분하면

$$\frac{\partial f}{\partial x} = 2xy - \sin x$$

(여기서 $\frac{\partial f}{\partial x}$ 는 함수 f를 x-변수만의 함수로 보고 x에 대해 미분한 함수라는 뜻이다. f_x 라고도 표기한다.)

y-변수만의 함수로 보고 미분하면

$$\frac{\partial f}{\partial y} = x^2 \text{ 이 된다.}$$

이런 미분은 편미분이라 부르고 그 결과 나타난 도함수는 편도함수라고 부른다.

다변수 함수의 최대최소 문제도 1-변수함수와 대동소이하게 접근할 수 있다. 극대가 되는 점에서는 1-변수 함수로 취급해도 역시 극대가 되기 때문이다.

정리	페르마 정리

함수 $y = f(x, y)$가 정의역 R의 한 점 $(a, b) \in R$에서 극댓값을 가진다고 하자. 그러면

$$f_x(a,\ b) = 0,\ \ f_y(a,\ b) = 0$$

증명

$y = f(x, y)$에서 $f(x,b)$는 1변수 함수이면서 a에서 극값을 가지므로 1변수 함수에 대한 페르마 정리에 의해서 $f_x(a,\ b) = 0$이다. 비슷하게 $f_y(a,\ b) = 0$이다.

정의

다변수 함수의 기울기(경도)

$u = f(x,y,z)$에 대해서 기울기는 스칼라가 아니라 하나의 "벡터"로 정의된다.

기울기는 Df 또는 ∇f로 표기된다.

즉 $\nabla f(a,b,c) = (f_x(a,b,c), f_y(a,b,c), f_z(a,b,c))$

이러한 정의는 자연스럽다. 변수가 3가지 있음으로 그것들에 대한 기울기들을 모아 놓은 것이다.

$\nabla f(x_0, y_0, z_0) = (f_x(x_0, y_0, z_0), f_y(x_0, y_0, z_0), f_z(x_0, y_0, z_0))$가 되는 점 $P_0(x_0, y_0, z_0)$을 $y = f(x, y, z)$의 정류점(stationary point)이라고 부른다. 이 조건은 극대(극소)가 되기 위한 필요조건이지 충분조건은 아님을 명심하자.

사칙연산과 합성연산에 대한 미분공식은 1-변수 함수와 대동소이하다. 그렇지만 다변수함수의 합성연산에 대한 미분공식인 연쇄법칙은 "두 벡터의 곱"이 되어야 한다.

다변수 함수의 합성함수에 대해서도 1변수 함수들의 합성함수의 미분공식 즉 연쇄법칙이 성립한다.

정리

합성함수 미분에 대한 연쇄법칙

$w=f(x,y,z)$가 미분가능하고, $x=x(t)$, $y=y(t)$, $z=z(t)$가 t에 대해 미분가능하면, w는 t에 대하여 미분가능하고

$$\begin{aligned}\frac{dw}{dt} &= \nabla f(x(t),\ y(t), z(t)) \cdot (x'(t),\ y'(t), z'(t)) \\ &= \frac{\partial f}{\partial x}\frac{dx}{dt} + \frac{\partial f}{\partial y}\frac{dy}{dt} + \frac{\partial f}{\partial z}\frac{dz}{dt}\end{aligned}$$

최대최소 문제

몇 가지 최대최소 문제들을 풀어보자.

보기

헤론의 "최단거리" 문제

최초의 중요한 최적화 문제 중 하나는 기원전 10-75년경에 살았던 알렉산드리아의 헤론에 의해 해결되었다. 헤론의 "최단 거리" 문제는 다음과 같다.

주어진 직선의 한 면에 A와 B 두 점이 주어졌을 때, 그 직선상에서 |AC|+|CB|를 최소로 선상에서 C를 찾으라.

해 이 문제를 수학적으로 해결하기 위해서 헤론은 만약 B가 직선에 대해 반사된 점을 B'이라고 하면, 직선상의 임의의 점 C 지점에 대해서는, |AC|+|CB| =.AC|+|CB'|이 된다. 그러나 A에서 B'까지의 최단 경로가 직선이기 때문에, .AC|+|CB'|을 최소화 하는 점은 AB'와 직선의 교차점이어야 한다. A~C'~B'과 같은 다른 경로는 분명히 더 길어질 것이라고 추론했다.

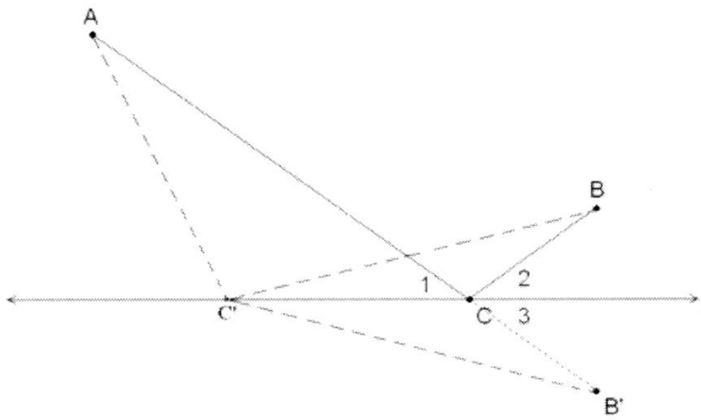

그런데 C에서 각 2와 각 3은 같다.
이것이 빛의 반사법칙이다. 그보다 300년 이상 전에 유클리드는 현재 잘 알려진 빛의 반사 법칙에 주목했다.
등각반사법(또는 유클리드의 반사법). 만약 광선이 거울 쪽으로 보내진다면, 입사가은 반사 각과 같다.
헤론은 반사법칙이 빛이 항상 최단 경로를 택한다는 것을 암시하는 것을 가장 먼저 관찰한 것으로 보인다.

우리는 이 문제를 미분을 이용하여 해결하자.

주어진 직선을 x-축으로, 주어진 두 점의 좌표를 $A(0,a)$, $B(b,h)$로 잡고, x-축 상의 한 점의 좌표를 x로 놓으면 , 거리의 합은

$$d(x) = \sqrt{x^2+a^2} + \sqrt{(b-x)^2+h^2}$$

그러므로 페르마 정리에 의해서

$$0 = d'(x) = \frac{x}{\sqrt{x^2+a^2}} + \frac{-(b-x)}{\sqrt{(b-x)^2+h^2}}$$

따라서. 통분하여 정리하면

$$x\sqrt{(b-x)^2+h^2} = (b-x)\sqrt{x^2+a^2}$$

다시 양변을 자승하면

$$x^2h^2 = (b-x)^2a^2$$

따라서

$$\frac{a}{x} = \frac{h}{b-x}$$

이것은 기하학적으로 두 탄젠트 값이, 즉 반사각이 같다는 것을 의미한다. QED

보기

레기오몬타누스의 걸려 있는 그림 문제

본명은 Johann Müller인 레기오몬타누스[Regiomontanus ,1436년 ~ 1476년]는 독일의 천문학자이자 수학자로서 독일에 있어서의 대수학의 연구를 촉진한 외에 그 저서 《삼각형에 관하여 De triangulis omnimodis(1464)》는 유럽 최초의 삼각법의 전문서이고, 또 《에우클레이데스의 원론 입문 Introductio in Elementa Eucleides》 및 그리스의 천문서(天文書) · 수학서(數學書)의 원전에서의 라틴어역도 전해지고 있다.

요한 뮐러(1436~1476)는 아마도 15세기의 가장 영향력 있는 수학자였다. 비록 그의 기여는 주로 삼각법 분야에 있었지만, 우리는 그가 1471년에 쓴 편지에 다음과 같은 문제를 제기했다.

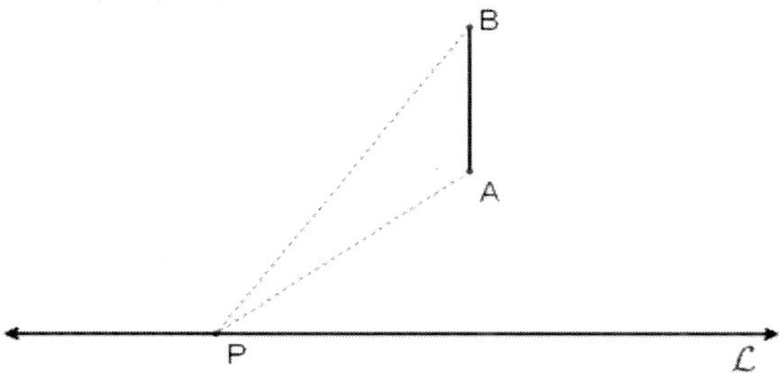

지면의 어느 지점에서 수직으로 매달린 막대가 가장 크게 나타나는가?

즉, 아래 그림에서 선 L의 P 지점 중 어느 점이 각 APB를 최대화하는가?

이 문제는 고대 이후 수학사에 나타난 최초의 최적화 문제였다. 그것은 아마도 그 시대의 르네상스 시대의 예술가들이 고심하고 있었던 원근법의 질문에서 영감을 얻은 것이리라. 흔히 현대 미적분 교과서에 다음과 같이 기술되어 있다.

그림이 벽면에 걸려 있다. 벽에서 얼마나 멀리 떨어져 있어야 그림을 대하는 그의 시야

각을 극대화할 수 있을까?

해 아래 그림과 같이 점 A,B 가 y-축 상에 있고 지면은 x-축이라고 하자.

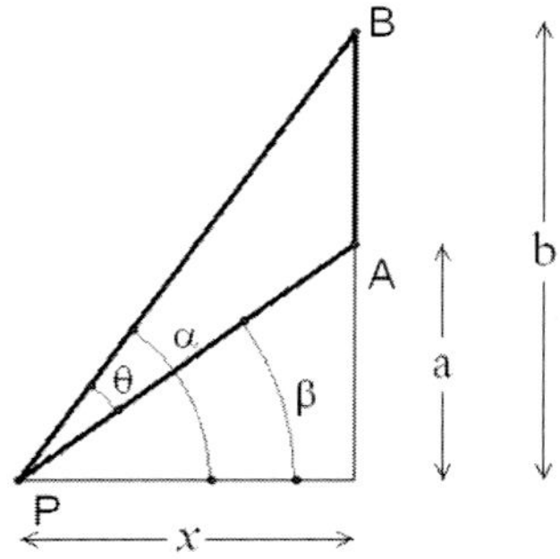

여기서 $A(0,a)$, $B(0,b)$, 그리고 점 P의 좌표를 $P(x,0)$로 놓고 각들을 그림과 같이 정하면

$\tan(\theta)$는 θ의 증가함수이므로 $\tan(\theta)$ 값을 최대로 하는 θ 값을 구하는 문제가 된다.

$$\tan(\theta)=\tan(\alpha-\beta)=\frac{\tan(\alpha)-\tan(\beta)}{1+\tan(\alpha)\tan(\beta)}$$

여기서 $\tan(\alpha)=\frac{b}{x}$,$\tan(\beta)=\frac{a}{x}$ 이므로

$$f(x)=\frac{\frac{b-a}{x}}{1+\frac{ab}{x^2}}=(b-a)\frac{x}{x^2+ab}$$

페르마 정리에 의해서

$$0=f'(x)=\frac{ab-x^2}{(x^2+ab)^2} \text{ 에서}$$

$x=\pm\sqrt{ab}$ 가 된다.

보기

케플러 문제:원에 내접하는 최대 면적의 직사각형을 구하는 문제

반지름이 2인 원에 내접하는 직사각형의 넓이가 최대로 될 때의 모양과 최대넓이를 구하여라.

해 원과 그에 내접하는 직사각형을 그림과 같이 적당히 그린다. 직사각형의 오른쪽 위에 있는 꼭지점의 좌표를 $(x, \sqrt{4-x^2})$이라고 하면, 직사각형의 면적은

$$A(x)=4x\sqrt{4-x^2}$$

이다.

따라서 $A(x)$가 최댓값을 가지는 x와 그때의 함수값을 구하면 된다. 미분하면 $A'(x)=\dfrac{-4x^2}{\sqrt{4-x^2}}+4\sqrt{4-x^2}$. 임계점을 구하면 다음과 같다.

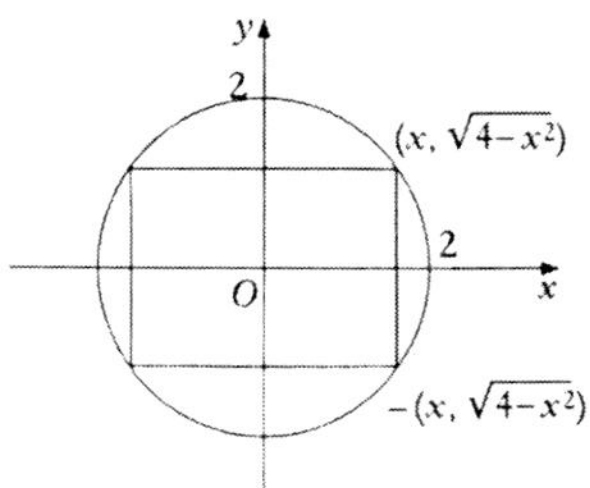

$$\frac{-4x^2}{\sqrt{4-x^2}}+4\sqrt{4-x^2}=0$$

$$-x^2+(4-x^2)=0$$

$$4-2x^2=0$$

$$x=\pm\sqrt{2}.$$

$0\le x\le 2$이므로 $x=\sqrt{2}$만이 정의역의 내부에 있는 임계점이다. 따라서

임계점에서 구한 함수값 : $A(\sqrt{2})=8$•

경계점에서 구한 함수값 : $A(0)=0=A(2)$•

그러므로 직사각형의 밑변이 $2\sqrt{2}$, •높이가 $2\sqrt{2}$일 때 넓이가 최댓값 •을 가지며••정사각형일 때이다•

부등식

해석학은 부등식이라는 말이 있다. 해석학에서 그만큼 부등식이 중요한 역할을 수행하고 있다는 것을 강조하는 말일 것이다.

<산술평균 대 기하평균>

$a_1, a_2, \ldots, a_n$ 이 음이 아닌 수들일 때 그것들의 기하평균은 산술평균보다 작거나 같다. 즉

$$(a_1 a_2 \cdots a_n)^{\frac{1}{n}} \le \frac{a_1 + a_2 + \cdots + a_n}{n}$$

<코시-쉬바르츠 부등식>

두 벡터 $a=(a_1, a_2, \ldots, a_n)$ 과 $b=(b_1, b_2, \ldots, b_n)$에 대하여

$$|<a, b>| \le \|a\| \|b\|$$

여기서 $<a, b> = a_1 b_1 + a_2 b_2 + \cdots + a_n b_n$, $\|a\| = (a_1^2 + a_2^2 + \cdots + a_n^2)^{\frac{1}{2}}$

<삼각부등식>

두 벡터 $a=(a_1, a_2, \ldots, a_n)$ 과 $b=(b_1, b_2, \ldots, b_n)$에 대하여

$$\| a+b \| \le \| a \| + \| b \|$$

여기서 $a+b=(a_1+b_1, a_2+b_2, \ldots, a_n+b_n)$ 이고, $\| \quad \|$는 위와 같이 2차원 평면의 거리를 n차원으로 확장한 거리를 나타낸다.

이 3가지 부등식은 가장 유명한 부등식이지만 그 중에서 삼각부등식이 가장 중요한 부등식일 것이다.

엠페도클레스 뉴턴 그리고 아담스미스

뉴턴과 엠페도클레스

뉴턴[Sir Isaac Newton,1642-1727]

영국의 물리학자, 천문학자, 수학자, 근대 이론과학의 선구자인 아이작 뉴턴은 만유인력과 자신의 3가지 운동법칙, 즉 관성의 법칙, 힘과 가속도의 법칙, 작용-반작용의 법칙을 결합해서 행성의 타원 운동은 물론 지상계와 천상계의 여러 운동들을 수학적으로 설명하고 뉴턴역학과 근대 천문학을 확립한 것으로 너무나 잘 알려져 있다. 수학에서 그는 라이프니츠와 독립적으로 미적분법을 발견했다. 그의 저서 『프린키피아』는 그야말로 혁명적인 책이었다. 그는 또한 빛을 연구하고 망원경을 개량했으며 1660년대부터 빛과 색깔에 대한 입자설을 주창했고, 이를 1704년에 『광학』에서 집대성했다.

그가 워낙 다방면에 걸쳐서 위대한 업적들을 이루었기 때문에 당대의 사람들을 그를 경탄의 눈으로 보았고 영국의 시인 알렉산더 포프는 뉴턴이 사망하자 다음과 같은 조사를 읊을 정도였다.

자연과 자연의 법칙은
어둠 속에 숨겨져 있었네.
신이 말하길, 뉴턴이 있으라.
그러자 모든 것이 빛이었네.

다른 한편 그는 마지막 르네상스인이자 최후의 연금술사, 동시에 신학자이며 철학자이기도 했다. 그는 낮에는 과학자로서 그리고 후에는 조폐국장으로 일햇지만 밤에는 연금술을 연구했다고 한다. 그가 죽은 후에 방대한 종교 문헌 중 4가지만 사후에 출판되었고, 나머지 원고는 20

세기 들어 경매를 통해 비로소 세상으로 나오게 됐다. 연금술과 신학에 대한 방대한 저술이 이제야 세상에 알려지게 되었다.

철학자로서 뉴턴은 경험론자였다. 그는 기하학은 역학에 기초하고 있다고 그의 『프린키피아』 서문에서 주장하였다.

"고대인들은 두 가지 측면에서 역학[mechanics]을 고려했다. 증명을 통해 정확하게 진행되는 합리적인 것과 실용적인 것으로. 모든 수작업은 실용기술(역학, 기계술mechanics)에 속한다. 거기에서 역학(mechanics)이라는 이름을 따왔다. 그러나 기술자가 완벽한 정확도로 일하지 않기 때문에 역학은 기하학과 구별되고 완벽하게 정확한 것은 기하학이라고 불리게 되었다. 그보다 덜 정확한 것은 역학적(mechanical)라고 불린다. 그러나 오류는 그 분야(즉, 역학)가 아니라 장인들에게 있다. .... 기하학이 그 위에 기초하는 직선과 원에 대한 묘사들은 역학에 속한다........ 직선과 원을 기술하는 것은 문제들이지만 기하학적 문제들은 아니다. 이러한 문제의 해결은 역학(mechanics, 기계 기술)에서 필요하다. 그렇게 해결되면 기하학은 그것들을 사용한다. 그리고 외부에서 가져온 그 몇 가지 원리들로부터 그렇게 많은 것들을 유도할 수 있다는 것은 기하학의 영광이다. 따라서 기하학은 역학적 실천(mechanical practice)에 기초한다."

(뉴턴, 《자연철학의 수학적 원리(프린키피아)》(1687) 서문 중)

실로 대담한 주장이라고 할 수 있을 것이다. 기하학이 선천적인 것도, 플라톤이 주장하는 것처럼 객관적으로 존재하는 이데아도 아니라 우리의 경험과 실천에서 나온 산물이라고 그는 주장한다. 그에게 기하학은 일종의 경험적 과학이었다.

엠페도클레스[Empedocles, 490 - 430 BC]

많은 피타고라스의 사상들은 엠페도클레스의 작품 속에서 발견된다. 그는 흙, 공기, 불, 물의 4원소설을 주장한 고대 그리스 철학자이다. 엠페도클레스는 지중해 시칠리아 남서부의 고대 도시 아크라가스(Acragas)의 한 부유하고 저명한 집안에서 태어났다. 그는 헤라클레이토스처럼 시로써 철학 작품들을 저술했다. 가장 중요한 저작으로는 《정화 Purifications》《자연에 대하여On Nature》가 있다.

그의 과학적 주장들을 보면, 그는 달빛은 햇빛의 반사라고 주장했다. 그리고 일식은 달이 지구와 태양 사이에 가로 막기 때문에 생긴다고 보았다. 그는 빛이 움직이는데 시간이 걸리지만 그 시간이 너무 짧아서 우리가 관찰하지 못하는 것이라고도 주장했다. 그는 또한 원심력의 한 예도 발견했다: 만일 한 컵의 물을 줄에 매달아 돌리면, 그 물은 컵 바깥으로 흘러나오지 않는다.

엠페도클레스는 기묘한 진화론도 전개했다. 거기에는 적자생존이라는 관념도 있었다. 선사시대에는 이상한 생물들이 지구에 살았고 그 중 특정한 형태만이 살아남았다.

"자연에 대하여"의 일부를 보면:

"밤에 불에 의해서 남자와 가여운 여자의 싹(순shoots)이 키워지는 것을 와서 들으라. 첫째, 순전히 자연적인 형태가 흙에서 솟아났는데, 물과 열의 일부를 갖고 있었다. 불이 그것들을 올려보냈다. 그것들은 아직 그 사지도 목소리도 바람직한 형태가 아니었고 인간에게 본래적인 것도 아니었다."

(Simplicius, Commentary on Physics 381.29)

엠페도클레스는 만물은 유전한다는 철학자 헤라클레이토스처럼 운동과 변화는 실제로 존재한다고 보았다. 그렇지만 동시에 실재는 불변이고 일자라는 파르메니데스의 철학처럼 실재는 근본적으로 변하지 않는다고 보았다. 그는 그 두 철학자들의 사상을 통합했고 새롭고 놀라운 개념을 창시했다.

그는 우주의 근원으로서 4원소에다 새로운 것-사랑과 다툼의 힘들(the forces of Love and Strife)을 추가했다. 그는 사랑과 다툼을 상극되는 우주적 원리로 보았다. 사랑(조화)은 모든 것을 끌어당기고 모으는 힘으로서 무엇인가 새로운 것을 창조하는 반면에 다툼(부조화)은 사물들을 분리시키고 파괴하는 분열시키는 힘이다. 이 관념은 고대 중국의 음양원리와 유사하다.

엠페도클레스는 우주의 역사는 순환적이고 영원하며 우주를 움직이는 주된 힘은 사랑과 다툼이라고 주장했다. 엠페도클레스에 따르면, 모든 물질은 주기적으로 수축하고 팽창한다. 사랑의 힘 아래에서는 모든 것은 결합하여 결국에 단 하나의 "일자[the one]"-신성하고 균질한 구-만이 남는다. 그 다음에 다툼의 힘이 강해지면서 그 구는 해체되고 일련의 단계를 거치면 세계가 만들어지는데 종국에는 모든 것이 해체된다. 그 다음에 역사는 다시 역전되어 우주는 더 이상 축소 불가능한 구로 돌아간다. 이런 우주적 순환은 시작도 끝도 없이 영원히 반복된다.

그의 말로는 "나는 2가지 이야기를 말 하겠다. 한 때는 그것들(원소들)은 많은 것에서 하나로 합쳐진다. 그리고 다른 때에는 그것들은 다시 하나에서 많은 것으로 나누어진다. 무상한 사물의 발생은 이중적이다. 그들의 사라짐도 이중적이다.: 하나는 모든 것의 집결에 의해서 태어나고 파괴된다. 사물들이 다시 갈라지면서 다른 것이 키워지고 갈라진다. 그리고 이것들은 결코 그들의 연속적인 변화를 멈추지 않는다. 사랑에 의해서 모두 하나로 되었다가 다시 다툼의 증오에 의해서 갈라진다. 그러므로 그것들이 많은 것에서 하나로 되고 그리고 다시 하나가 갈라지면서 많은 것이 되면서 그러는 한 그것들은 생겨나고 지속적인 삶이 없다; 그러나 그들이 그 계속적인 변화를 멈추지 않는 한, 그런 한에서 그것들은 하나의 순환에서 움직이지 않고 영원히 존재한다.[...]

그리고 게다가 아무 것도 생성되지도 없어지지도 않는다. 왜냐하면, 만일 그것들이 계속적으로 파괴된다면 그것들은 더 이상 존재하지 않을 것이다. 그리고 무엇이 우주의 크기를 증대시킬 것인가? 그러나 이것들 자체는 존재한다. 그리고 이런 저런 변화를 거치면서 그것들은 상이한 시각에 상이한 것이 된다-그리고 그것들은 영원하고 언제나 똑같다."

(Simplicius, Commentary on Physics, 31.30 ff)

마지막 구절은 우주 안의 모든 것들의 합은 일정하다는 사상을 표현한다.

그리고 엠페도클레스의 우주론은 현대 우주론과 흡사하다. 빅뱅 당시에 모든 물질은 한 점에 응축되어 있었다.

뉴턴 역학과 엠페도클레스의 사랑과 다툼

뉴턴역학에서 "관성"과 엠페도클레스의 "다툼" 그리고 뉴턴의 "만유인력(중력)"과 엠페도클레스의 "사랑" 간의 유사성은 두드러지게 확연하다. 관성 법칙에 따르면, 물체들은 직선 운동을 계속하여 모든 물체와 에너지가 흩어지든지 아니면 혼돈 속으로 빠져든다. 이러한 분리시키고 흩어지게 하는 관성에 대항하여 우주를 타원운동 같은 조화와 안정을 불라오고 천체들을 모아서 태양계를 창조한 것은 중력이었다.

다른 한편, 뉴턴은 중력의 작용은 역제곱 법칙에 의해서 수리적으로 묘사될 수 있다고 주장했지만. 그러나 그는 중력이 무엇인지 또 그것이 어떻게 작용하는지 설명하지 못했다. 호이겐스와 라이프니츠는 즉각적으로 이 문제를 걸고 넘어졌고 뉴턴이 은밀하게 그의 시스템 속으로 불가사의한 성질들을 밀수하고 있다고 비난했다. 뉴턴역학에서 운동은 하나의 원자가 다른 것에 부딪쳐서 두 번째 원자에게 그 운동을 전달했을 때 일어난다. 라이프니츠와 호이겐스는 뉴턴이 받아들인 데카르트적인 물질 우주에서는 원격작용[action at a distance, 遠隔作用]의 가능성은 있을 수 없고 그러므로 중력 같은 것은 있을 수 없다고 보았다.

라이프니츠는 뉴턴의 중력이라는 개념 전부를 의심스러워했고 그것을 "영국에서 교황주의 이상의 신학 및 전적으로 스콜라주의 철학의 재탄생"이라고 조롱했다. "뉴턴과 그 도당들은 인력이라는 관념과 더불어 스콜라학파의 비술적인(occult) 성질들을 부활시켰다."

(Gottfried von Leibniz, Die Philosophischen Schriften Vol. 3, pp. 328~9)

중력이라는 관념은 어디에서 오는가?

실제로 그것의 원천은 연금술이었을지 모른다. 뉴턴은 역학이나 광학 심지어 수학보다도 연금술에 그의 생의 더 많은 부분을 헌신했다. 연금술은 이집트 금속 노동자들 및 염색업자들이 기원년 전후에 그리스 철학에서 그들의 크래프트 [craft]를 설명하려고 했을 때 시작되었다. 연금술은 아리스토텔레스와 플라톤의 철학에에 기반하였다는 설이 있다. 그러나 플라톤과 아리스토텔레스의 철학은 엠페도클레스에게서 파생되었다. 엠페도클레스는 모든 자연적 물체들은 4원소-흙, 물, 불, 공기-로 구성된 것으로 설명하려 했다.

뉴턴은 그의 연금술 연구를 통해서도 케임브리지 대학에서 그리스 고전철학사상에 접했기 때문에 엠페도클레스에 관해서 알고 있었을 것이다. 엠페도클레스는 "모든 물질은 원자로 구성되어 있다"고 주장했다고 뉴턴은 적었다. 뉴턴은 원자론에 매료되었다. 보통 엠페도클레스와 연관되는 관념은 우주는 사랑과 다툼이라는 반대되는 힘들에 의해 움직인다는 관념이다.

우리는 다음과 같이 표현할 수 있을지 모른다.

뉴턴은 중력 대 관성 또는 사랑 대 다툼이라는 관념을 연금술 전통을 통하여 엠페도클레스로부터 얻었을 수 있다.

뉴턴 시스템의 제 1원리는 관성 또는 다툼이다;.

뉴턴 시스템의 제 2원리는 사랑 또는 중력이다.

그 두 가지는 연금술 전통을 통하여 엠페도클레스로부터 취해졌다. 원형 또는 완전한 운동은 사랑의 다툼에 대한 작용 또는 다툼의 사랑에 대한 상호작용에서 파생된다. 연금술은 신화적인 힘들, 인력 및 척력들로 또는 뉴턴의 말로는 사회성과 비사회성으로 가득했다.

뉴턴의 2가지 기초 원리, 사랑과 다툼 중에서 다툼 또는 관성이 더 기본적이었다. 다툼이 우주의 기본적인 근본원리라는 관념은 영국 이데올로기의 근본적 신조였다. 다툼 대신에 경제적인 "경쟁"이라는 용어를 대체하게 되면, 뉴턴은 근대 영국 자본주의의 근본적인 원리들을 확립했다고 볼 수 있다.

찰스 다윈의 진화론도 뉴턴에서 파생된 영국 이데올로기의 또 다른 실례르 볼 수 있을지 모른다. 그것도 다툼-자연 선택-이 우주의 근본 원리라고 주장한다. 뉴턴처럼 다윈도 "가정을 하지 않는다.", 그는 자연을 바라봐서 "다툼"이 근본 법칙임을 발견한다. 진화에서의 자연선택의 결정적 역할에 관한 다윈의 통찰은 경제학 특히 맬서스에 의해 영향을 받았다. 지적 조류가 진화이론가들에게서 이제 역으로 경제학자들로 영향을 미치기 시작한 것은 다윈이 《종의 기원》을 출간하지 얼마 지나지 않아서였다.

다른 한편, 현대 사회주의 창시자 중 한사람인 엥겔스는 러시아의 혁명가이자 나로드니키운동의 이론적 지도자인 표트르 라브로프[Pyotr Lavrovich Lavrov, 1823~1900]에게 보낸 편지에서 다윈의 자연선택에서의 "적자생존 원리"는 사실상 부르주아 사회의 작동원리를 자연에 반영한 것이라고 주장했다.

"생존투쟁에 대한 다윈주의자들의 가르침은 단순히 홉스의 만인의 만인에 대한 투쟁 (Hobbes의 De Cive와 Leviathan, 13~14절)와 부르조아 경제의 경쟁 교리에 맬서스의 인구 이론을 사회에서 생물 자연으로의 전이[transference]일 뿐이다. 이 마술사의 트릭이 수행되었을 때 (그리고 필자는 절대적 허용성에 대해 의문을 제기했는데, 특히 맬더스 이론에 관한 한, 특히 1번에서 지적했듯이), 동일한 이론들이 유기체 자연에서 역사로 다시 옮겨졌으며 지금은 인간 사회의 영원한 법칙으로서의 그것들의 타당성이 입증되었다고 주장되고 있다."

(Engels가 런던에 있는 Pyotr Lavrov에게 보낸 편지, 1875년 11월)

"보이지 않는 손"으로 유명한 경제학자 아담스미스도 뉴턴역학과 우주론에 매료되었고 뉴턴 사상을 인간세계에 적용했다고 한다.

뉴턴과 아담스미스

아담스미스[Adam Smith,1723-1790]

아담스미스는 영국의 정치경제학자·도덕철학자로 고전경제학의 창시자이다. 근대경제학, 마르크스 경제학의 출발점이 된 《국부론》을 저술하였다. 그는 경제행위는 '보이지 않는 손'에 의해 종국적으로는 공공복지에 기여하게 된다고 생각하였으며 세상사는 결국에 조화로운 질서로 귀착된다는 예정조화설을 주장하였다 그는 《도덕감정론 Theory of Moral Sentiments》(1759)이라는 저서에서 인간행위의 타당성을 제3자적 존재로서의 '관찰자'에 의한 동감(공감)여부로 고찰하였다. 1764~1766년 청년공작 바클루의 개인교사로서 프랑스 여행에 동행하여 볼테르와 케네, 튀르고 등과 알게 되었는데, 특히 케네의 중농학파에게서 경제학상으로 큰 영향을 받았고. 귀국 뒤 《국부론 An Inquiry into the Nature and Causes of the Wealth of Nations》 집필에 몰두, 1776년 발표하였다.

《국부론》은 경제학을 처음으로 이론·역사·정책에 도입, 체계적 과학으로 이룩하였고, 그의 중상주의 비판은 당시의 영국의 자유통상정책으로 구체화되었다. 그는 중상주의를 비판하면서, 부(富)는 금·은만이 아닌 모든 생산물이라고 규정하고, 중농주의 학파에서 농업만이 부의 원천이라는 입장을 배격하고 노동의 생산성 향상이 국민의 부의 증대라고 보아 생산에서의 분업을 중시하였다.

그는 개인의 이기심을 경제행위의 동기로 보고, 이에 따른 경제행위는 '보이지 않는 손(invisible hand)'에 의해 종국적으로는 공공복지에 기여하게 된다고 생각하였다. 그는 생산과 분배에는 자연적 질서가 작용하여 저절로 조화되어 간다고 하는 자연법에 의한 예정조화설을 설파하였다.

다른 한편, 스미스는 《도덕감정론》에서 자연적인 이기심에도 불구하고 제3의 입장에서 타인을 평가할 수 있는 공감 능력을 강조했다. 공감 능력을 바탕으로 다른 사람들을 관찰할 때 사람들은 스스로 자신을 일깨우고, 자기 행동의 도덕성을 인식하게 된다고 보았다. 더구나 사람들은 자신에게 공감해주는 외부 관찰자를 원하는 욕구를 지니고 있다. 공감 능력을 바탕으로 이루어진 사회관계가 도덕적 판단과 행동의 근원이라고 보는 셈이다.

시장에서 개인들의 이기적 행동에도 불구하고 결과적으로 조화가 이루어진다는 예정조화설은 다음의 유명한 문구에 잘 표현되어 있다.

"우리가 저녁 식사를 기대할 수 있는 건 푸줏간 주인, 양조장 주인, 빵집 주인의 자비심 덕분이 아니라, 그들이 자기 이익을 챙기려는 생각 덕분이다. 우리는 그들의 박애심이 아니라 자기애에 호소하며, 우리의 필요가 아니라 그들의 이익만을 그들에게 이야기할 뿐이다."

아담스미스의 《천문학의 역사》

아담스미스는 《국부론》과 《도덕감정론》만이 아니라 《법학강의》 《천문학의 역사》도 저술하였다.

아담 스미스는 고대부터 18세기에 이르기까지 지구와 천체에 관한 대부분의 물리학자들의 작업에 대해 잘 알고 있었다. 1748년에서 1758년 사이에 그는 〈천문학의 역사 *a History of Astronomy*〉를 썼는데, 이 책에서 그는 뉴턴이 옹호하는 테제들에 동의하고 뉴턴에 대한 존경심을 표현했다.

이 〈천문학의 역사〉는 그에게 물리학만이 아니라 일반과학에 의해 이루어진 진보를 설명할 수 있는 빌미를 제공하였다는 점에서 중요하다. 물리학의 가장 진보된 상태에 관한 이 모든 요소들은 스미스의 철학적, 경제적 성취에 다소 명시적으로 반영된다.

그 책에서 코페르니쿠스의 태양중심설에서의 재반 문제들을 해결하기 위한 연구를 하여 지동설 시스템의 완성에 가장 많은 기여를 한 사상가들 중에서 스미스는 요하네스 케플러, 갈릴레오, 그리고 무엇보다도 데카르트를 인용한다. 스미스에 따르면, 뉴턴 모델로 가는 길을 닦은 것은 데카르트의 시스템이다. 뉴턴 시스템은 보다 제한된 수의 기본 원리로 관측된 현상을 설명하고 미래의 발전을 정확하게 예측할 수 있는 것으로 묘사된다.

뉴턴의 작업이 스미스의 도덕, 사회, 정치철학에 미친 영향

우리는 스미스의 도덕철학과 정치경제와 뉴턴의 자연철학 사이의 연관성을 두 가지 차원에서 구별할 수 있다. 첫째, 스미스를 주의 깊게 읽으면 뉴턴이 정교하게 또는 채택한 법칙, 공리 및 결론과 스미스가 제기한 경제 및 사회 현상의 분석 사이에 일련의 연관성을 관찰할 수 있다. 다음으로, 그리고 가장 중요한 것은 뉴턴의 자연철학의 일반적인 구도가 스미스의 도덕, 사회, 정치철학의 일반적인 구도와 일맥상통하는 것임을 알 수 있다.

즉, 뉴턴 물리학은 스미스의 모든 작업을 관통하는 의문, 즉 사회의 구성과 규제의 일체를 관통하는 중심적인 의문을 이해하는데 좋은 도구라는 것이다.

스미스는 사회세계를 있는 그 자체로 인지하고 받아들인다. 이런 관점에서 볼 때 물체들의 세계와 마찬가지로 사회 세계는 자연의 산물이며, 신의 창조물이다. 둘 다 공통 매트릭스에서 나온다는 사실로 인해 두 세계는 일종의 근연관계가 있게 된다. 스미스에게는 자연은 모종의 조화, 단순한 원리에 입각한 질서에 의해 특징지어진다. 스미스의 예정조화설은 뉴턴 역학에서 직접적으로 영향을 받았다.

뉴턴에게 있어서 이 근본원리는 만유인력이다. 스미스에게 인간의 세계에도 그것과 비견되는 단순한 원리가 없어야 할 이유가 없다. 물질세계의 구조와 인간세계의 구조 사이의 유사성은 인위적 산물이나 우연의 산물이 아니라 세계가 하나의 통일적 원리를 따른다는 사상에서 나온다. 특히 여기서 우리가 관심을 갖는《국부론》3장 해설은 뉴턴의 운동 3법칙의 해설과 같은 순서를 따른다는 점에 유의해야 한다.

『프린키피아』에서 제창된 뉴턴 운동 법칙(Newton運動法則, Newton's laws of motion)은 다음과 같다.

• 제1법칙: 관성의 법칙

물체의 질량 중심은 외부 힘이 작용하지 않는 한 일정한 속도로 움직인다.

• 제2법칙: 가속도의 법칙

물체의 운동량의 시간에 따른 변화율은 그 물체에 작용하는 힘과 (크기와 방향에 있어서) 같다.

• 제3법칙: 작용과 반작용의 법칙

물체 A가 다른 물체 B에 힘을 가하면, 물체 B는 물체 A에 크기는 같고 방향은 반대인 힘을 동시에 가한다.

전통적으로, 제3법칙은 "모든 작용에 대해 크기는 같고 방향은 반대인 반작용이 존재한다."라고 서술된다.

뉴턴은 관성력을 일종의 저항력으로 정의했음을 주목하자.

"관성(Vis Insita,) 또는 물체의 순결한 힘은 저항력으로서, 그것에 의해서 모든 물체는 그것이 정지해 있든 아니면 직선으로 등속운동을 하든지 현재 상태를 유지하기 위해 노력한다."

뉴턴과의 연관성은 〈국부론〉 제17장의 〈V장〉, 〈VI장〉, 〈VII장〉에 분명히 나타나 있다. 이 세 장은 각각 뉴턴이 프린키피아에서 개발한 위대한 법칙들 중 하나와 연관을 맺고 있는 것 같다.

V장 "상품의 실질 가격과 명목가격, 노동가격과 화폐가격"은 명시적으로 언급되지는 않지만 관성의 법칙을 가리킨다. 제6장 "상품가격의 구성요소"는 힘의 법칙과 비교할 수 있다. 마지막으로 제7장 "상품의 자연가격과 시장가격"은 상호 작용 법칙과 중력의 개념을 채용한다.

• 관성과 노동

물질의 내부 힘, 즉 관성력은 저항력이다. 그것은 물체가 그 상태를 유지하도록 한다. 이와 같이 그것은 안정성의 척도다. 몸에 힘을 주기 위해 어떤 외력이 그 물체에 도달하지 않는 한, 후자는 그 정지 상태나 등속 직선 운동 상태로 남아 있다.

아담스미스는 이 자연에서 작용하는 관성력에 대응하는 사회적 힘은 노동이라고 보았다. 그는 노동가치설을 주장했는데 한 상품의 교환가치는 그것에 투입된 노동의 양과 같다고 그는 보았다. 노동은 모든 상품의 교환가치를 재는 진짜 척도이다. 물론 시장에서는 상품은 돈으로 거래되고 서로 간에 흥정이 있다. 그러므로 상품 가격은 때와 장소 그리고 거래자들에 따라서 달라진다. 가격은 변동하지만 그것은 어떤 가격 주변에서 변동한다. 상품 측정을 위한 믿을 수 있는 유일한 기준은 노동의 가치인데, 스미스에게는 상품의 교환가치의 크기에 대한 관성의 기초가 된다. 오직 노동만이 측정 가능한 도량으로서 필요한 가치를 가지고 있다. 그래서 상품가격은 이 노동량 주위에서 결정된다.

"그러므로 노동만이, 결코 그 자체의 가치가 변하지 않으며, 모든 상품의 가치가 항상 그리고 모든 장소에서 추정되고 비교될 수 있는 궁극적이고 실제적인 표준이다. 그것은 그것들의 진짜 가격이다. 돈은 단지 명목상의 가격이다."

노동은 우리가 상품의 안정적 조건, 즉 거래의 부정확과 화폐의 가치 변동을 넘어선 그것의 실질 가격을 규정할 수 있게 해주기 때문에 뉴턴의 관성과 같다. 사실 이러한 요소들은 상품의 상태(또는 근본적인 가치)를 수정할 수 없는 힘으로 드러난다.

• 힘 법칙과 자연가격의 수정

뉴턴의 제2운동법칙–가속도 법칙은 "운동의 변화는 항상 가해진 힘에 비례하며, 그 힘이 가해진 직선 방향으로 이루어진다."이라고 서술된다.

외력이 가해지지 않는 한 물체는 원래 상태–정지상태 또는 등속직선운동–를 바꾸지 않는다. 비슷하게 상품도 "외력"이 가해지지 않는 한 자연가격–즉 투입된 노동량–으로 그 가격이 유지될 것이다. 분업이 발달하지 못하고 법치가 확립되지 못한 자연상태에서는 교환은 상품들의 자연가치-노동량에 의해 이루어질 것이다. 그러나 사회가 발달하면서 노동, 자본(스톡), 토지가 생산의 3대 구성요소로 등장한다.

분업이 발달한 사회에서는 임금 소득자는 자신을 고용하는 스톡(또는 자본)의 소유주와 노동 생산물을 공유해야 하는 경우가 많다. 더 이상 상품의 가치는 직접적으로 투입된 노동량에 의해서만 결정되지 않는다. "자연가치"는 더 이상 직접적으로 투입된 노동만이 어니다. 이제 자연가치는 노동, 이윤, 지대에 의해서 결정된다.

그렇지만 노동, 이윤, 지대 등 세 가지 구성 요소가 변동할 수 있기 때문에 그 변동은 상품가격의 변화를 수반할 것이다. 뉴턴의 물리학과 비교를 할 수 있는데, 뉴턴의 물리학에서는 정지된 물체는 어떤 관성에 의해 특징지어지며, 그 물체에 가해진 힘 중 적어도 하나가 변할 경우 운동하거나 궤적을 변경할 수 있다.

첫 번째 상태 즉 정지 상태 또는 등속직선운동 상태는 스미스의 실질 가격 정의에서 여기서 진정한 가치나 실질 가격은 우리가 통어할 수 있는 노동력과 분배의 세 가지 요소에 대한 정상적인 보수수준에 의해 결정된다. 두 번째 상태는 분배의 요소인 노동, 이윤, 지대 등이 변화할 때 발생하며 이런 변화도 역시 상품가격을 구성하는 요소들이다. 원상태를 수정할 수 있는 힘의 역할을 하는 것은 가격 구성 요소들의 변동이다. 이것들은 자연가치를 변화시킨다.

• 작용과 반작용 대 수요와 공급

뉴턴은 지구상의 모든 물체는 중력에 의해서 지구 중심으로 끌려가는 경향이 있다고 말한다. 아마도 비유적으로 아담스미스는 이 지구 중심에 해당되는 것은 자연가격이라고 본다.

뉴턴에 대한 언급은 "상품의 자연 가격과 시장 가격"이라는 제목의 〈국부론 제1권 VII장〉에 분명히 나타난다. 스미스는 처음에 각 사회에서는 이윤, 지대, 임금에 대해 평균 또는 보통 비율이 존재한다는 점을 고려하여 상품의 자연가격을 정의한다. 만약 상품들이 임금, 이윤, 지대에 반드시 지불되어야 하는 것에 상응하는 가격으로 동시에 그리고 그들의 자연적인 비율로 팔린다면, 우리는 그 상품가격이 그 상품의 자연가격이라고 말할 수 있다. 이 가격은 상품의 진짜 가격 또는 가치를 정의하며, 이것은 위에서 논의된 관성 상태에 해당하는 것이다. 그러나 그 상품이 실제로 팔리는 가격은 시장가격이다. 상황에 따라, 이것은 자연가격보다 더 높거나 더 낮을 수 있다.

아담스미스는 이용 가능한 상품량과 요구되는 상품량 사이의 불균형이 가격 변동을 초래하고, 따라서 자연 가격에 대비 시장 가격의 이탈을 초래할 것이라고 설명한다. 시장에 반입된 수량이 수요를 초과하면 시장가격은 자연가격 이하로 내려가고, 이용 가능한 수량이 수요를 충족하기에 부족하면 시장 가격은 자연가격보다 올라간다.

당연히, 시장에 가져오는 각 상품의 양은 효과적으로 요구되고 있는 양과 가능한 한 비례하는 경향이 있으며, 만일 수요공급의 불일치가 크면 공급자나 수요자는 더 공급하거나 더 수요할 인센티브가 생기고 가격은 다시 자연가격에 가까워지는 경향이 있다. 따라서 자연가격은 상품가격이 "지속적으로 끌어당기는" "중심 가격"의 역할을 한다. 그러나, 상황에 따라서 때때로 시장과 자연 가격의 차이를 한동안 지속되기도 한다.

그러나 그들이 이 평온과 지속의 중심에 정착하는 것을 방해하는 장애물이 무엇이든 간에, 그들은 끊임없이 그것을 향해 나아가고 있다.. 시장가격은 다른 천체에 끌리는 궤도가 불규칙한 천체와 비교될 수 있다. 때로는 그것은 커다란 인력으로 끌어당기는 천체(자연가격)에 가까워지기도 하고, 때로는 상품의 수급이 균형을 이루지 못할 때 발생하는 힘에 의한 인력 효과에 따라 거리가 멀어지기도 한다.

• 자기이익 대 자기인력, 공감 대 인력

비유적으로 보면, 모든 물체가 중력에 의해서 물체의 질량중심으로 끌리는 힘은 사회에서 개인들이 자기 이익을 추구하는 사실과 유사하다. 다른 한편 물체들이 서로를 끌어당기는 보편적인 힘은 인간 사회에서 개인들이 서로에게 느끼는 공감(sympathy)과 유사하다. 엠페도클레스의 철학적 입장에서는 이기심=다툼, 공감=사랑인 셈이다.

아담스미스가 이런 비유를 염두에 두었는지 그것은 알 길이 없다. 그렇지만 그는 《도덕감정론》에서 뉴턴처럼 그가 연구하는 현상들들 즉 사회관계를 구성하고 규제하는 제 1원인으로 거슬러 올라가려고 했다. 어떻게 하여 서로 다른 이해관계와 사회적 관행을 가진 개인들이나 사회 계층이 상대적인 조화를 이루면서 대부분의 시간을 함께 살아가는 것일까? 그에게 있어서 그러한 규제에서 주역을 맡거나 제 1원인(first cause)으로 작용하는 것은 공감이었다.

뉴턴에게 물체들의 세계에서 만유인력이 행하는 역할을 스미스에게는 사회적 세계에서 공감이 그 역할을 한다. 그러나 스미스의 원리와 뉴턴의 원리는 상당한 차이가 있다. 뉴턴의 만유인력이 유일무이하다면 스미스의 공감은 다형적인 데, 이는 스미스가 단순한 비유에서 다루지도 않고 물리학자 동료를 수동적으로 흉내를 내는 것도 아님을 증명한다. 그의 개념은 인간들이 비록 자아 중심적이기는 하지만 자연스럽게 타인에게 관심을 갖게 되는 경향을 가지고 있으며, 이러한 관심이 자신의 행복과 상대적인 사회적 화합에 기여한다고 가정함으로써 이기주의 이론에 의문을 제기한다. 스미스에게는 공감은 최악의 악당들까지 포함한 모든 인간들에게 내재한다.

공감과 거래하려는 성향은 같은 범주에 속하는데, 이 두 가지 모두 타인에 대한 관심과 인간이 서로 가지고 있는 필요성과 관련이 있다. 스미스의 인간는 매우 사회적인 동물이다. 다양한 형태로 변형되는 공감이 있기 때문에 인간들은 사회계약을 하지 않고도 사회를 유지할 수 있다. 그는 물질과 천체 세계의 조직원리를 인간세계로 신중하게 전치시키고 적응하여서 위험하고 불확실한 사회정치적 구조를 창조할 필요를 피하고 사회의 구성과 규제의 문제를 해결한다.

공감과 떼려야 뗄 수 없는 "보이지 않는 손"으로 알려진 메커니즘은 《도덕감정론》과 《국부론》에 나타난다. 그것은 천체들이 조화롭게 운행하듯이 한편으로는 각 개인의 이익과 다른 한편으로는 다른 개인들의 이익, 그리고 집단적인 이익 사이의 연결을 보장하는 메커니즘이다..

각 물체가 자기 자신을 향해 끌린다는 것 즉 그것의 구성입자들은 질량중심을 향해 끌려가는 경향에 의해서 물체들은 자신을 보존하고 항상성이 보장된다. 그러나 또한 다른 물체를 향해 끌려간다는 사실은 질서정연한 우주를 만들어 내는 것이다. 보이지 않는 손 은유에서 이기적 이익, 또는 개인의 효용은 자기 인력의 역할을 한다. 다른 한편 물체들이 서로를 끌어당기면서 조화로운 태양계나 은하계가 생성되듯이 공감은 서로를 끌어당겨서 조화로운 사회를 생성시킨다.

• 아담스미스와 석탄

새로운 경제학 분야의 창시자인 아담 스미스, 장 배티스트 세이 등은 석탄을 동력으로 하는 증기기술과 공장 생산에 의해 해방된 새로운 힘을 이해하려고 시도했다. 그들은 시장의 작동에 관한 자신들의 이론을 전파하기 위한 지도 원리와 은유로서 뉴턴 물리학을 전범으로 삼으려 했다.

계몽주의 철학자들은 일단 움직이게 되면, 우주가 균형이 잘 잡힌 기계식 시계처럼 자동적으로 작용하는 것첨, 시장도 마찬가지라고 주장했다. 신은 우주의 시동자[始動者]인 반면, 인간의 선천적인 경쟁적 이기심은 시장의 주요한 시동자이다. 그리고, 중력법칙이 우주를 지배하는 것처럼, 보이지 않는 손이 시장의 만사를 지배한다. 뉴턴의 "모든 작용에 대해 그와 똑같고 반대되는 반작용이 있다"는 작용반작용 법칙을 준거로 삼아서, 스미스 등은 자기규제 시장은 같은 방식으로 운영되고 있으며, 수급은 지속적으로 서로 작용하고 재조정된다고 주장했다. 상품과 서비스에 대한 소비자의 수요가 증가하면 판매자는 그에 따라 가격을 올릴 것이다. 만약 판매자의 가격이 너무 높아지면 수요가 완화되어 판매자들이 수요를 자극하기 위해 가격을 낮출 수밖에 없게 된다.

시장을 이해하기 위해 뉴턴의 역학을 사용할 때 그의 물리학은 우리에게 속도와 위치만을 알려준다는 문제가 생긴다. 뉴턴의 물체의 운동법칙은 경제활동이 어떻게 작용하는지에 대해 우리가 이해하는 데 별로 도움이 되지 않으며, 경제학을 그 위에 정초하기에는 너무 박약한 근거가 된다. 사실 뉴턴역학에는 사건들이 가역적이다. 그렇지만 모든 경제

활동은 비가역적 사건들이다. 뉴턴의 우주론에서, 모든 기계적 과정은 이론적으로, 되돌릴 수 있다. 뉴턴 수학에서 모든 시간 +T에는 시간 -T가 있어야 한다. 예를 들어, 당구공이 테이블 위에서 서로 부딪치는 것을 보자. 뉴턴 물리학에서, 물체의 운동법칙은 시간이 흘러가서 돌아오지 않는다는 열역학적 개념이 없기 때문에 테이블 위의 어떤 작용도 이론적으로 되돌릴 수 있다. 그러나 실제 경제활동은 에너지와 물질자원이 활용되고, 변형되고, 이용되고, 소모되고, 폐기되는 것 같은 비가역적 사건들에 관한 것이다.

19세기 후반이 되어서 물리학자들이 열역학 제1, 제2법칙, 즉 에너지 법칙을 설명했을 때에는, 경제학자들은 경제 활동을 정확하게 기술하기 위한 과학적 근거를 가지게 되었다. 그러나 그 무렵 경제철학은 뉴턴의 기계적 은유에 너무 빠져 있어서 그 실천자들은 경제실무에 대체로 적용할 수 없는 과학적 가정에 기초하고 있었음에도 불구하고 이러한 이론들과 결별할 수 없었다.

• 한계효용학파와 물리학

현대 주류 경제학 즉 한계효용학파는 19세기 물리학으로부터 형식적 논리의 많은 것을 차용했다고 경제사 학자이자 철학자인 Philip Mirowski 교수는 주장한다. 신고전파는 19세기 물리학을 복사한 것이다.

그에 따르면 신고전파 경제학의 기본 개념인 효용은 19세기 물리학의 '장'이라는 형식적 관념에서 나온다. 효용은 상품공간에 가득 찬 가상의 에너지장이다. 신고전파 경제학자들은 물리학의 에너지 보존법칙과 장이론의 미묘함을 무시하거나 외면하려고 하였다. 그러나 미적분학과 극대 원리들(extremum principles 제약 조건들 하에서의 최대화)에 매료되었다. 그것은 에너지 물리학에서 표준이었다. 그리고 수리적이고 은유적인 이유로 신고전파는 위치 에너지 함수를 소위 "효용"과 그리고 물리적 공간을 상품공간과 동일시하였다.

신고전파의 처음 3세대는 에너지장 모델을 차용하여 그 변수들의 이름을 바꾸어서 가격 이론으로 만들었다. 제본스, 왈라스, 파레토 같은 초기의 모방자들은 물리학과 수학의 깊은 내용에 대한 이해가 부족했다, 그래서 그들은 다수의 실수들을 저질렀고 그래서 후대에 혼동이 가중되었다 1930년대의 최고의 제 3세대는 물리학과 더 우수하게 부합되는 경제학 이론을 정초했다. 그들은 공간 차원을 상품공간으로, 위치에너지를 효용으로, 힘을 가격으로, 점들은 상품다발로, 공간에서의 운동은 거래(TRADE)로 운동에너지는 예산으로 번역했다. 그렇지만 에너지 보존은 경제에 잘 번역되지 않았다.

아담스미스의 흥미로운 인용문들

아담스미스는 타인의 노동을 부릴 수 있는 힘을 권력이라고 본다. 이는 고전적 자유주의 전통을 충실히 따른 정의이다.

"홉스(Hobbes)가 말했듯이, 부는 권력이다. 그러나 큰 재산을 얻거나 상속한 사람이 반드시 민간 또는 군대의 정치권력을 획득하거나 계승받는데 성공하지는 않는다. 그의 재산은 아마 두 가지 모두를 얻을 수 있는 수단을 제공할 수 있다. 그러나 단지 그런 재산을 소유했다고 해서 반드시 그가 그것들을 얻는 것은 아니다. 그 소유가 즉시 그리고 직접적으로 그에게 주는 권력은 모든 노동에 대한 특정 지휘(command)를 구매하거나, 시장에 나와 있는 노동의 모든 생산물에 대한 권력이다. 그의 재산은 이 권력의 정도에 비례하여 더 크거나 적다. 또는 다른 사람의 노동의 양 또는 그것으로 그가 구매하거나 통수할 수 있는 다른 사람의 노동의 생산물에 비례한다. 모든 것의 교환가치는 그것이 그 소유자에게 전달하는 이 힘의 정도와 정확하게 같음에 틀림없다."

아담스미스는 국가-정부는 가진 자들의 재산을 보호하기 위해 제도화되었다고 본다.

"민간 정부는, 재산의 안전을 도모하기 위해서 설치된 한, 실제는 부자들의 가난한 자들에 대항하는 방어를 위해 또는 재산이 있는 자들이 재산이 전혀 없는 자들에 대항하여 방어하기 위해서 설치되었다."

아담스미스는 사업가들이 임금상승에 대해서는 불평불만의 목소리를 높이지만, 자기네가 버는 돈에 대해서는 그것이 아무리 많아도 함구한다고 말한다.

"상품 가격에 관하여, 임금 상승은 단리 이자처럼 작용하고, 이윤 상승은 복리 이자처럼 작용한다.

우리의 상인들과 주인들은 가격을 상승시키고 상품 판매를 줄이는 데 있어서 임금 상승의 악효과에 대해서 많이 불평을 늘어놓는다. 그들은 높은 이윤의 악효과에 대해서는 일절 말을 않는다. 그들은 자신들의 이득의 사악한 효과에 관해서는 침묵으로 일관한다. 그들은 다른 사람들의 이득에 관해서만 불평한다."

아담스미스는 생산력을 높이는 분업을 찬미하기도 했지만, 다른 한편으로는 분업이 개인에게 미치는 악영향을 우려하기도 했다.

"그 전 생애를 소수의 단순한, 그 효과가 언제나 똑같은 또는 아주 거의 똑같은 작업에 바친 사람은 난제를 제거하는 기법을 찾아내는 데 오성을 발휘하거나 꾀를 낼 기회가 전혀 없다. 그러므로 그는 오성이나 꾀의 습관을 자연스럽게 잃게 되고, 일반적으로 인간이 될 수 있는 최악으로 우둔해지고 무식해진다."

아담스미스는 사업가들은 모이기만 하면 가격 인상 등을 공모한다고 말한다.

"동종업계 사람들은 심지어 놀이와 기분전환을 위해 만날 때라도 그 대화가 국민에 대한 공모로 끝나지 않거나 어떤 경우에는 가격을 올리는 담합으로 끝나지 않는 경우는 좀처럼 없다"

아담스미스는 사업가들은 자기들의 이익을 위해서 법률이나 규제를 제안한다고 본다. 그러한 제안은 언제나 의심스런 눈으로 면밀하게 검토해야 된다고 그는 조언한다.

"[사업가]의 이해관계는 언제나 어떤 면에서 국민의 이해관계와 다르든지 심지어 반대이다. 이 집단들에서 오는 새 법이나 사업 규제 제안은 오래 동안 주의 깊게 .가장 의심스런 태도로 조사된 후에야 채택되어야 한다. 그 사업가 집단은 일반적으로 국민을 속이고 심지어 억압하려는 이해관계를 갖고 있다."

아담스미스는 보통 사람과 철학자 사이의 지적 능력의 차이는 선천적인 것이 아니라 교육과 직업의 차이로 본다.

"예를 들어 철학자와 보통의 짐꾼 같은 가장 상이한 개성(characters) 간의 차이는 선천적이기보다는 습관, 관습 및 교육에서 더 많이 나타나는 것으로 보인다. 천성적으로 철학자는 그 천재성과 성벽에서 짐꾼과 그리 다르지 않다."

아담스미스는 사업가들은 자신들은 단합하면서 노동자들이 단합하면 큰 일 나는 것처럼 소동을 벌인다고 말한다.

"우리는 주인들의 단합(combinations)에 관하여 좀처럼 듣지 못한다. 우리는 빈번하게 노동자들의 단합(결사, 조합)에 관하여 듣는다. 그러나 이 때문에 주인들이 좀처럼 뭉치지 않는다고 상상하는 자는 그 주제만큼이나 그 단어에 관해 무식하다"

아담스미스는 제조업자들과 사업가들을 "우주의 주인들"이라고 불렀다. 이 우주의 주인은 모든 것을 독차지 하려고 한다고 그는 적는다.

"모든 것은 우리 자신을 위한 것이고 다른 사람들을 위한 것은 아무것도 없다고 허는 것은 세계의 모든 시대에 걸쳐 인류의 주인들의 사악한 격률이었던 것처럼 보인다."

아담스미스는 한편으로는 상품화폐설을 지지했지만 다른 한편으로는 국가가 지폐를 만들어도 가치를 갖게 된다고도 보았다.

"세금의 일정 부분을 특정 종류의 지폐로 지불해야 한다는 것을 제정하는 왕자는 이에 따라 이 지폐에 일정한 가치를 부여할 수도 있다."

04

적분

적분은 미분의 역과정을 말한다. 도함수의 원래 함수(원시함수 또는 역도함수)를 찾는 과정이다. 그러므로 이 과정은 사칙연산과 합성에 관한 미분공식의 역과정을 이용하면 원리상으로는 해결이 된다. 다른 한편, 적분이라고 할 때에는 길이나 면적, 부피 같은 값을 구하는 과정도 가리킨다. 이 적분은 그래서 정적분이라고 불린다. 미분의 역과정은 부정적분이라고 불린다. 정적분은 원하는 대상을 잘게 구분하고 난 후에 우리가 그 값을 계산할 수 있는 형태 가령 직선이나 직사각형으로 가지치기를 하고 다시 합하는 소위 "구분구적법"의 극한으로 정의된다. 묘하게도 정적분은 부정적분과 같음이 뉴턴과 라이프니츠에 의해서 발견되었다. 이 정리는 워낙 중요하기 때문에 "미적분학의 근본정리"라고 불린다. 이 정리는 2차원, 3차원, n차원 다양체까지 확대되었고 심지어 무한차원 다양체에까지 확대 되었다. 그 정리는 Stokes 정리라고 불린다. 이 정리는 그 형식도 매우 아름답다. 다양체란 우리가 흔히 보는 같은 차원을 갖는 매끄러운 물체들을 말한다. 가령 2차원 다양체란 국소적으로는 2차원 평면의 원과 같은 기하적 대상을 가리킨다.

부정적분

다음과 같은 문제를 생각하여 보자. 미분하여서 $2x$가 되는 함수는 무엇인가? 답은 $y=x^2+c$가 됨을 쉽게 확인할 수 있다(c는 임의의 상수). 이 경우에 $y=x^2+c$를 함수 $2x$의 부정적분, 원시함수 또는 역도함수라고 부르고 $\int 2xdx$라고 표기한다.

일반적으로 함수 $f(x)$에 대하여

$$F'(x)=f(x)$$

인 함수 $F(x)$를 주어진 함수 $f(x)$의 부정적분 또는 원시함수 또는 역도함수라 하고, 기호로

$$\int f(x)dx$$

와 같이 나타낸다. 이때, 함수 $f(x)$를 피적분함수라 하며, $f(x)$의 부정적분을 구하는 것을 $f(x)$를 적분한다고 한다.

여기서, $\int f(x)dx$를 '적분 $f(x)dx$' 또는 'integral $f(x)dx$'라 읽으며, dx는 x에 관하여 적분한다는 뜻이다.

부정적분은 미분의 역과정이므로, 미분에 쓰이는 공식의 반대과정을 사용하면, 적분이 가능하다.

명제

부정적분의 선형성

$$\int (cf(x) \pm g(x))dx = c\int f(x)dx \pm \int g(x)dx$$

명제

부분적분 (라이프니츠 규칙의 역과정)

$$\int f'(x)g(x)dx = f(x)g(x) - \int f(x)g'(x)dx$$

증명

두 함수 $f(x)$, $g(x)$의 곱 $f(x)\cdot g(x)$의 미분공식에서

$$[f(x)\cdot g(x)]' = f'(x)g(x) + f(x)g'(x)$$

$$f(x)g(x) = \int f'(x)g(x)dx + \int f(x)g'(x)dx$$

이므로

$$\int f'(x)g(x)dx = f(x)g(x) - \int f(x)g'(x)dx$$

※ 주의

부분 적분은 $\int udv = uv - \int vdu$ 형태로도 많이 쓴다.

명제

치환적분(연쇄법칙의 역과정)

$$\int f'(g(x))g'(x)dx = f(g(x)) + C$$

증명

$(f(g(x)))' = f'(g(x))g'(x)$ 이므로, 바로 나온다.

앞의 정리가 치환적분으로 불리는 이유는 무엇일까? $u = g(x)$로 치환

(변수변환)하면 $du=g'(x)dx$이므로

$$\int f'(g(x))g'(x)dx = \int f'(u)du = f(u) + C$$

와 같이 추론하여 그 답이 $f(g(x))+C$가 됨을 쉽게 알 수 있다.

정적분

곡선 $y=x^2$과 x축 및 직선 $x=1$로 둘러싸인 도형의 넓이를 생각해 보자.

아래 그림은 폐구간 [0, 1]을 각각 5등분, 10등분, 20등분한 후 곡선을 포함하는 직사각형을 만들어 그 넓이의 합을 구한 것이다.

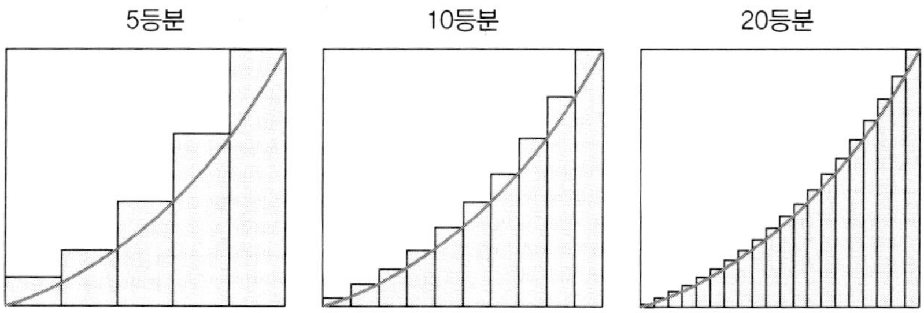

주어진 구간을 세분하면 할수록 직사각형의 넓이의 합은 구하는 도형의 넓이에 점점 가까워짐을 알 수 있다. 일반적으로 어떤 도형의 넓이 또는 부피를 구할 때, 주어진 도형을 세분하여 이미 알고 있는 간단한 도형 예를 들어 직사각형 또는 직육면체의 넓이 또는 부피의 합으로 근사값을 구하고, 이 근사값의 극한값으로 도형의 넓이 또는 부피를 구하는

방법을 구분구적법이라 한다. 부정적분이 역도함수의 집합으로 정의되는 것과는 달리 정적분은 일종의 면적, 부피 등의 합에 대한 극한값이다

적분은 합이기 때문에 우리는 합 기호를 도입하자.

Σ (sigma)는 첨자(번호, 첨수, index) i가 Σ 아래에 써 놓은 정수에서 시작해 Σ 위에 써 놓은 정수에서 끝나기까지 제시해 놓은 형태의 수들을 모두 더하라는 뜻이다. 예를 들어,

$$\sum_{i=1}^{100} i^2 = 1^2 + 2^2 + 3^2 + 4^2 + \cdots + 100^2$$

$$\sum_{i=2}^{4} a_i b_i = a_2 b_2 + a_3 b_3 + a_4 b_4$$

실수의 대수적 성질에 의해서 Σ는 선형설질을 갖음은 금방 알 수 있다. 즉,

$$\sum_{i=1}^{n} (ca_i \pm b_i) = c\sum_{i=1}^{n} a_i \pm \sum_{i=1}^{n} b_i$$

첨자로 사용하는 변수는 상관이 없다. 그러므로

$$\sum_{i=1}^{n} a_i = \sum_{j=1}^{n} a_j = \sum_{k=1}^{n} a_k$$

이며, 이것들은 모두 $a_1 + a_2 + \cdots + a_n$ 과 같다.

몇 가지 유용한 합공식을 보자.

$$\sum_{i=1}^{n} i = 1 + 2 + 3 + \cdots + n = \frac{n(n+1)}{2}$$

$$\sum_{i=1}^{n} i^2 = 1^2 + 2^2 + 3^2 + \cdots + n^2 = \frac{n(n+1)(2n+1)}{6}$$

$$\sum_{i=1}^{n} i^3 = 1^3 + 2^3 + 3^3 + \cdots + n^3 = \left[\frac{n(n+1)}{2}\right]^2$$

이제 다시 곡선 $y=x^2$과 x축 및 직선 $x=1$로 둘러싸인 도형의 넓이를 무한히 세분하여 직사각형들로 근사시켜 계산하자.

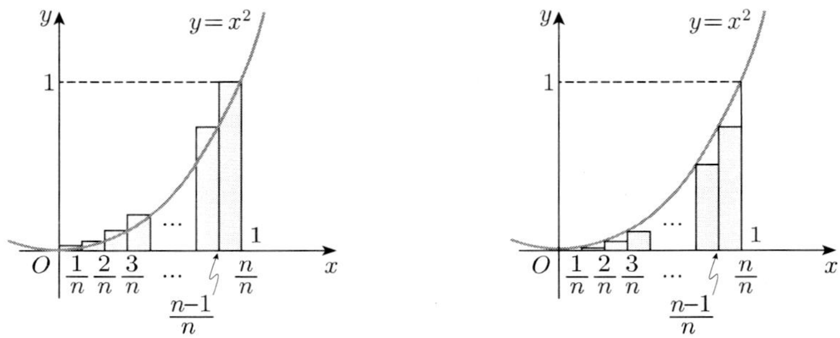

폐구간 [0, 1]을 n등분할 때, 각 소구간의 오른쪽 끝점에서의 $y=x^2$의 함수값은 차례로

$$\left(\frac{1}{n}\right)^2,\ \left(\frac{2}{n}\right)^2,\ \left(\frac{3}{n}\right)^2,\ \cdots,\ \left(\frac{n}{n}\right)^2$$

이므로 그림 6.2의 직사각형 넓이의 합 S_n은

$$\begin{aligned} S_n &= \frac{1}{n}\left\{\left(\frac{1}{n}\right)^2 + \left(\frac{2}{n}\right)^2 + \left(\frac{3}{n}\right)^2 + \cdots + \left(\frac{n}{n}\right)^2\right\} \\ &= \frac{1}{n^3}(1^2 + 2^2 + 3^2 + \cdots + n^2) \\ &= \frac{1}{n^3}\sum_{k=1}^{n} k^2 \end{aligned}$$

$$= \frac{1}{n^3} \cdot \frac{n(n+1)(2n+1)}{6}$$

$$= \frac{1}{6}\left(1+\frac{1}{n}\right)\left(2+\frac{1}{n}\right)$$

다른 한편, n등분된 닫힌구간 [0, 1]에서 각 소구간의 왼쪽 끝점에서의 $y=x^2$의 함숫값은 차례로

$$0^2,\ \left(\frac{1}{n}\right)^2,\ \left(\frac{2}{n}\right)^2,\ \cdots,\ \left(\frac{n-1}{n}\right)^2$$

이므로 그림 6.3의 직사각형 넓이의 합 $S_n{}'$은

$$S_n{}' = \frac{1}{n}\left\{0^2+\left(\frac{1}{n}\right)^2+\left(\frac{2}{n}\right)^2+\cdots+\left(\frac{n-1}{n}\right)^2\right\}$$

$$= \frac{1}{n^3}\{0^2+1^2+2^2+\cdots+(n-1)^2\}$$

$$= \frac{1}{n^3}\sum_{k=1}^{n-1} k^2$$

$$= \frac{1}{n^3} \cdot \frac{(n-1)n(2n-1)}{6}$$

$$= \frac{1}{6}\left(1-\frac{1}{n}\right)\left(2-\frac{1}{n}\right)$$

그런데 $S_n{}' < S < S_n$ 임은 그림에서 명백하다.

그러므로, $\lim_{n\to\infty} S_n{}' \le S \le \lim_{n\to\infty} S_n$ 이다. 그런데 $\lim_{n\to\infty} S_n{}' = \lim_{n\to\infty} S_n = \frac{1}{3}$ 이므로 구하는 넓이 S는 $S=\frac{1}{3}$이다.

이 예제에서 소구간 $\Delta x_k = x_k - x_{k-1} = \frac{1}{n}$에 해당되는 직사각형의 높이를 $y=f(x_k)=x_k^2$의 최솟값으로 하든 최댓값으로 하든(또는 임의의 점) $n\to\infty$이면 그 넓이는 같다. 즉,

$$\lim_{n\to\infty}\sum_{k=1}^{n} f(x_k)\Delta x_k = \frac{1}{3}$$

함수 $y=f(x)$가 폐구간 $[a,\ b]$에서 연속이고 $f(x)\geq 0$일 때, 두 직선 $x=a,\ x=b$와 x축 및 곡선 $y=f(x)$로 둘러싸인 도형의 넓이 S를 구하기 위해서

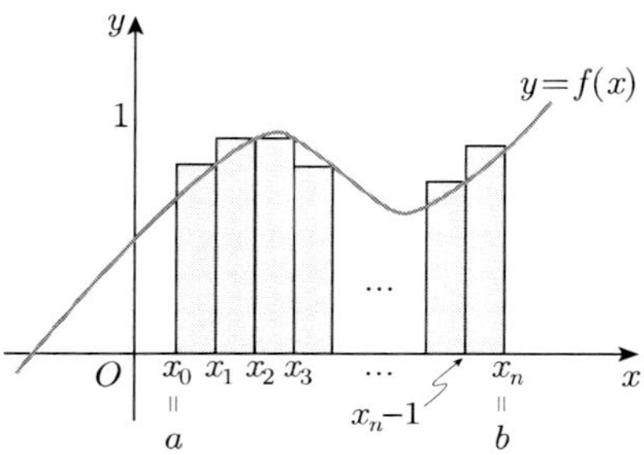

폐구간 $[a,\ b]$를 n개의 소구간들로 분할하여 양 끝점과 n개의 분할점을 차례로

$$a=x_0,\ x_1,\ x_2,\ \cdots,\ x_{n-1},\ x_n=b$$

로 놓고, 이것을 구간 $[a\ ,b\ ]$의 한 분할이라고 부르고

$$P=\{a=x_0,x_1,\cdots,x_n=b\}$$

라고 표기하자. $\|P\|=\max\Delta x_k$로 정의하자. 그 후에 그림과 같이 n개의 직사각형을 만들고 이들 넓이의 합을 S_P이라 하면(x^{*_k}는 $x_{k-1}\leq x^{*_k}\leq x_k$ 인 임의의 수)

$$S_P=f(x^{*_1})\Delta x_1+f(x^{*_2})\Delta x_2+\cdots+f(x^{*_n})\Delta x_n=\sum_P f(x^{*_k})\Delta x_k$$

여기서 $\|P\|\to 0$ 때, 함수 f가 $[a,\ b]$에서 연속이므로, S_P은 S에 한

없이 가까워진다. 즉,

$$S = \lim_{\| P \| \to 0} S_P = \lim_{\| P \| \to 0} \sum_P f(x^*_k) \Delta x$$

이 극한값을 함수 $f(x)$의 a에서 b까지의 정적분이라 하고, 기호로

$$\int_a^b f(x) dx$$

와 같이 나타낸다. 또, a와 b를 각각 정적분의 하한(lower limit), 상한(upper limit)이라 하고, 정적분의 값을 구하는 것을 함수 $f(x)$를 $x = a$에서 $x = b$까지 적분한다고 한다.

정적분 기호

$$\int_a^b f(x) dx$$

는

$$\lim_{\| P \| \to 0} \sum_P f(x^*_k) \Delta x$$

를 나타내는 상징에 불과함을 명심하자.

그리고,

정적분 $\int_a^b f(x) dx$는 기하학적으로 곡선 밑의 영역의 면적을 나타내는 것이고.

부정적분 $\int f(x) dx$는 그 도함수가 $f(x)$인 어떤 함수를 나타낸다는 것을 상기하자.

일반적으로 연속함수는 언제나 적분이 가능하다.

명제

적분 가능성 정리

만약 f가 $[a, b]$에서 유계이고, 불연속인 점들이 기껏해야 유한한 개수이면, f는 $[a, b]$에서 적분가능이다. 특히 f가 구간 $[a, b]$ 전체에서 연속이면, f는 $[a, b]$에서 적분가능이다.

미적분학의 기본 정리

곡선 $y = x^2$과 x축 및 직선 $x = 1$로 둘러싸인 도형의 넓이 즉,

$$\int_0^1 x^2\,dx$$

을 구하는 과정에서 보았듯이, 이것은 지루하고 시간이 많이 걸리며, 대부분의 경우에 그 합의 극한값을 정확히 구할 수 없다. 그런데 묘하게도 정적분은 사실 부정적분으로 판명난다. 즉 적분 구간의 끝을 움직여서 변수로 만들면 정적분은 하나의 함수가 되는데 이 함수는 피적분함수의 원시함수라는 것이 밝혀진다. 이제 그 사실을 보이자.

f가 $[a, b]$에서 연속인 함수라고 하자.

$F(x)$를 $[a, x]$ 사이의 f의 그래프 아래 영역의 면적이라고 하자. 즉

$$A(x) = \int_a^x f(t)dt$$

그러면 $A(x+h)-A(x)$는 $[x, x+h]$ 사이의 영역의 면적이다. 이 값은 $f(x)h$와 거의 같다. $h\to 0$ 일수록 더 같아진다. 그러므로

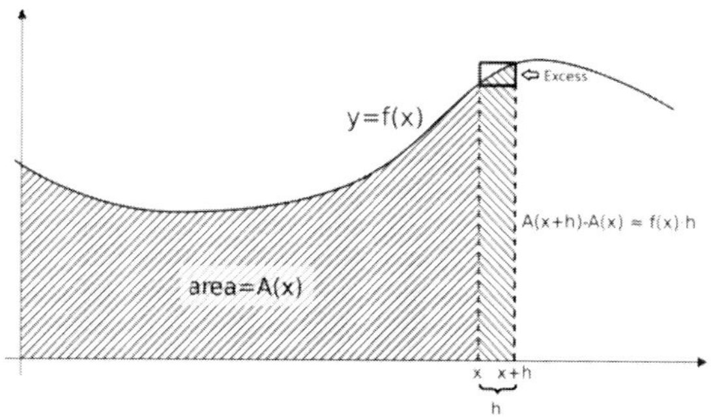

$$A'(x)=\lim_{h\to 0}\frac{A(x+h)-A(x)}{h}=\lim_{h\to 0}\frac{f(x)h}{h}=f(x)$$

따라서 우리는 다음을 얻는다.

명제

> **함수 $f(x)$가 폐구간 $[a,\ b]$에서 연속일 때,**
> $\frac{d}{dx}\int_a^x f(t)dt=f(x)\ (a\le x\le b)$

이 사실로부터 우리는 정적분의 값을 피적분함수의 원시함수의 양끝값의 차이로 얻을 수 있다.

• 미적분학의 기본 정리

함수 $f(x)$가 폐구간 $[a,\ b]$에서 연속이고, 그 구간에서 $F(x)$가 $f(x)$의 한 역도함수이면

$$\int_a^b f(x)dx=[F(x)]_a^b=F(b)-F(a)$$

증명

$A(x)=\int_a^x f(t)dt$도 $f(x)$의 한 역도함수이기 때문에, 두 함수는 상수 차이만 난다.

그러므로

$$A(x)=\int_a^x f(t)dt=F(x)+C$$

그런데,

$$0=A(a)=\int_a^a f(t)dt=F(a)+C$$

따라서, $C=-F(a)$, 그리고

$$A(x)=\int_a^x f(t)dt=F(x)-F(a) \quad ,$$

$x=b$ 이면, 결과가 나온다.

미적분학의 기본 정리를 자세히 보면, 구간 $[a,b]$에서의 적분의 그 경계점들 $\{a,b\}$에 의해 결정된다. 이것은 적분이 "위상"과 묘하게 관련 있다는 것을 시사한다. 사실 이것은 "다양체" 위의 고차원 적분으로 확장된다. n-차원 다양체란 국소적으로는 R^n과 "동형"인 부분들이 서로 "부합"되게 이어져 있는 기하학적 대상을 말한다. 이것에는 방향이 주어질 수도, 줄 수 없는 경우도 있다. 미적분학의 기본정리는 다양체 위로 확장할 수가 있다. 그것은 원시함수, 피적분함수, 다양체 그리고 다양체의 경계 간의 관계로 표현된다.

• 스토크스 정리(Stokes' Theorem)

만일 M이 유향인 n차원 다양체이고, ω가 $(n-1)$-미분형태(differential form)이면, 그리고 ∂M이 M의 경계이면

$$\int_M d\omega=\int_{\partial M}\omega$$

여기서 특별한 예를 보면 만일 $\omega = f(x)$이고 $M = [a,b]$이면 $d\omega = f'(x)dx$이고 $\partial M = b, -a)$이다.

$$\int_M d\omega = \int_{[a,b]} f'(x)dx = \int_a^b f'(x)dx$$
$$= f(b) - f(a) = \int_{b,-a} f = \int_{\partial M} \omega$$

그러므로

$$\int_M d\omega = \int_{\partial M} \omega$$

정적분은 부정적분이므로 부정적분에 대한 연산 법칙은 정적분에도 마찬가지로 적용된다. 이를 도표로 보면 다음과 같다.

미분 연산과 적분 연산의 비교

	미분		적분	
덧셈	선형	$(cf(x)+g(x))' = cf'(x)+g'(x)$	선형	$\int_a^b c\,f(x)+g(x)dx = c\int_a^b f(x)dx + \int_a^b g(x)dx$
곱셈	라이프니츠 규칙	$(f(x)g(x))' = f'(x)g(x)+f(x)g'(x)$	부분 적분	$\int_a^b f'(x)g(x)dx = f(b)g(b)-f(a)g(a) - \int_a^b f(x)g'(x)dx$
합성	연쇄 법칙	$(g(f(x)))' = g'(f(x))f'(x)$	치환 적분	$\int_a^b g'(f(x))f'(x)dx = g(f(b))-g(f(a))$

• 테일러 정리

테일러 정리는 미적분학의 가장 자랑하는 결과들 중의 하나일 것이다. 이 정리는 매끄러운 함수는 주어진 한 점의 "근방"에서 다항식들에 의해서 얼마든지 가깝게 근사될 수 있다고 주장한다. 가령 $\sin(x)$나 e^x 같은 "초월" 함수들은 다항식과는 아무런 관계가 없는 것처럼 보이지만, 테일러 정리는 최소한 "국소적으로"는 그것들을 다항식들로 "접근"시킬 수 있다고 주장한다.

〈 테일러 정리 〉

함수 f가 폐구간 I에서 n개의 연속인 도함수들을 가진다. 만일 $a, b \in I$이면

$$f(b) = f(a) + f'(a)(b-a) + \cdots + \frac{f^{(n)}(a)}{n!}(b-a)^n + R_n$$

여기서

$$R_n = \int_a^b \frac{(b-t)^{n-1}}{(n-1)!} f^{(n)}(t)\,dt$$

증명

$f(b) = f(a) + \int_a^b f'(t)\,dt$ 에서 출발하자.

그 다음레 귀납법을 사용하여 부분 적분들을 계속한다. 테일러 공식이 $n \geq 1$에 대해 성립하면,

$$u(t) = f^{(n+1)}(t),\ dv(t) = -(b-t)^{n-1}dt$$

로 둔다.

미적분학의 짧은 역사

고대 그리스에서는 무한 가정들은 기피되었다. 접선 문제들도 널리 연구되지 않았다. 기하급수들의 부분합의 공식은 알려졌었다.

실진법(悉盡法, method of exhaustion,)이란 한 도형의 면적에 수렴해 가는 일련의 다각형들을 내접시켜서 그 도형의 면적을 구하는 방법을 가리킨다. 만일 그 일련의 다각형들이 올바르게 구성된다면, n이 무한 더로 커지면서 그 n-번째 다각형들과 그것을 포함하는 도형의 면적 차이는 0으로 줄어들 것이다. 이 차이가 무한히 작게 되면서 그 도형의 면적은 내접된 사각형들의 면적들이 수열에 의해서 완전히 "소진 exhausted" 될 것이다.

실진법의 아이디어는 기원전 5세기에 안티폰(Antiphon)으로부터 기원했지만, 몇 십 년 후에 크니도스의 에우독소스(Eudoxus of Cnidus)에 의해 엄밀하게 만들어졌다. 이 실진법은 귀류법이라고 알려진 모순에 의한 증명법의 형태를 요구했다. 처음에 한 영역의 면적을 두 번째 영역의 면적과 비교함으로서 그 면적을 발견했다. 두 번째 영역이 원래 영역의 면적보다 더 크다고 가정하여, 그것이 틀렸음을 증명하고, 다시 이번에는 더 작다고 가정하여 그 주장도 틀렸음을 보인다.

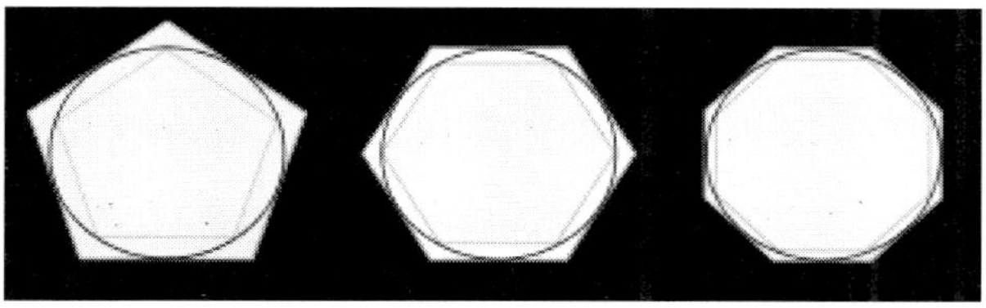

유클리드는 원론에서 면적과 부피들을 실진법(method of exhaustion)으로 증명했다.

아르키메데스 [Archimedes]는 실진법으로 면적과 부피를 계산했고, 아르키메데스 나선형에의 접선을 연구하였다. 그는 π 값을 $\frac{223}{71}$과 $\frac{220}{70}$ 사이라고 추정했다. π의 근사치로 오늘날 우리가 사용하는 $\frac{22}{7}$는 아르키메데스에게서 나온 것이다.

중세 말기에 2가지 중요한 요인들이 미적분학의 발전으로 이끌었는데, 그것들은 고대 그리스 수학, 철학 및 물리학의 한계를 넘어서려는 시도들이었다.

1) 무한 과정들과 물체들의 관한 의문들에 대한 관심

고대 그리스 수학은 무한에 관한 제논의 역설을 효과적으로 잘 다룰 수가 없었고, 아리스토텔레스의 시대가 되면 그리스 수학은 "무한의 공포"로부터 완전히 격리되어서 더 이상 무한을 다루지 않았다.

14세기 동안에 니콜 오렘 [Nicole d' Oresme, 1325~1382.7.11] 등의 무한에 관한 수학적 연구는 스콜라 철학자들의 무한에 관한 의문들에 대한 대답이었다. 스콜라 철학자들의 무한에 관한 의문은 그리스 철학을 기독교에 통합시키려는 노력에서 핵심적 역할을 했었다.

2) 물리적 운동에 관한 의문에 대한 관심

13세기에 조르다누스 데 네모레(Jordanus de Nemore, 1220년경)는 경사면의 물리를 정확하게 수학적으로 묘사하는 식을 발견하였다. 옥스퍼드 대학의 머튼 칼리지의 토마스 브래드워딘(Thomas Bradwardine, 약 1290~1349) 등은 머튼규칙(Mertonian RuleI을 발견했는데, 이는 정지 상태로부터 등가속도로 빨라져서 속도 v로 될 때 총 이동거리는 평균속도 v/2 운동으로 같은 시간 안에 움직인 것과 같게 된다는 것이다. 이는 평균속력정리라고도 불린다.

무한소(infinitesimals)는 이미 고대 그리스 원자론 철학자인 데모크리투스(460~370 B.C.E.) 그리고 안티폰(Antiphon) BC 480년경~411년)이 발전시킨 원의 면적과 같은 정사각형 작도 기법에서 나타난다. 그 후 그리스 철학자와 수학자들은 무한을 기피하였고 무한은 수학에서 사라졌다가, 중세시대에 "불가분량(indivisibles)"이라는 불명확한 형태로 다시 나타났다. 케플러는 그의 제2 법칙(면적 속도 일정의 법칙)을 발견할 때 이 무한소의 기법이 핵심적 역할을 했다고 한다.

14세기에 오렘은 수학적 불가분량(mathematical indivisible)라는 아이디어를 제안하였다. 그는 또한 한 물체의 속도의 그래프 아래의 면적은 그 물체가 이동한 거리를 나타낸다는 것도 달고 있었다. 그는 조화급수는 발산한다는 사실을 알고 있었다.

비에트(F.Viete(1540~1603))은 변수들과 상수들에 기호를 일반적으로 사용하기 시작했다.

스테빈(1548~1620)은 실진법의 귀류법 논법을 기피하려고 극한 아이디어로 간느 첫걸음을 떼었다.

케플러(1571~1630)는 술통의 부피를 알아내기 위해서 일반적인 회전체의 부피들을 계산하였다. 그는 무한소(infinitesimal)를 자유롭게 사용하여 그러한 결과들을 얻었다.

카발리에리(1598~1647)는 불가분량(indivisible)을 택하여 면적들과 부피들을 구하는 실용적인 도구로 만들었다. 그는 평면 영역들은 무수히 많은 평행한 직선들로, 그리고 입체영역들은 무수히 많은 평행한 평면들로 이루어진 것으로 생각하여, 두 대상들의 슬라이스들의 비를 계산하여 그 부피의 비를 계산한 후에 부피를 잘 아는 한 물체의 부피에서 다른 물체의 부피를 계산하였다.

데카르트(1596~1650)는 몇몇 곡선들에 대한 접선을 구하는 방법을 제시하였다. 그는 한 점에서 곡선에 수직인 직선을 구하여 접선을 구하는 방법을 사용하였다.

페르마(1601~1665)는 $\dfrac{f(x+e)-f(x)}{e}$를 계산하고 나서, 다시 $e=0$로 놓고서, 그 결과 나온 식을 다시 0으로 놓아서 곡선들의 최대, 최소값을 계산하였다. 한 점 x에서의 곡선에의 접선은 그 곡선상의 다른 한 점 y와 잇는 할선들을 y가 x로 접근 할 때의 극한으로 정의했다 그는 또한 몇몇 특별한 경우들에서 접선 문제들과 면적 문제들 간의 연계성을 관찰하였다.

월리스(J. Wallis (1616~1703))는 기하학적 기법들을 대수적 및 해석적 계산들로 대체했고, 그래서 그것은 대수학 및 기하가과 구별되는 주제로서의 해석학(미적분학)의 발달에 아정표가 되었다.

배로우(1630~1677)는 할선(secant lines)을 써서 접선에 접근 한 후에 고차원의 무한소들을 빼 버리는 아이디어를 암묵적으로 사용하였다. 도

한 그는 미적분학의 기본정리를 기하학적으로 진술하였지만, 그것을 사용하여 곡선 아래의 면적을 계산하지는 않았다.

뉴턴(1643~1727)은 한 곡선을 따라 움직이는 곡선들의 x ,y 성분들의 속도로써, 그 곡선의 "도함수"를 구하였다. 즉 고선의 도함수= $\frac{\dot{y}}{\dot{x}}$ 로 계산하였다. 그는 대수적 곡선들의 도함수들을 무한소와 음함수 미분법을 사용하여 계산하였다. 합성함수의 미분 연쇄법칙과 함수들의 곱과 나누기 미분 규칙을 알아내었고, A가 곡선 $y=f(x)$ 아래 면적이면, $\frac{dA(x)}{dx}=f(x)$ 라는 사실(미적분학의 기본 정리)을 직관적으로 보였다 그는 치환적분을 사용했고, 호의 길이 공식도 발견하였고, 도함수가 0 이되는 곳을 찾아서 곡선의 최대 최소값을 구하였다. 그는 테일러 정리를 증명 없이 명시적으로 진술하였다. 도한 처음에는 무한소를 사용하였지만 나중에는 극한에 가까운 개념을 사용하게 되었다.

라이프니츠(1646~1716)는 x ,y 성분들의 무한소(그는 이것들을 dx ,dy 로 표기하였다.)를 사용하여 도함수를 구하였다. 즉 도함수= $\frac{dy}{dx}$ 로 정의하였다. 그렇지만 그는 dx ,dy를 무한소로 보아야 하는지에 관해서는 애매한 태도를 취하였다. 그리고 그는 뉴턴과 달리, 극한과 유사한 관념을 발전시키지 않았다. 그는 곱과 나누기에 대한 미분 규칙, 그리고 다항함수들의 도함수를 계산하였다. 그는 ν가 증가하면 $d\nu > 0$, 감소하면 $d\nu < 0$ 라는 사실을 관찰하고 따라서 곡선이 극값을 가지려면 $d\nu = 0$ 이어야 함을 간파하였다. 그는 호의 길이의 공식을 알아내었고, 미분방정식을 풀기 위해서 멱급수를 사용하였다.

오일러(1707~1783)은 함수의 개념을 명료하게 하였고, 급수, 멱급수에 관한 많은 정리들을 증명하고, 미분방정식 연구를 진전시켰다.

달랑베르(1717~1783)는 도함수를 $\lim_{\Delta x \to 0} \frac{\Delta y}{\Delta x}$ 로 정의할 것을 제안하였지만, 극한의 엄밀한 정의를 내리지 않았다.

라그랑주(1736~1813)는 무한소와 극한을 사용을 피하려고 모든 함수를 멱급수로 보았지만, 나중에 이것은 사실이 아님이 판명되었다. 그는 "도함수(derivative)"라는 용어와 $f'(x)$라는 표기법을 도입하였다.

푸리에(1768~1830)는 불연속함수들의 적분의 필요성을 인식하였고, 부정적분이 아니라 정적분에 초점을 맞추고, $\int_a^b f(x)dx$ 라는 표기법을 도입하였다. 열방정식을 연구하기 위해서 삼각함수들의 급수를 이용하면서 급수들의 수렴의 중요성을 강조하였다.

가우스(1777~1855)는 최소상계의 개념을 비형식적으로 사용하였고, 멱급수는 수렴할 대만 사용해야 한다는 논문을 발표하였다.

코시(1789~1857)는 도함수를 극한으로 정의하였고, 연속함수의 정적분을 도함수들과는 별개로 정의하여서 오늘날 우리가 알고 있는 미적분학을 확립하였다, 그는 엄밀성을 강조한 것으로 유명하다.

리만(1826~1866)은 불연속함수들의 적분을 위해서 적분가능성이라는 개념을 더 정확하고 명료하게 해야 될 필요성을 인식하였다. 그는 리만합을 통해서 적분을 정의하였고, 적분가능성을 판별하는 기준을 제시하였다.

르베크(Lebesque 1875~1941)는 어떤 함수가 리만-적분이 가능한지를 판별하는 정리를 증명하였고, 리만-적분이 가능한 함수들을 다 포함하면서, 그렇지 않은 함수들도 포함하는 새로운 종류의 적분을 발전시켰다. 그것은 흔히 측도론(measure theory)으로 불린다.

참고로 에도시대 일본에서도 뉴턴과 라이프니츠 보다 약간 앞서서 미적분학이 발전되었다고 한다. 세키 다카가주(関 孝和, 관 효화 1642~December 5, 1708) 또는 세키 고와 (関 孝和)는 에도 시대 일본의 수학자로서 그는 和算(화산)이라고 알려진 일본 수학의 발전의 기초를 놓았고 일본의 뉴턴이라고 지칭된다. 그는 새로운 대수적 표기시스템을 창조했고, 천문학 계산에 의해 동기화 되어서 무한소 미적분과 디오판토스 방정식을 관한 연구를 하였다. 라이프니츠와 뉴턴의 동시대인으로서, 그의 연구는 독립적으로 이루어졌다.

케플러의 술통 문제

요하네스 케플러는 17세기 과학혁명의 핵심 인물로서 독일의 수학자, 천문학자 그리고 점성술사였다. 그는 태양중심설을 지지했다. 그는 티코 브라헤의 관측 자료들을 사용하여서 케플러의 법칙들이라고 알려진 행성운동의 3가지 법칙들을 발견한 것으로 유명하다. 뉴턴은 케플러의 법칙들은 뉴턴의 운동법칙들과 만유인력법칙에서 연역될 수 있음을 보였다.

16세기와 17세기 초에 유클리드의 원론과 아르키메데스의 저작들을 포함하는 그리스 수학자들의 저술들이 진지하게 연구되었다. 많은 수학자들이 실진법을 세련화 하고 그것을 광범위한 새로운 면적과 부피 문제들(quadrature (area) and cubature (volume) problems)에 적용하였다.

케플러와 카발리에리는 면적과 부피를 구하는데 사용하는 무한소 방법을 발명하는데 선구적인 역할을 하였다.

케플러는 그의 첫 번째 부인이 죽기 전에 다수의 자식을 두었다. 1613년에 오스트리아에서 두 번째 부인과 재혼하였다. 결혼을 축하하기 위해서 그는 한 통의 와인을 구매했는데, 그 와인 상인이 그 술통의 그 부피를 재서 가격을 결정하는 방법을 의아하게 생각하였다.

그 와인 상인이 술통의 부피를 재기 위해서 사용했던 방법은 술통 꼭지 구멍 S를 통해서 막대기를 그 술통 뚜껑의 대각선 반대편으로 집어넣는 것이었다.

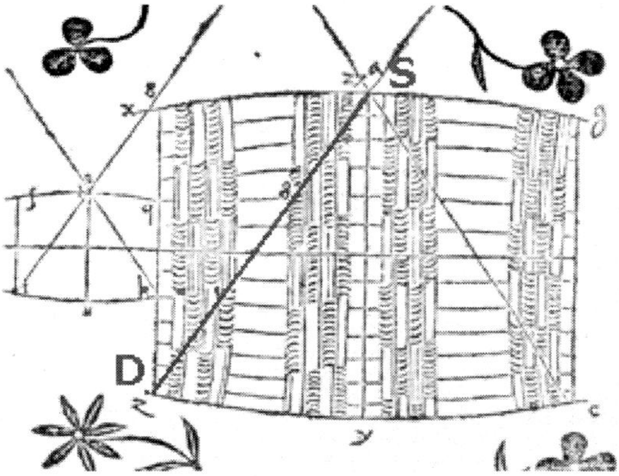

그림 : 오스트리아 상인은 SD의 길이에 따라서 술통의 가격을 책정했다.

그 후에 그 상인은 $SD = L$의 길이를 읽고는 가격을 매겼다. 이것을 보고 케플러는 격분 했는데, 좁고 긴 술통은 넓은 술통과 같은 SD를 가질지 모르지만 그 부피는 훨씬 더 작은 데에도 가격이 같을 수 있기 때문이었다.

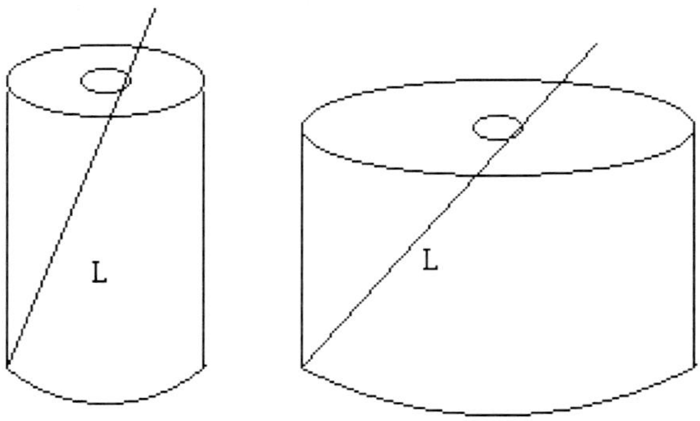

그래서 그는 그 후에 술통의 올바른 부피를 결정하고, 그러한 술통의 부피를 최적화 하는 비율을 발견하는 작업에 착수하였다. 그는 면적과 부피들을 연구하게 되었고, 그 주제에 관한 "술통들의 신 입체 기하학"(Nova stereometria doliorum vinariorum (New solid geometry of wine barrels))이라는 책을 저술하였다.

술통의 부피를 정확히 결정하기 위해서, 케플러는 그 술통의 와인이 층층이 쌓인 수많은 얇은 시트들로 이루어진 것으로 생각하였고 그 부피는 이 잎들의 부피의 합으로 생각하였다. 술통의 경우에는 이 잎들은 실린더(원통)들이었다.

케플러는 점점 더 많은 실린더들을 사용하여 술통에 근사시켰다. 이 원통 슬라이스들은 그 술통의 축에 수직으로 잘라졌고, 그 각 원통의 높이는 상상할 수 있는 최소의 길이이다. 이 실린더 슬라이스들은 다른 것들 위에 쌓여져서 그 모두를 합치면 술통이 되었다. 케플러가 사용한 방법은 원판 방법(method of disks)이라고 불린다. 그것은 회전체의 부피를 계산할 때 회전축을 따라서 적분할 때 쓰는 방법이다.

케플러의 신 입체 기하학이 출간된지 20년 후에 이태리에서는 카발리에리의 Geometria indivisibilibus of Bonaventura 가 출간되어 인기를 끌었다. 이 책에서 그는 카발리에리의 정리라고 알려진 것을 사용하였다: 만일 두 입체가 같은 높이를 갖고 있다면, 그리고 밑면에 평행한 평면들에 의해 잘리고 그 밑면에서 같은 높이에 있는 단면들이 항상 그 비가 같다면, 그 입체의 부피 비도 그 비와 같다.

카발리에리의 방법은 케플러의 방법과는 2가지 면에서 상당히 달랐다:

1) 카발리에리는 주어진 2개의 기하학적 도형의 불간분량 원소들 사이에 1-1 대응을 시켰다. 만일 그 대응되는 불간분량들이 일정한 비례에 있다면, 그는 주어진 도형들의 면적 또는 부피도 같은 비례에 있다고 결론지었다. 전형적으로 그 도형들 주의 하나의 면적 또는 부피는 이미 알려진 것이기 때문에 다른 도형의 면적(체적)도 구할 수 있었다.

2) 케플러는 기하적 도형은 같은 차원의 불가분량들로 이루어진 것으로 생각했다. 그렇지만 카발리에리는 한 기하학적 도형은 무한히 많은 수의 낮은 차원의 불가분량들로 일우어진 것으로 보았다. 그래서 그는 한 면적은 평행하고 같은 간격의 선분들로, 그리고 부피는 펴행하고 같은 간격의 단면들로 이루어진 것으로 생각했다.

카발리에는 불가분량을 그의 기하적 증명방법의 기초로 삼았지만, 그는 무한소 원소들을 특징짓기 위해 그가 채용한 불가분량이라는 단어가 정확히 무엇을 의미하는지 설명하지 않았다.

다른 한편 케플러는 그 오안 상인의 방법에 의한 가격 책정이 균일한지를 결정하기 위해서 술통들의 상이한 모양들을 고려하여, 주어진 가격에 대한 최대 부피를 얻으려고 하였다. 그는 밑면의 반지름이 r이고 높이가 h인 원통으로써 그 술통에 근사시켰다.

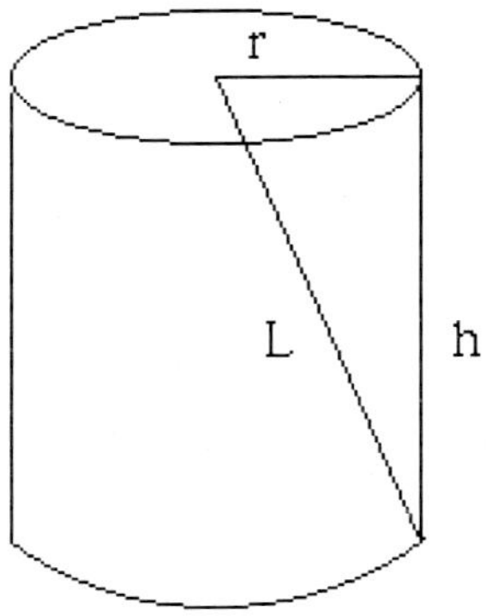

$$r^2 + h^2 = L^2$$

그 다음에 그는 L이 일정하게 고정될 때, 최대 부피 V를 주는 r과 h의 값을 찾으려고 하였다.

이제부터 우리가 배운 미분 공식을 이용하여 r과 h의 값을 찾자.

우선 피타고라스 정리에서 $r^2 + h^2 = L^2$이다. 그러므로 $r^2 = L^2 - h^2$이다. 원통의 체적은

밑면의 면적 × 높이 이므로

$$V(h) = \pi r^2 h = \pi(L^2 - h^2)h = \pi(L^2 h - h^3)$$

극대 정리에 의해서, 최대가 되는 h에서 기울기=0 이므로,

$$0 = V'(h) = \pi(L^2 - 3h^2)$$

그러므로, $h = \dfrac{L}{\sqrt{3}}$ 일 때 부피는 최대가 된다.

그리고 케플러는 그 술통의 모양이 바로 이 최대 부피에 아주 근사함을 관찰하였다. 사실상 너무나 가까워서 그는 이것이 우연의 일치라고 믿을 수가 없었다. 그는 또한 술통의 모양이 최적의 비율에서 약간 벗어나도 부피에는 거의 영향을 미치지 않을 것을 주목했다. 왜냐하면 부피는 최대값 근처에서 아주 느리게 변화하기 때문이다.

니콜오렘

뉴턴의 시계태엽 우주 비유

뉴턴은 우주를 거대한 '시계태엽' 장치로, 신은 뛰어난 시계공으로 보았다고 흔히 말해진다.

"뉴턴은 우주가 마치 시계처럼 고유한 법칙에 따라 계산 가능한 방식으로 돌아가고 있다는 것을 증명했다. 하지만 이 신앙심 깊은 과학자는 그것을 만든 이가 따로 있다고 굳게 믿었다." (에른스트 페터 피셔, 뉴턴의 시계 (슈뢰딩거의 고양이, 2009)

많은 사람들이 시계장치 우주라는 관념이 아이작 뉴턴에서 유래되었다고 잘못 알고 있다. 사실, 뉴턴은 시계장치 우주 이론에 강하게 반대했다: 그는 그것이 우주를 지탱하는 신의 특유한 역할을 무시했기 때문에, 그것이 이론적으로 부적절하다고 믿었다. 뉴턴의 이러한 정서는 뉴턴의 지지자인 사무엘 클라크의 글에 반영되었다. 클라크는 라이프니즈-클라크 서신에서 이 이론의 저명한 지지자인 고트프리드 라이프니츠에 대해 다음과 같이 썼다.

“시계가 시계 제조자의 도움을 받지 않고 계속 가는 것처럼, 세계는 신의 개입 없이 계속 굴러가는 위대한 기계라는 관념은 유물론과 운명의 관념이고 (신을 세계를 초월한 지성으로 만든다는 명목으로) 섭리와 실재에 대한 통치를 배제하는 경향이 있다.”

(.Davis, Edward B. 1991. “Newton's rejection of the ‘Newtonian world view’: the role of divine will in Newton's natural philosophy.” Science and Christian Belief 3, no. 2: 103-117.)

뉴턴 자신의 입장에 대해서 데이비스 교수는 이렇게 말하고 있다.

“... 초월적인 시계제조자로서 신 그리고 종교와 과학의 분리라는 관념을 추인하는 계몽신앙 이신론의 전형으로 뉴턴의 그림은 심하게 잘못되었다. 사실 뉴턴은 시계장치 은유 그 자체와 그것이 바탕이 되는 차가운 기계적 우주 둘 다를 거부했다. 그의 세계 관념은 데카르트와 라이프니츠가 신에게 부여한 '합리적' 제한에 얽매이지 않고 오히려 신의 의지의 끊임없는 활동에 대한 깊은 헌신을 반영하고 있다.”

뉴턴의 신에 대한 이론적 관념은 그의 자연 철학에 세 가지 주요한 결과를 가져왔다. 첫째, 그는 데카르트의 기계론 철학을 거부하게 되었는데, 그 철학에서 물질은 그 외연과 동일시 되었다. 신은 자신의 뜻에 따라 물질의 입자들을 자유롭게 움직일 수 있는데 전지전능한 신은 물질의 속성들을 임의로 결정한다고 데카르트는 보았다. 둘째, 뉴턴의 자발주의는 창조자와 피조물 사이의 친밀한 관계가 있다는 결론이 나온다. 그의 신은 항상 그리고 멀리 떨어진 곳에서 물질의 일부를 서로 끌어당기도록 하는 것과 같이, 라이프니즈를 비롯한 다른 기계론 철학자들이 상상할 수 없는 방식으로 세상에 작용한다. 마지막으로 뉴턴은 세상은 필연보다는 신의 자유의 산물이기 때문에 자연의 법칙은 형이상학적 공리에서 추론되지 않고 자연의 현상으로부터 추론되어야 한다고 주장하였다. 데카르트와 라이프니츠 모두 형이상학적 공리에서 자연법칙을 유도하려고 했다.

천체 물리학자인 Adam Frank에 따르면 14세기의 유럽에서 기계식 시계는 널리 알려졌으며 "시계 우주"의 은유가 퍼지기 시작하면서 우리가 우주를 보는 방식이 근본적으로 바뀌었다고 한다. Frank는 중세 철학자, 수학자이자 과학자인 니콜 오렘의 저서를 인용하면서, 오렘은 세상을 "빠르거나 늦지도 않고 결코 멈추지도 않고 여름과 겨울에도 일하는 규칙적인 시계"로 묘사했다고 서술한다. 천상에서 운행하는 행성들에 관해서, 오렘은 "사람이 시계를 만들고 그것을 작동시키면 그것이 저절로 움직이는 것과 비슷하다"고 말했다고 그는 전한다.

오렘은 시계 우주의 은유를 대중화하는 데 매우 중요한 역할을 담당했다. 그러나 은유의 뿌리는 13세기와 그 이전으로 거슬러 올라간다. 우리가 보게 될 것처럼, 기계로서의 우주라는 은유는 매우 오래된 것이다.

시계 우주의 개념은 13세기 초 요하네스 사크로보스코(Johannes de Sacrobosco, 1195~1256)이 천문학을 소개하는 중세 시대에 널리 알려졌던 《세계의 구체》 (1230년)에서 시작되었다. 실제로, 그것은 출판된 이후 4세기 동안 모든 서유럽 대학의 학생들에게 필독서였기 때문에, 유럽에서 코페르니쿠스 이전 천문학의 가장 영향력 있는 저작 중 하나였다. 토마스 아퀴나스 (1225~1274)도 분명히 그것을 읽었을 것이다.

오렘은 기계 우주(machina mundi)라는 용어에서 우주가 하나의 시계장치라는 비유로 한 걸음 더 나아갔다 .신이 시계공이라는 비유는 머튼학파의 토마스 브래드워딘(Thomas Bradwardine) 캔터베리 대주교도 했었다

시계추의 비유는 또한 프랑스 시인 Jean Froissart (1333~1400/1)와 Christine de Pisan (1364 ~ ca 1430)과 피렌체의 유명한 시인 Dante Alighieri (ca 1265~1321)의 중세 문학 작품에서도 사용되었다. 이러한 초기 신학적 맥락에서, 시계장치의 비유는 두 가지 특징을 가지고 있었다.. 시계공 신, 그리고 시계를 돌아가게 하는 자로서의 신. 따라서 그것은 18세기의 이신론과는 다르다.

머튼학파

운동에 관한 아리스토텔레스의 아이디어에 대한 유럽의 연구는 13세기에 시작되었고, 그것은 그를 비롯한 그리스 철학자의 저작들 특히 유클리드의 저작들의 라틴어 번역이 나타났을 때 시작되었다. 14세기 중세 학자들은 아리스토텔레스의 아이디어에 중대한 개선과 기여를 했으며, 후대의 갈릴레오의 진전을 위한 토대를 마련했다. 그 중에서 옥스퍼드 대학의 머튼 칼리지(Merton College)의 학자들이 두드러지게 공헌했는데 그들은 이후 옥스퍼드 계산가들(Oxford Calculators)로 알려지게 되었다.

머튼칼리지는 옥스퍼드 대학 중 가장 오래되고 가장 규모가 큰 칼리지 중 하나이다. 로체스터 주교 월터 드 머튼 (Walter de Merton)에 의해 1264년에 설립되었다. 다년간 신학 공부를 하여 신학박사가 되려는 학자들에게 주거를 마련해 주려는 의도에서 설립되었다. 14세기 동안 머튼칼리지는 중세의 자연 철학과 수학에서의 가장 중요한 연구가 행해진

곳이었다. 그 학자들은 유럽전역에서 물리학의 한계를 밀고 나가는 것으로 유명했다.

Clagett 연구에 따르면 옥스퍼드 계산기들은 운동 이론에 4가지 주요한 기여를 했다.:

1. 운동학(kinematics)과 역학(dynamics)을 명확하게 구별했고,
1. 순간 속도를 정의했으며
1. 등가속도를 정의하고
1. 등가속도 운동을 설명했다.

운동의 속성(운동학)과 원인(역학)을 구분한 덕분에 계산가들은 자유롭게 운동학에 직접 집중할 수 있었다. 다른 종류의 수량들의 비율로 표현되는 수량으로서 운동의 성질들을 정확하게 정의함으로써 계산가들은 그 개념들을 수치적으로 다룰 수 있었고 그래서 그들은 아리스토텔레스의 질적이고 모호한 설명을 뛰어넘어 일대 진전을 이룰 수 있었다.

토머스 브래드워딘[Thomas Bradwardine,1290년 ~ 1349년]

머튼 계산가들 중에서 가장 초기 학자인 토머스 브래드워딘은 1323년에 머튼칼리지에 입학하여 약 12년 동안 머물면서 신학 학사학위를 받았다. 그는 14세기 영국, 옥스퍼드의 마톤학파를 대표하는 수학자, 자연철학자, 신학자였다. 1328년에 대학의 학생감(監)으로서, 그는 성공적으로 교회로부터의 대학의 자율성을 옹호했다. 1335년 머튼을 떠났고 2년 후 세인트폴 대성당[St Paul's Cathedral]의 사무처장(Chancellor)으로 임명되어 이후 에드워드 3세(Edward III)의 교계사가 되었다. 그의 왕실 봉사는 1346년 프랑스 원정에서 절정을 이루었으며, 이곳에서 크레시 전투(the

Battle of Crécy)를 목격했다. 그는 1349년 캔터베리 대주교에 임명되었는데, 약 1개월 후에 페스트로 사망했다. 초서의『캔터베리 이야기』에 그 이름이 언급되어 있듯이 그는 신학자로서 당시 명성이 대단히 높았다.

브래드워딘의 모든 중요한 자연철학 연구는 머튼에 있는 동안 이루어졌다. 그의 업적들은 현재 시각에서는 아주 당연한 사고방식처럼 보일지 몰라도 그것은 그 당시에는 고대 그리스인들로부터 물려받은 학문의 규범으로부터 급진적으로 이탈한 사고였다. 당시에 학생들은 몇 년 동안 수학 공부를 하고 나서 그런 다음 자연철학을 공부했다. 그 두 과목은 분리되어 있었다. 별들이 예측 가능한 기하학적 패턴에 따라 움직인다는 것이 받아들여졌지만, 아리스토텔레스의 개념에는 물리법칙을 묘사하는 공식이라는 관념은 없었다. 그는 한 분야 즉 수학에서 연역을 하고 그것을 사용하여 다른 분야 즉 물리학에서 어떤 것을 증명하는 것이 가능하다고 믿지 않았다. 그의 자연 철학서들에서는 수학이 거의 사용되지 않았다.. 운동에 대한 그의 설명은 보편적으로 유효한 공식을 만들려고 시도가 없고 단지 몇 가지 예와 일반화를 통해 설명되었다.

브래드워딘과 그의 동료들은 그와는 전혀 상반된 관점을 취했다. 그는 수가 자연철학의 핵심 요소라고 주장했다.:

"수학은 모든 진정한 진리를 드러내는 것이다. 왜냐하면 그것은 모든 숨겨진 비밀을 알고 있으며 문자의 모든 미묘함을 여는 열쇠를 지니고 있기 때문이다. 그러므로 수학을 무시하면서 물리학을 추구하는 뻔뻔스러운 사람은 누구든지 처음부터 지혜의 문을 통과하여 들어가지 못할 것임을 알아야 한다."

그는 물체들의 운동을 수학적 함수로 기술하는 방법을 찾으려고 했고 더구나 그 공식은 아주 크고 아주 작은 모든 물체들을 포함하여 모든 상황에서 타당해야 한다고 보았다. 모든 경우에 적용되지 않는 공식은 옳을 수가 없다 이것은 물리적 법칙은 수학적 형태로 표현할 수 있다는 현대과학을 향한 대장정의 첫걸음이었다. 그는 또한 진공에서 가벼운 물체와 무거운 물체는 같은 스피드로 낙하할 것이라고 주장했다.

수세기 동안 브래드워딘은 물체에 가해지는 힘과 운동에 대한 저항력 및 그 결과 속도 사이의 관계를 수립하려는 그의 《비례론(比例論)》(1328)으로 유명했다. 여기에서 그는 힘, 속도, 저항 같은 다른 종류의 크기들의 비율(比率)을 고려하였다. 이는 아리스토텔레스를 비롯한 고대 그리스수학의 전통을 위배하는 혁명적인 전환이었다. 앞에서 보았듯이 그리스수학에서는 다른 종류의 크기들은 서로 비교할 수 없었다. 공통 척도가 없는 두 성질의 비율을 생각한 것이다.

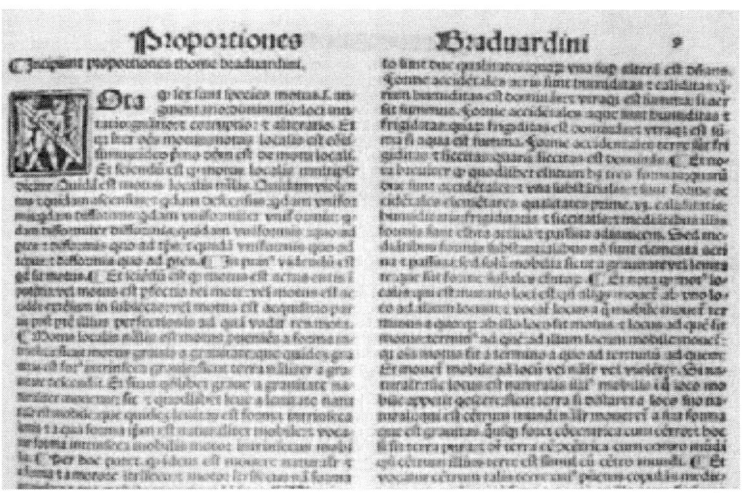
Proportiones Braduardini 9

《비례론(比例論)의 첫 페이지 (Venice, 1505)

브래드워딘은 속도의 변화를 수학적으로 질의 강도의 변화로 생각하여 취급했다. 이 가정 하에서 그는 운동의 측정에서 속도들, 힘들 및 저항 사이의 비례적 관계를 기술하는 최초의 수학적 함수를 고안했다. 브래드워딘의 함수는 아리스토텔레스의 함수를 포함해서 이전의 운동을 다루는 수리적인 공식들보다 훨씬 더 우월했기 때문에 비율과 관계를 다루는 광범위한 철학적 문제들에 게걸스럽게 채택되고 적용되기 시작했다. 운동과 정성적 변화 분석을 정련 하는 과정에서 계산학파는 수리물리학의 발달의 기초를 놓았다.

윌리엄 헤이테스베리[William Heytesbury, 1313 ~ 1372/3]

헤이테스베리는 14세기 중반의 영국 철학자이자 논리학자로, 2세대 머튼학파의 일원이다. 헤이테스베리는 운동과 연속체 이론을 발전시켰으며, 새로운 방식으로 당시 논리학에 접근하여 중세의 언어 분석과 논리의 발전을 이끌었다. 그는 1330년 옥스퍼드의 머튼칼리지에 다녔으며, 1338년부터 1339년까지 그곳에서 회계업무를 맡아 회계감사 역할 등을 하였다. 1348년에 신학 박사학위를 받았다는 기록이 있다. 1371년에서 1372년까지 대학의 총장직을 맡았다고 전해진다.

《궤변 해결을 위한 규칙》(1335)에서 헤이테스베리는 계산가들의 가장 유명한 결과 중 하나인 머튼 법칙(평균속력정리mean-speed theorem)을 처음으로 발표했다. 이 이론에 따르면, 움직이는 물체가 일정 시간 동안 속력이 등가속화 되면, 같은 시간 동안에 평균속력으로 움직이는 것과 같은 거리를 간다. 물리적인 사실에는 위배되는 브래드워딘의 법칙과는 달리, 머튼규칙은 수학적으로 입증 가능한 진리이며 간접적으로 갈릴레오의 자유낙하 법칙에 영향을 미친 것으로 생각되고 있다.

헤이테스베리는 다음과 같이 말한다.:

"그러나 0 정도(속력)에서 시작하여 모종의 유한한 속력으로 끝나는 등가속도 운동에서 통과하는 거리와 관련하여, 전체 운동 또는 그것의 전체 획득은 중간 정도(속력)에 해당할 것이라고 이미 말한 바 있다. ... 위에서 언급한 것부터, 다른 모든 것들이 같다면, 시간의 전반에서 이런 종류의 가속 또는 감속에 대해 얼마나 먼 거리를 지나갈 것인지, 후반에서 얼마나 갈 것인지 충분히 결정될 수 있다. 운동의 가속도가 0 정도에서 어느 정도 균일하게 발생하는 경우, 처음 절반에서 이동하는 거리는 후반 시간에 이동하는 거리의 정확히 3분의 1이 된다."

헤이테스베리의 문구들은 옥스포드 계산가들이 사용하는 수학적 기술 수준을 보여준다. 그들은 유클리드 기하학과 일부 아랍 삼각법을 이용할 수 있지만 대수는 사용할 수 없었다. 따라서 그들은 논리적 증명을 제공하기보다는 수치적 및 기하학적 증명을 제공하여 계산가들이라는 이름을 얻었다. 그리고 그들이 제기한 문제들은 실제 실험보다는 상상의 상황에서 비롯되었다.

파리 대학의 계산가들

장 뷔리당[Jean Buridan, 1358 ~ 1361]

프랑스 중세의 유명론(唯名論) 철학자인 장 뷔리당은 영국의 스콜라 철학자 오캄의 제자이다. 그는 그의 전 경력을 파리대학교에서만 보냈다. 거기에서 그는 약 1320년에 박사학위를 받았으며 2번이나 파리대학교 학장에 선출되었다. 당시의 대부분의 학자들과 달리 그는 신학자로 교육받지 않았다.

그는 발사체의 움직임이 뒤에서 미는 공기의 추진력에 달려 있다는 아리스토텔레스의 생각을 비판했다. 발사체는 그 발사체를 던지는 손 또는 대포가 처음에 주는 돌진력((突進力, impetus) 때문에 계속해서 움직인다고 보았다. 저항이 없으면 그 물체는 계속해서 영구히 움직일 것이다. 그는 아리스토텔레스의 설명이 경험과 모순되기 때문에 만족스럽지 못하다고 판단했다.:

이 돌진력 개념은 갈릴레오와 뉴턴의 관성의 법칙으로 가는 위대한 발걸음이었다. 뉴턴과 갈릴레오에 의하면 물체가 정지한 상태는 운동하는 상태의 특수한 경우에 불과하고. 운동 상태가 바뀌는 것은 물체의 외부에서 힘이 가해지는 경우뿐이다. 즉, 힘은 운동의 상태를 바꾸는 요인이다. 다른 요인은 있을 수 없다. 갈릴레오는 유명한 빗면 사고실험을 통해 마찰이 없으면 빗면을 타고 내려온 구슬은 영원히 굴러갈 것이라고 생각했다. 갈릴레오에게는 더 이상 운동을 지속시킬 기동자가 필요 없었다. 뷔리당의 돌진력의 개념과 아주 흡사함은 명백하다.

다만 뷔리당 이전에 임페투스라는 개념이 없던 것은 아니다. 동로마의 학자 필로폰누스, 이슬람 학자 이븐 시나와 같은 과거의 인물들이 물체에 힘을 가하면 물체에 운동력이 생긴다고 주장했었고, 뷔리당 본인도 실제로도 자신의 주장에 대한 논거로 알 비트루지와 같은 이슬람 학자들을 인용했다.

행성들이 계속해서 운행하는 이유는 무엇인가라는 문제는 고대부터 사상가들과 천문학자들을 괴롭혀온 문제였다. 중세 사상가들은 기독교 천사들이 행성을 밀기 때문에 행성들이 운행된다고 보았다. 그러나 그 천사들은 날개를 갖는 천사가 아니라 비물질적인 영령으로서 자유롭게 움직이는 존재였다. 움직이는 모든 것이 다른 것에 의해 움직여져야만 한다는 아리스토텔레스의 교리 때문에 이러한 교설이 나왔던 것이다.

뷔리당은 천사가 필요 없다고 보았다. 행성들은 천사나 다른 어떤 것이 뒤에서 밀기 때문에 계속해서 운행하는 것이 아니라 바로 맨 처음에 그 물체에 준 돌진력 때문에 저절로 운행된다는 것이었다. 하늘은 노쇠하지도 않고 저항도 없기 때문에 신이 창조 시에 각 천구와 둘레의 행성들에 준 돌진력은 종말에 이르기까지 천구를 회전시키고 행성들을 계속 운행시킨다고 그는 보았다.

갈릴레오의 상대성원리와 아주 흡사한 생각을 이미 뷔리당도 천동설과 관련하여 제기하고 있었다. 그도 배 안의 사람은 배의 움직임을 알아채지 못할 것이고 비슷하게 지구가 회전하고 있더라도 지구상의 사람은 그 공전을 인지하지 못할 것이라고 보았다.:

"그래서 태양은 완전히 정지해 있고 우리를 싣고 가는 지구는 회전하고 있다고 가정한다. 그렇지만 우리는 우리가 정지하고 있다고 상상하기 때문에 빠르게 움직이고 있는 배 안의 그 사람이 자신의 움직임도 배의 움직임도 지각하지 못하듯이, 태양은 우리에게 마치 우리는 정지하고 태양이 움직이는 것처럼 일출하여 일몰하는 것처럼 보일 것이 확실하다."

(장 뷔리당, 지구 자전에 관하여, BOOK, II, QUESTION 22)

니콜 오렘

니콜 오렘(Nicole Oresme c. 1320-1325 ~ 1382년)은 후기 중세 시대의 중요한 철학자였다. 그는 경제학, 수학, 물리학, 점성술 및 천문학, 철학 및 신학에 대한 영향력 있는 연구를 저술했다. 프랑스의 샤를 5세

(Charles V)의 사부(師傅)가 되어서 그의 요청에 응하여 아리스토텔레스의 《윤리학》《정치학》《경제학》등을 번역하였고 1377년 리쥐(Lisieux)의 주교(主敎)가 되었다. 그는 14세기 유럽의 가장 독창적인 사상가 중 한 명이었다. 그는 프랑스 산문 특히 과학적이고 철학적인 어휘의 발전에 상당한 영향을 끼쳤다.

그는 뷔리당의 임페투스(돌진력) 이론을 받아들여서 발전시켰으며, 특히 임페투스와 속도를 포함하여 일반적으로 성질의 변화를 그래프로써 양적으로 표시하여, 갈릴레오에 앞서서 물리량의 기하학적 취급을 가능하게 하였다. 또한 이것은 데카르트의 해석기하학 창안에 앞선 선구적 아이디어였다. 더 나아가서 운동의 상대성으로부터 지구의 자전(自轉)에 대한 가능성을 시사하여, 지동설의 선구자라고도 한다. 다른 한편에서는 점성술을 비판하였다.

오렘은 우리가 직사각형 좌표라고 부르는 것에 근접하는 평면도형으로써 이러한 개념을 시각화하는 아이디어를 고안했다. 오렘은 강도(intensity)와 외연을 동시에 고려하고 2차원 도형을 공통적인 측정 근거로 사용하여 질들을 총체적으로 수량화하고 표상하는 작동하는 구도를 사상 최초로 발명했다. 성질의 강도는 수평기저선 위의 주어진 점에서 수직으로 세워진 그 강도에 비례하는 길이 또는 위도로 표시된다. 오렘은 그러한 도형의 기하학적 형태가 성질 그 자체의 특성에 상응하는 것으로 간주될 수 있다고 제안했다. 이것을 그리면 2차원 도형이 나온다. 오렘은 주어진 질의 양은 이 그려진 도형의 면적으로 나타낼 수 있다고 주장했다. 오렘의 시스템 내에서 양(extension)과 질 (intension)은 역동적인 비례관계로 함께 묶여졌다.

오렘의 그래프는 질들의 측정과 관계를 위해 시스템으로서 스콜라 수학과 자연철학의 가장 놀라운 성취 중의 하나로 인정된다. 오렘은 보편적 측정 준거로서의 직선이라는 아이디어는 아리스토텔레스로부터 얻었다고 말한다. 그는 세계가 수량화될 수 있는 연속적인 크기로 구성되었다고 볼 뿐만 아니라 이 크기들을 언제나 변하고 있는 다이내믹하고 상호 관련된 시스템의 일부로 보았다. 그는 측정의 준거로서 기하학적 직선을 선택했는데 그것이 모든 성질들의 강도(변화)를 측정할 수 있기 때문만이 아니라 그 강도들의 연속적이 변화도 측정할 수 있었기 때문이었다.

오렘은 또한 머튼학파의 "평균속력정리"를 증명하였다. 앞에서 보았지만 머튼학파는 평균속력정리를 발견하긴 했지만 그것을 수학적으르 증명한 것은 아니고 단지 수치들을 들어 예증했을 뿐이었다.

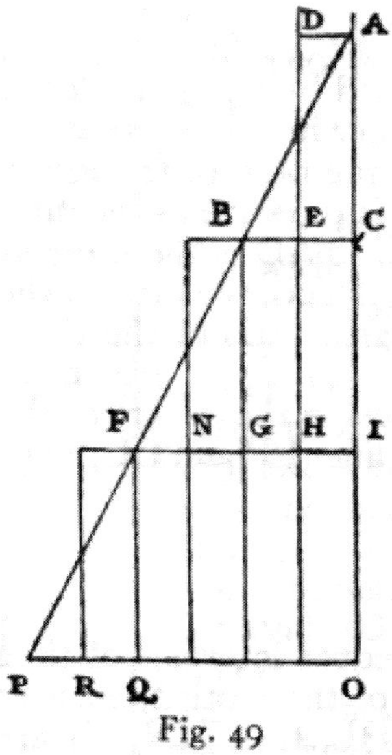

Fig. 49

Galileo의 《신과학의 대화》의 다이어그램은 등가속도운동으로 이동한 거리를 보여준다.

갈릴레오, 〈신과학의 대화〉, 176
(http://galileoandeinstein.physics.virginia.edu/tns_draft/tns_160to243.html)

오렘의 구도에서 운동을 위도와 경도로 표현하면 기저선(가로)은 시간이고 기저선에서 올린 수직선 (위도-세로)은 그 운동에서 짧은 시간 동안의 속도를 나타낸다. 이 경우 균일한 변형(uniformiter difformis)정리는 주어진 시간에 등가속도 운동에서 지나간 거리가 된다. 따라서 등가속도는 직각삼각형으로 표시된다. 그 결과 생기는 도형의 면적은 지나간 거리를 나타낸다. 그리하여 오렘은 갈릴레오가 그것을 유명하게 만들기 200년 전에 등가속도 운동의 평균속력정리를 기하학적으로 증명했다. 오렘은 일종의 "원형 막대차트(proto bar charts)"를 발견했다.

오렘은 뷔리당과 마찬가지로 상대성원리를 신봉하였다. 가령 그는 세계가 하나가 아니라 복수일 수 있다는 주장을 개진하였다. 아리스토텔레스는『천체에 관하여』제 1권에서 복수의 세계는 존재할 수 없음을 증명하려고 했지만 그것을 논박하면서 오렘은 논리나 물리적 가능성을 위반하지 않고도 복수의 세계의 존재를 상상할 수 있다는 결론에 다다랐다. 그는 이 세계의 둘레의 안쪽과 아래에 또 다른 비슷한 세계가 존재한다는 "상상"을 제시했다. 그의 논법은 크거나 작다는 개념은 절대적 개념이 아니라 상대적 개념이라는 것이다.

오렘은 또한 상대성원리를 지구가 자전 운동을 하고 있는지 아닌지 하는 문제에 적용한다. 그는 화살을 쏘면 그 화살은 이미 지구의 회전 운동을 공유하고, 공기도 지구와 함께 회전하고 있음으로 궁사가 수직으로 쏘아올린 화살이 똑바로 위로 날아가서 바로 그 궁사 머리 위로 내려오지 않을 이유가 없다고 주장하였다. 그래서 그는 지구가 자전운동을 하는지 여부는 이성이나 관찰에 의해 확정적으로 결정할 수 없다고 주장하였다. 이 과정에서 그는 뷔리당처럼 배에 탄 사람은 상대적인 운동감을 감지할 수 있다는 논리를 펼친다.:

뉴턴과 거인의 어깨 위에 올라선 난쟁이

"내가 더 멀리 보았다면 이는 거인들의 어깨 위에 올라서 있었기 때문이다."

이 말은 아이작 뉴턴이 자신의 업적은 사실상 데카르트 같은 선배 과학자들에게 기초하고 있음을 언급한 말로 널리 인용되고 있다. 뉴턴은 이 문장을 1676년 그의 경쟁자였던 과학자 로버트 후크와 공로에 관해 언쟁을 벌이는 편지에서 사용했다. "거인의 어깨 위에 올라 선 난쟁이"라는 은유는 "이전 발견들 위에서 진리를 발견하는 것"을 의미한다. 이 구절은 뉴턴에게서 유래한 것으로 널리 인식되고 있지만 사실은 그와 다르다. 한참 거슬러 올라가서 1130년 베르나르 사르트르에게서 유래한다고 한다. 사르트르의 베르나르(1127경 사망)는 프랑스 샤르트르 대성당 부속학교에서 활약한 스콜라학자들이 형성한 사르트르 학파의 중심적인 사상가이다.

이 말이 출처가 샤르트르의 베르나르라고 한 사람은 역사가·논리학자·정치철학자인 솔즈베리의 요한(1115~1180)이다. 1159년에 요한은 《Metalogicum(논리학 변론)》(1159)에서 다음과 같이 썼다.: "사르트르의 베르나르는 우리를 거인의 어깨 위에 올라 선 난쟁이들에 비교하곤 했다. 우리가 우리보다 앞서 간 사람들보다 더 많이 더 멀리 브는데, 우리가 더 시력이 좋기 때문도 아니고 더 키가 크기 때문도 아니고 그 거인들의 어깨 위로 올려 져서 높이 서 있기 때문이라고 그는 지적했다." 베르나르는 12세기 당대 학자들을 그리스와 로마의 고대 학자들과 비교하고 있었다.

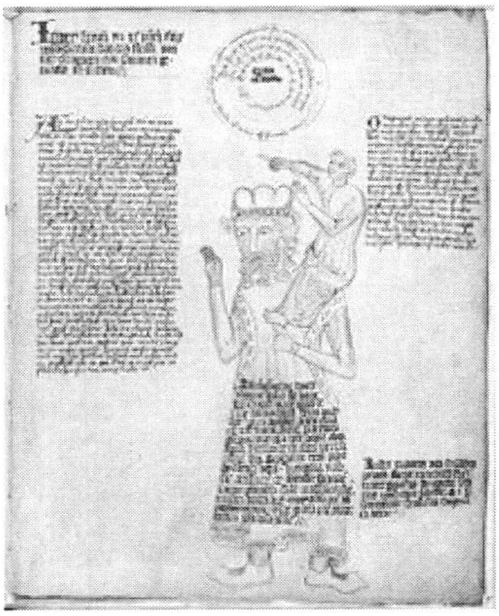

사실 거인의 어깨 위에 올라 선 난쟁이라는 관념은 그리스 신화에서 올림포스 신들의 무기를 만들어 주는 대장장이 헤파이스토스의 제자이자 거신 오리온이 자신의 하인인 케달리온 [Cedalion]을 어깨에 태우고 다닌 데서 유래한다. 오리온은 키오스섬의 왕 오이노피온의 딸 메로페를 흠모하였으나 오이노피온의 방해로 뜻을 이루지 못하자 메로페를 납치하여 겁탈하였다. 화가 난 오이노피온은 술의 신 디오니소스에게 부탁하여 오리온을 술에 취하게 한 다음 불에 달군 칼로 오리온의 눈을 찔러 장님이 되게 한 뒤 바닷가에 내다 버렸는데, 장님이 된 오리온은 동쪽으로 가서 떠오르는 태양빛을 눈에 쏘이면 시력을 되찾을 수 있다는 신탁을 받고 길을 찾던 중 헤파이스토스가 두드리는 망치 소리를 따라 대장간까지 찾아갔다. 오리온의 처지를 불쌍히 여긴 헤파이스토스는 케달리온에게 길을 안내해 주도록 지시하였다. 난쟁이였던 케달리온은 오리온의 어깨에 올라타고 헬리오스의 궁전으로 가는 길을 안내하였다고 한다.

사르트르 성당의 스테인드글라스에도 비슷한 개념이 그려져 있다.

사르트르 성당의 스테인드글라스, 장미꽃 유리창 아래의 큰 유리창은 구약성경의 4대 선지자들[이사야, 예레미야, 에스겔, 그리고 다니엘]을 거인으로서, 신약의 4명의 복음서 저자[마태, 마가, 누가 및 요한]은 그들 위에 올라앉은 난쟁이로 묘사한다. 그 복음 저자들은 비록 더 작지만 거인 선지자들보다 더 많이 본다.

그 개념은 또한 유태인 토사피스트(Tosaphist) 이사야 디 트라니(Isaiah di Trani c. 1180~c. 1250)의 저작들에서고 나타난다.

"나는 철학자들의 비유를 나 자신에게 적용했다. 가장 현명한 철학자가 물었다.:" 우리의 앞 사람들이 우리보다 더 현명했다고 우리는 인정한다. 동시에 우리는 그들의 코멘트를 비판하고 종종 그것들을 거부하며 우리가 참이라고 주장한다. 이것이 어떻게 가능한가? "가장 현명한 철학자가 대답했다,:" 난쟁이와 거인 중 누가 더 멀리 보는가? 확실히 거인이 더 멀리 본다. 그의 두 눈은 난쟁이 눈보다 더 위에 위치하기 때문이다. 그러나 만일 난쟁이가 거인의 어깨 위에 올라 서 있다면 누가 더 멀리 보는가?...우리도 그렇게 거인들의 어깨 위에 서 있는 난장이들이다. 우리는 그들의 지혜를 통달하고 그것을 넘어서 간다. 그들의 지혜 덕분에 우리는 현명해지고 우리가 말하는 모든 것을 말할 수 있다. 우리가 그들보다 더 위대하기 때문이 아니다."

"거인의 어깨 위에 올라선 난쟁이"라는 개념은 현대에도 여러 분야에서 인용되고 있다. 몇 가지 예를 보자.

기호학자인 동시에 철학자, 역사학자, 미학자로 활동했던 볼로냐대학교의 교수 움베르토 에코(Umberto Eco, 1932~2016)는 1980년 첫번째 장편소설 『장미의 이름(Il nome della rosa)』을 발표했다. 이 이야기에서 어린 베네딕도회 수련 수사인 멜크의 아드소는 박식한 프란치스코회 수도사인 배스커빌의 윌리엄과 함께 문제의 베네딕도 수도원을 방문하고 이야기가 전개된다. 수도원의 유리기술자 장인 니콜라우스가 그의 예술에 관해서 다음과 같이 말한다.: "우리는 더 이상 고대인들의 학문이 없다. 거인들의 시대는 지나갔다."이에 대해 프란체스코회 신학자이면서 자연철학자인 실존인물 로저 베이컨(Roger Bacon;1214년~1294년)의 제자로 나오는 만능 해결사인 바스커빌의 윌리암은 맞대꾸한다.:

"우리는 난쟁이다. 그러나 그 거인들의 어깨 위에 올라선 난쟁이다. 비록 우리는 작지만, 우리는 때때로 그들보다 더 멀리 볼 수도 있다."

소설 주라기 공원에서, 이안 말콤 박사는 존 해먼드의 유전학 분야의 연구와 발전에 관해서, "당신은 천재들의 어깨에 서 있었기 때문에 그렇게 빨리 무엇인가를 성취했다."고 말한다.

리눅스 민트 운영체제 설치 슬라이드 쇼에는 "거인들의 어깨 위에 올라서기"라는 부제가 있다

05

자연 지수 함수와 기하급수적 성장

지수 성장이란 시간의 함수의 값의 변화율이 그 함수의 현재 값에 비례하는 함수의 성장을 가리킨다. 이때 그 함수는 지수함수라 부른다. 지수적인 감소는 일정한 마이너스 변화율을 가진 함수의 감소를 말한다. 만일 정의역이 연속적인 시간이 아니라 이산적인 등간격으로 주어지는 함수의 경우, 그런 성장은 기하학적 성장 또는 기하학적 감소를 한다고 말해진다. 그런 함수는, 기하수열을 형성한다. 기하급수적인 성장이나 기하급수적인 감소에서, 시간이 흘러도 공비는 일정하게 유지된다.

지수함수적인 성장의 대표적인 예는 빚의 복리 성장이다. 빚이 일정한 복리로 불어날 때, 처음에는 그 속도가 느리지만 어느 시점이 지나면 가파르게 점점 더 가파르게 성장하여 도저히 가없을 수 없게 된다. 경제성장도 비슷하다. 일정한 성장률로 성장하는 경제는 어느 시점이 지나면 점점 더 가파르면서 수직으로 성장한다. 인구 증가도 대표적인 지수성장이다. 그래서 지수 성장은 복리의 마술이라고도 불린다.

물리학에서 전기의 절연체를 전기장 내에 놓았을 때 표면에 전하(電荷)가 유기되는 현상이 있는데, 이러한 관점에서 절연체를 다룰 때 이것을 유전체[dielectric substance, 誘電體]라 하고, 표면에 나타나는 전하를 편극전하(偏極電荷)라 하는데 이 유전체의 전자 사태 항복[avalanche breakdown, 電子沙汰降伏]은 전형적인 지수 성장이다. 자유 전자는 외부에서 걸린 전기장에 의해 충분히 가속되고 그것이 유전체의 원자나 분자와 충돌할 때 추가적으로 더 많은 전자들을 유리시킨다. 이 2차 전자들도 또한 가속되어 점점 더 많은 수의 자유 전자를 생성한다. 그 결과 전자와 이온들은 기하급수적으로 많아지고 아주 빠르게 물질의 완전한 유전체 파괴(절연파괴dielectric breakdown, 絶緣破壞]로 이어질 수 있다.

원자로에서 또는 원자폭탄에서 원자핵분열의 연쇄 반응을 겪는 각 우라늄 핵은 다수의 중성자를 방출하는데, 다시 그 중성자 중 일부는 인접한 우라늄 원자에 의해 흡수되어 차례로 핵분열을 일으킬 수 있다. 중성자 흡수 확률이 중성자 이탈(中性子離脫)확률보다 높은 경우 중성자 생산과 거기서 유도되는 우라늄 핵분열은 기하급수적으로 성장하고 결국 그 반응은 통제 불가능 하게 된다. 일정한 증가율 때문에 연쇄반응의 어느 시점에서도 9%의 에너지가 마지막 4.6세대 동안 방출된다. 원자폭탄의 경우 처음 53세대를 실제 폭발까지 이어지는 대기시간으로 생각하는 것이 합리적인 근사치인데, 이 폭발시간은 3~4세대밖에 걸리지 않는다.

사람들은 기하급수적 성장의 함의를 잘 인지하지 못한다. 가까운 미래에 관해서 우선적으로 주의를 집중하고 에너지와 자원을 쏟는 생물이 진화론적으로 생존하고 번식하고 자손을 남길 개연성이 더 높았기 때문일 것이다. 급한 불을 끄는 생물이 진화의 승자가 되었을 것이다. 그래서 자연은 "땜질"에 능하다고 진화론자 리처드 도킨스는 갈파한다. 작고

한 콜로라도 대학의 물리학자 바틀렛(Albert Allen Bartlett)은 그의 강연 〈산술, 인구 및 에너지〉에서 "인간 종의 최대 단점은 지수함수를 이해하지 못하는 것"이라고 말했다. 지수적인 성장에서는 과거는 미래에 관해 아무 것도 말해주지 않는다. 아니, 과거에서 교훈을 얻으려다가는 큰 낭패를 보기 십상이다. 과거와 미래가 전펴 딴판이기 때문이다.

자연대수 e

야콥 베르누이는 베르누이 가문의 많은 저명한 수학자들 중의 한 사람이고 변분법(calculus of variations)의 창시자 중의 한 사람이다. 그는 확률론에서 대수법칙(law of large numbers)을 유도한 것으로 가장 유명하다. 대수법칙이란 표본의 크기 n을 무한대로 보낼 때 독립적으로 뽑은 n개의 표본평균이 모평균으로 수렴한다는 것을 말한다.

베르누이는 복리에 관한 문제를 연구하면서 자연대수 e를 발견했다. 그 과정에서 그는 다음과 같은 극한을 구하여야 했다.

$$\lim_{n \to \infty}(1 + \frac{1}{n})^n$$

예를 들어 1원에서 출발하여 연리100% 를 지불하는 예금은 1년 후에 2원이 된다. 그러나, 만일 1년에 2번 지불하고 금리는 1/2년에 50%인 복리 예금은 1년 후에 받는 돈은 다음과 같이 계산된다.

$$\text{반년 후에 원금+원금}\times\text{이자율=원금}\times\text{(1+이자율)}=1 + \frac{1}{2}$$

이제 새로 출발하는 원금은 $1 + \frac{1}{2}$이 되었음으로

1년 후에는

$$원금+원금\times이자율=원금\times(1+이자율)=(1+\frac{1}{2})(1+\frac{1}{2})=(1+\frac{1}{2})^2$$

같은 식으로 1년에 4번 이자를 지불하고, 각 1/4년마다 이자를 100/4%인 복리로 예금을 하면

$$1/4년\ 후에는\ 원금\times(1+이자율)=(1+\frac{1}{4})$$

$$2/4년\ 후에는\ 원금\times(1+이자율)=(1+\frac{1}{4})^2$$

$$3/4년\ 후에는\ 원금\times(1+이자율)=(1+\frac{1}{4})^3$$

$$1년\ 후에는\ 원금\times(1+이자율)=(1+\frac{1}{4})^4$$

일반적으로 1년에 4번 이자를 지불하고, 각 1/n년마다 이자를 100/n%인 복리로 예금을 하면 1년 후에 받을 돈은 $(1+\frac{1}{n})^n$ 원이 된다.

복리계산주기	원금과 이자의 합
1년	2
반년	2.25
4분기	2.44141
월	2.61304
주	2.69260
일	2.71457
시	2.71813
분	2.71828
초	2.71828

베르누이는 이 수열들이 점점 더 하나의 극한에 접근함을 알게 되었다. 그 극한은 자연대수 e라고 알려졌는데, 2.7182818....이다.

우리는 이 수열이 어떤 값에 수렴한다는 사실을 간단한 계산을 통해서 증명해 보자.

인수분해 공식 (0 < a < b 에 대해서

$$b^{n+1} - a^{n+1} = (b-a)(b^n + b^{n-1}a + b^{n-2}a^2 + \cdots + ba^{n-1} + a^n)$$

그러므로 우리는 다음과 같은 부등식을 얻는다:

$$b^{n+1} - a^{n+1} < (n+1)(b-a)b^n$$

이제 $a = 1 + \frac{1}{n+1}$, $b = 1 + \frac{1}{n}$ 에 대하여 위의 부등식을 적용하면

$$b - a = \frac{1}{n} - \frac{1}{n+1} = \frac{1}{n(n+1)}, \quad (n+1)(b-a) = \frac{1}{n} \text{ 에서}$$

$$(1+\frac{1}{n})^{n+1} - (1+\frac{1}{n+1})^{n+1} < \frac{1}{n}(1+\frac{1}{n})^n$$

$$(1+\frac{1}{n})^{n+1} - \frac{1}{n}(1+\frac{1}{n})^n < (1+\frac{1}{n+1})^{n+1}$$

$$(1+\frac{1}{n})^n(1+\frac{1}{n} - \frac{1}{n}) < (1+\frac{1}{n+1})^{n+1}$$

$$(1+\frac{1}{n})^n < (1+\frac{1}{n+1})^{n+1}$$

그러므로 $\left\{(1+\frac{1}{n})^n\right\}$은 증가하는 수열이다.

이제 만일 $n \geq 4$ 이면 , 위의 부등식에 $a = 1$, $b = 1 + \frac{1}{2n}$을 대입

하면, $(1+\frac{1}{2n})^{n+1}-1<(n+1)\frac{1}{2n}(1+\frac{1}{2n})^{n}$

정리하면 $(1+\frac{1}{2n})^{n}(1+\frac{1}{2n}-(\frac{1}{2}+\frac{1}{2n}))<1$, 따라서 $(1+\frac{1}{2n})^{n}<2$, 양변을 자승해도 부등식이 보존되므로 $(1+\frac{1}{2n})2^{n}<4$, 그런데 $\left\{(1+\frac{1}{n})^{n}\right\}$은 증가수열이기 때문에, 이 부등식은 홀수인 경우에도 성립한다. 그러므로 모든 $n\geq 4$에 대해 $(1+\frac{1}{n})^{n}<4$ 이어서 $\left\{(1+\frac{1}{n})^{n}\right\}$은 유계인 수열이기도 하다. 그러므로 이 수열은 증가하면서 유계인 수열이기 때문에 실수집합의 최소상계 공리에 의해서 수렴한다. 그 극한을 e라고 부른다.

e의 근사 값으로는 다음 수가 널리 사용된다.

$$e\approx\frac{87}{32}\approx\frac{828}{323}$$

$$e=1+\frac{1}{1!}\frac{1}{2!}+\frac{1}{3!}+\cdots+\frac{1}{n!}+\cdots$$

라는 사실도 알려져 있다.

자연지수 함수 e^{x}

지수 값을 정의하는 것이 결코 용이하지 않다. 예를 들어 $2^{\frac{1}{3}}$은 3승하면 2가 되는 양의 실수라고 정의할 수 있지만, $2^{\sqrt{3}}$의 값은 무엇이라고 정의해야 되는 것일까?

먼저 e^{x} (또는 $\exp(x)$)라는 자연지수함수를 정의하자.

실수 전체 집합에서 정의된 다음과 같은 방정식을 만족하는 함수는 존재한다고 가정하자.

모든 $x\in R$에 대해 $f'(x)=f(x)$, $f(0)=1$

우선 이 함수는 절대로 0이 되지 않는다. 모든 $x \in R$에 대해

$$\begin{aligned}\frac{d}{dx}(f(x)f(-x)) &= f'(x)f(-x)+f(x)(-f'(-x)) \\ &= f(x)f(-x)-f(x)f(-x) \\ &= 0\end{aligned}$$

그러므로 $f(x)f(-x)=$ 상수, $x=0$를 대입하면,
$1=f(0)f(-0)=$ 상수, $f(x)f(-x)=1$,따라서 모든 $x \in R$에 대해,

$$f(x) \neq 0, \text{ 한편 } f(-x)=\frac{1}{f(x)}$$

이제 위의 방정식을 만족하는 해는 유일함을 보자.

$$\begin{aligned}\frac{d}{dx}(g(x)f(-x)) &= g'(x)f(-x)+g(x)(-f'(-x)) \\ &= g(x)f(-x)-g(x)f(-x) \\ &= 0\end{aligned}$$

그러므로 $g(x)f(-x)=$ 상수이므로 다시 $x=0$를 대입하면,

$$g(x)f(-x)=1, \text{ 따라서 } g(x)=\frac{1}{f(-x)}=f(x)$$

모든 $x \in R$에 대해, $f(x) \neq 0$이므로 항상 $f(x)>0$ 아니면 항상 $f(x)<0$이다. $f(0)=1>0$이므로 모든 $x \in R$에 대해 $f(x)>0$ 이다. 또한 모든 $x \in R$에 대해 $f'(x)=f(x)>0$ 이므로 $f(x)$는 증가함수이다.

이제 $f(x+y)=f(x)f(y) \quad \forall x,y \in R$ 임을 보이자.

($\forall$ 는 "모든"을 의미하는 기호 즉 전칭 기호(universal quantifier, 전칭 양화사))

그러기 위해서 $g(x)=f(x+y)f(-y)$를 생각하자. 이 함수를 미분해 보면,

$$g'(x)=f'(x+y)f(-y)=f(x+y)f(-y)=g(x),$$
$$g(0)=f(y)f(-y)=1$$

이므로 위의 유일성 정리에 의해서

$$g(x)=f(x),\ \text{즉}\ f(x+y)=f(x)f(y)\ ,\forall x,y \in R$$

위의 식에서 $x=y=a$ 이면 모든 양의 자연수 n에 대해서 $f(na)=(f(a))^n$을 얻는다.

그런데 우리는 $f(1)=e$이라는 사실을 유도할 수 있다. 그러므로 모든 양의 정수 n에 대해서 $f(n)=e^n$이다. 비슷한 논법으로 모든 정수 n에 대해서 $f(n)=e^n$, 다시 모든 정수 r에 대해서 $f(r)=e^r$. 그러므로 $f(x)=e^x$이라고 정의하자. 따라서 위의 합 공식은

$$e^{x+y}=e^x e^y,\ e^0=1$$

$e>2$이므로 $e^n \to \infty$ 이고($e=1+b$로 놓으면 $(1+b)^n \geq 1+nb$ 라는 부등식을 이용하면, $e^n \geq 1+n$), $f(x)=e^x$가 단조 증가이므로 $x \to \infty$ 이면, $e^x \to \infty$ 이다.

$e^{-x}=\dfrac{1}{e^x}$이므로, $x \to \infty$ 이면, $e^{-x} \to 0$이다. 위의 사실을 종합하면 $f(x)=e^x$의 그래프는 다음과 같은 모양이다.

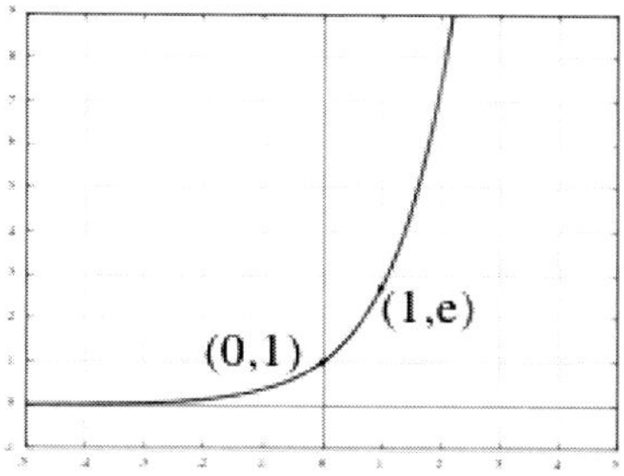

사실상 e^x는 기하급수적으로 증가하는 함수이다. 이것을 보기 위해서 , 먼저 이항 정리를 상기하자.

$$(a+b)^n = a^n + na^{n-1}b + \frac{n(n-1)}{2}a^{n-2}b^2 + \cdots + nab^{n-1} + b^n$$

특히 $a=1$ 이면 $(1+b)^n = 1 + nb + \frac{n(n-1)}{2}b^2 + \cdots + nb^{n-1} + b^n$,

$b > 0$이므로

$$(1+b)^n \geq 1 + nb + \frac{n(n-1)}{2}b^2 > \frac{n(n-1)}{2}$$

명제 $\lim_{x\to\infty}\frac{x}{e^x}=0$

증명

위의 부등식에 의해서 $0 \leq \lim_{n\to\infty}\frac{n}{e^n} \leq \lim_{n\to\infty}\frac{2n}{n(n-1)}=0$이므로

$$\lim_{n\to\infty}\frac{n}{e^n}=0$$

다른 한편 $x>1$에 대해 $\frac{d}{dx}(\frac{x}{e^x}) = \frac{e^x - xe^x}{e^{2x}} < 0$ 이므로 $\frac{x}{e^x}$는 단조감수 함수이다.

위의 사실과 이 사실을 결합하면 명제의 결론이 나온다.

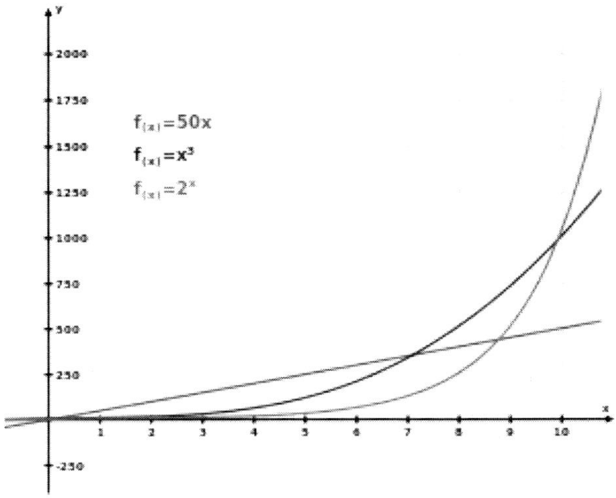

지수성장(녹색)이 선형(붉은 색)이나 삼차식(파란 색) 성장을 초과하는 방식을 보여주는 그래프

비슷한 방식으로

명제 n이 고정된 양의 정수이면, $\lim_{x\to\infty}\frac{x^n}{e^x}=0$

자연 대수 함수(natural logarithm)

자연 지수함수의 역함수는 증가율이 감속하는 전형적인 함수이다.

함수 $f(x)=e^x$가 단조 증가이고, $f(x)>0\ \forall x$이기 때문에 e^x는 단조 증가하는 역함수 $g(y):R^+\to R$을 갖는다.

$$g'(y) = \frac{1}{f'(g(y))} = \frac{1}{f(g(y))} = \frac{1}{y}$$

그러므로 모든 $y > 0$에 대해 $g'(y) = \frac{1}{y}$, 그리고 $f(0) = 1$이므로 $g(1) = 0$이다.

지수함수는 합을 곱으로 만들기 때문에 그것의 역함수는 곱을 합으로 만든다. 즉

$$g(xy) = g(x) + g(y) \quad , \forall\ x, y > 0$$

이것을 보기 위해 $g(x) = u, g(y) = v$ 로 놓으면 $x = e^u$, $y = e^v$ 이다. 그런데 $xy = e^u e^v = e^{u+v}$에서 $u + v = g(xy)$ 즉 $g(xy) = g(x) + g(y)$ 이다. 이 식에서 특히 $x = y = a > 0$이면 모든 자연수 n에 대해서

$$g(a^n) = ng(a)$$

만일 $a > 1$ 이면, n이 무한대로 가면 $g(a^n) = ng(a)$도 무한대로 증가한다.

그런데 g는 증가함수이므로 $x \to \infty$이면 $g(x) \to \infty$ 이다.

함수 g는 log로 표기된다. 따라서 앞의 결과들에 의해서 모든 양의 실수에 대해

$$\log(a^n) = n\log(a), \ \log(xy) = \log(x) + \log(y)$$

또한 $x > 0$에 대해서

$$0 = \log(1) = \log(xx^{-1}) = \log(x) + \log(x^{-1})$$

이므로

$$\log(x^{-1}) = -\log(x)$$

그러므로 $x \to 0$ 이면, $\log(x) \to -\infty$

위의 결과들을 종합하면 $\log(x)$의 그래프는 다음과 같은 모양이 나온다.

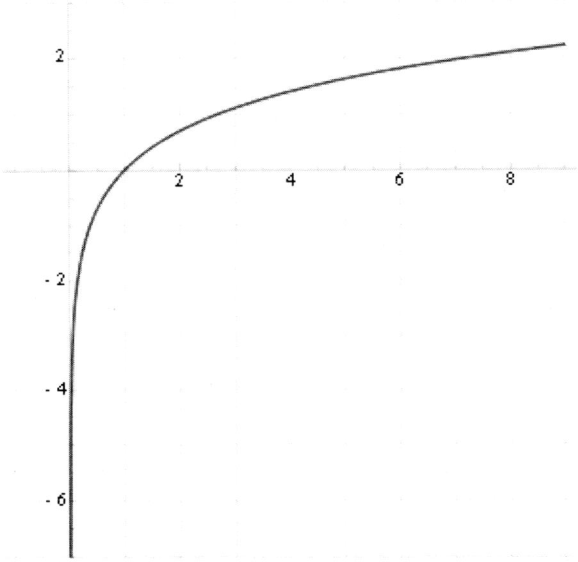

이제 $a > 0$, $x \in R$ 에 대해서

$$a^x = e^{x\log(a)}$$

로 정의하자. 그러면 $a^{x+y} = a^x a^y$, $a^0 = 1$, $(a^x)^y = a^{xy}$ 이다. 마지막 등식을 증명하려면

먼저 $\log(a^x) = \log(e^{x\log(a)}) = x\log(a)$ 를 이용하면

$$(a^x)^y = e^{y\log(a^x)} = e^{xy\log(a)} = a^{xy}$$

이 등식을 이용하면 모든 양의 실수는 n 승근을 가짐을 쉽게 알 수 있다. 만일 $a > 0$ 이면, $a^{\frac{1}{n}}$이 a의 n 승근이다. 왜냐하면

$$(a^{\frac{1}{n}})^n = 1$$

이기 때문이다.

명제

$$\lim_{x \to \infty} \frac{\log(x)}{x} = 0$$

증명

$u = \log(x)$로 놓으면, $x = e^u$ 이고 $x \to \infty$이면 $u \to \infty$ 이므로 위 극한은

$$\lim_{x \to \infty} \frac{\log(x)}{x} = \lim_{u \to \infty} \frac{u}{e^u} = 0$$

지수 함수적 증가: 복리의 마술

원금이 P_0이고 연 이자율이 r 인 복리 예금으로 돌아가자.

1년 후에 받을 돈은 $P_1 = P_0 + P_0 r = P_0(1+r)$

2년 후에 받을 돈은 $P_2 = P_1 + P_1 r = P_1(1+r) = P_o(1+r)^2$

3년 후에 받을 돈은 $P_3 = P_2 + P_2 r = P_2(1+r) = P_o(1+r)^3$

………………………………

n년 후에 받을 돈은 $P_2 = P_{n-1} + P_{n-1} r = P_{n-1}(1+r) = P_o(1+r)^n$

복리로 예금을 했을 때, 받을 돈은 몇 년 후에 원금의 2배가 되는 것일까? 2배가 되는 해를 n이라 놓으면

$$P_o(1+r)^n = 2P_0$$

에서 $(1+r)^n = 2$, 그러므로 $nlog(1+r) = \log(2)$, 따라서

$$n = \frac{\log(2)}{\log(1+r)}$$

그런데 $\log(2) \approx 0.693$, $\log(1+r) = r - \frac{r^2}{2} + \cdots$ (테일러 전개)이므로

$$n \approx \frac{0.69}{r}$$

이 식은 연속 복리일 때에는 상당히 정확하다. 그러나 현실에서는 복리가 주기적이기 때문에

$$n \approx \frac{0.69}{r - \frac{r^2}{r}} = \frac{0.69}{r(1-\frac{r}{2})} = \frac{69}{R}\frac{1}{1-\frac{R}{200}} \approx \frac{69}{r}(1+\frac{R}{200}) \approx \frac{72}{R}$$

$$(R = 100r)$$

따라서 주기적인 복리에서 배증 기간은

$$n \approx \frac{72}{R}$$

이 규칙은 흔히 72의 규칙 (rule of 72)라고 불린다.

보기

연 5% 이자율로 100만원을 복리로 100년간 예금하면, 찾을 돈은 대략 얼마 정도인가?

해 배증 기간은 대략 72/5=14.4 , 100/14.4=7 대략 2^7=120배 즉 1억 2000만 원 정도로 늘어난다.

몇 가지 극적인 지수 성장의 예들을 살펴보자.

보기

쌀알과 체스 판

977–1010년 사이에 페르시아 시인인 페르도브시에 의해 쓰여진 서사시인 《열왕서》에는 다음과 같은 체스의 기원에 관한 인도 이야기가 있다.:

체스 게임의 창조자가 그 나라(인도)의 왕에게 그의 발명품을 보이자, 그 왕은 매우 기뻐하여 그 발명자에게 그의 발명에 대한 가격을 책정할 권리를 주었다. 매우 현명한 그 남자는 왕에게 체스보드의 첫 번째 사각형에는 한 알의 쌀을 받을 것이고, 두 번째 사각형에는 2개의 쌀알, 3번째 사각형에는 4개의 쌀알을, 이런 식으로 계속하여 다음 사각형마다 전 사각형에서 받은 쌀알보다 배증하여 받았으면 한다고 요청했다. 산술에 무지한 왕은 그 발명가가 그렇게 낮은 가격에 그런 유용한 발명을 판다는 생각에 한편으로는 기분 나빠하면서도 흔쾌히 그 발명가의 제안을 받아들이고, 그의 재무관에게 쌀알들을 세어서 그 발명가에게 넘겨주라고 명했다. 그렇지만, 그 재무관은 그 쌀알의 개수를 세는데 일주일 이상 잡아먹었다. 왕은 그에게 왜 지체되는지에 관해 물었다. 그 재무관은 계산의 결과를 왕에게 보고했고, 그 발명가에게 보상을 주려면 왕국의 모든 재산으로도 부족할 것이라고 설명했다. 그 이야기는 그 발명가가 새 왕이 되는 것으로 끝난다.

(위키, "밀과 체스판 문제",
http://en.wikipedia.org/wiki/Wheat_and_chessboard_problem)

이 이야기에서 그 발명가가 요구한 쌀알의 개수는 몇 알인가?

해 체스 판에는 64개의 정사각형이 있다. 그러므로 이 사각형들에 쌓아야 쌀알의 합계는

$$S_{64} = 1 + 2 + 2^2 + 2^3 + \cdots + 2^{62} + 2^{63}$$

이 값은 공비가 2인 등비수열의 부분 합이므로 공비 2를 양변에 곱하면

$$2S_{64} = 2 + 2^2 + 2^3 + \cdots + 2^{62} + 2^{63} + 2^{64}$$

아래 식에서 위식을 빼면

$$S_{64} = 2^{64} - 1$$

그러므로 $S_{64} = 18{,}446{,}744{,}073{,}709{,}551{,}615$ 으로서 물경 1844 경 개가 넘는다.

칼 세이건은 그 우화에 관해서 다음과 같이 말했고 한다. “지수함수는 영원히 계속될 수 없다. 그것들은 모든 것을 집어삼킬 것이다.”

보기

벤저민 프랭클린의 100년 기금

1785년에 프랑스 수학자인 샤를르-요셉 마통 드 라 쿠르 (Charles-Joseph Mathon de la Cour)는 벤저민 프랭클린이 신문에 기고하는 기사인 “가난한 리처드의 연감Poor Richard's Almanack”을 패러디 하는 글을 썼다. 그는 그 패러디를 “운 좋은 리차드(Fortunate Richard))” 라고 제목을 달았다. 그 글에서 주인공은 500 리브르의 유산을 남기는데, 500년간 복리로 불어나게 놔두라는 조건을 달았다. 그 결과 생기는 돈은 수조에 달할 것이고, 그것들은 유토피아적인 프로젝트들에 지불되는데 쓸 것이었다.

프랭클린은 그 아이디어가 환상적이라고 생각하여, 드 라 쿠르에게 감사의 편지를 썼다. 그는 그의 고향인 보스턴과 거주지인 필라델피아에 각각 1000파운드(의 사망 당시 약 $4550)의 돈을 , 200년간 복리로 돈을 쌓는다는 조건 하에 유산으로 남기기로 결정하였다.

1789년에 프랭클린은 그의 유언에 보증서를 추가했다. 그는 그 기금들(현재 돈으로 약 $10만)은 25세 이하의 젊은 장인(匠人)들에게 5%의 금리로 대출하여 그들의 사업을 시작하는데 일조하라고 명기하였다. 그 기금들은 기혼에, 도제과정을 마쳤으며, 2명의 보

증인을 내세울 수 있는 장인들에게만 대출된다는 조건이 달려 있었다.

100년 후에, 그 두 도시는 그 기금의 75%를 인출하여 공공사업들(교량, 도로 프장, 공공 건물 등)에 쓸 예정이었다. 그 다음에 그들은 또 다른 100년간 그 돈을 계속하여 대부할 것이었고 100년이 다 되면, 그 도시들은 돈의 25%만 받고, 나머지 돈은 주들이 가져갈 것으로 예정되었다. 사실상, 보스턴은 200년 후에 그 기금에서 약 $500만 정도만, 그리고 필라델피아는 약 $200만 정도만 받았다. 그래도 그것은 복리의 엄청난 위력을 보여준다. $1만를 $700만으로 만들었다! 그것도 후반 100년 동안에 돈의 75%를 공공사업에 지출했다는 것도 감안해야 한다. 만일 그 돈을 지출하지 않고 잘 운영했다면 이론적으로는 $7800만을 넘었을 것이다.

브스턴과 필라델피아는 처음에는 프랭클린의 유언을 따라서 시작했지만, 산업혁명 뒤에 사람들이 자신의 사업을 하는 설립하지 않고 큰 회사들을 위해서 일하게 되면서 보통예금(savings accounts)과 생명보험 회사들에 투자하기 시작했다. 필라델피아는 지난 50년간 그 기금을 대부분 모기지에 썼다.

그는 미래 세대들에게 복리의 엄청난 위력을 보여 주려 하였을 것이다. 돈을 더 오래 투자할수록, 복리의 위력은 더 경이적이 된다. 그래서 오늘부터 저축하기 시작하여 돈이 당신을 위해 일하게 하라!의 $2000만씩 가졌을 것이었다.

(위키, "드라 쿠르",
http://en.wikipedia.org/wiki/Charles-Joseph_Mathon_de_la_Cour ,,
http://www.crackerjackgreenback.com/the-basics/compound-interest-a-lesson-from-benjamin-franklin/)

프랭클린의 기금의 이야기를 듣고 1930년대 법률가인 홀덴은 1000년 트러스트를 만들었다고 한다. 1936년부터 시작하여 $280만을 500년 신탁과 1000년 신탁에 맡겼다. 그 중 하나는 유니테리언 교회에 배당된 트러스트는 25세기에 만기가 되면 $2500조가 될 것이었다. 펜실베이니아 주에 기탁된 1000년 트러스트는 $424조가 될 것이었다. ;그 돈은 주 세금들을 폐지하는데 사용될 것이인데, 노아의 할아버지로 969살까지 살아서 그래서 장수의 대명사로 간주되는 므두셀라[Methuselah]의 이름을 따서 므두셀라 트러스트라고 불린다.

(http://www.laphamsquarterly.org/essays/trust-issues.php?page=all)

보기

방사능 붕괴

방사능(radioactiv) 원소란 불안정한 원소로서 그 핵이 방사선들(양성자, 중성자, 전자, 감마선 등)을 방출하면서 붕괴되는 원소를 가리킨다. 이런 물질들이 붕괴되는 속도(즉 방사능)은 그 물질의 현재 남아 있는 양에 비례한다고 한다. 시각 t에서 남아 있는 방사성 물질의 양을 $y(t)$라고 하고, 초기의 양 즉 $y_0 = y(0)$라고 하고, 붕괴 상수를 $-\lambda$ (λ〉0)라고 하면,

변화율(붕괴 속도)=붕괴 상수 × 현재의 양

$$y'(t) = -\lambda y(t),\ y(0) = y_0$$

인 미분 방정식을 얻는다. 그런데 $y(t) = y_0 e^{\lambda t}$는 바로 이 방정식을 만족시킨다는 사실은 쉽게 알 수 있다.

지수함수 $y = Ce^{-\lambda x}$에서 반으로 감소되는 기간 즉 반감기는 일정함을 보이자. 주어진 양

$$y_0 = Ce^{-\lambda x_0}$$

의 1/2배가 되는 x에서는

$$\frac{1}{2}y_0 = Ce^{-\lambda x}$$

위 식을 아래 식에 대입하면

$$\frac{1}{2}Ce^{-\lambda x_0} = Ce^{-\lambda x}\ ,\quad \frac{1}{2}e^{-\lambda x_0} = e^{-\lambda x}\ ,\quad 2 = e^{\lambda(x - x_0)}\ ,$$

$$x - x_0 = \frac{\log(2)}{\lambda} \approx \frac{0.693}{\lambda}\ \text{(일정)}$$

$$\text{즉 반감기}=\frac{\log(2)}{\lambda}$$

이 식에서 반감기와 붕괴 속도는 반비례함을 알 수 있다. 붕괴속도(방사능)가 클수록(강할수록) 반감기가 짧다. 가령 $U-238$은 그 반감기가 45억년이므로 , 그 방사능은 아주 미약하다. 반면에 Cs -137과 스트론튬 -90은 반감기가 30년으로서 그 방사능은 아주 강하여서 사람들에게 상당히 위험하다. 한편 요오드-131은 반감기가 8일로서 그 방사

능이 아주 강하지만, 8일 후에는 1/2, 16일 후에는 1/4, 24일 후에는 1/8 , 32일 후에는 1/16로 , 40일 후에는 1/32로 급격히 감소하기 때문에 두 달 정도만 지나면 , 그 위험성은 거의 없어진다.

보기

프랑스 동화 수련 이야기

프랑스 아이들은 수련 잎이 떠 있는 연못을 상상하는 이야기를 듣는다. 그 수련들은 매일 개체수가 두 배씩 증가하며, 방치하면 30일 안에 연못을 다 잎으로 덮어서 질식시켜 물속에 있는 다른 생물들을 모두 죽게 할 것이다. 매일의 그 식물의 성장은 미미해서 수련이 연못의 절반을 덮을 때 깎기로 한다. 그러면 아이들은 어느 날에 연못의 절반이 수련으로 뒤덮일 것인가에 대해 질문을 받는다. 30일 연못을 완전히 덮으려면 수련이 두 배로 늘어야 한다는 점을 고려할 때 해결책은 간단하다. 이에 따라 29일에는 수련이 연못의 절반을 덮게 된다. 연못을 구할 날이 단 하루밖에 없다.

보기

박테리아 배증

매분마다 2개로 분할하는 박테리아들을 생각하자 11시에 빈 병에 박테리아 한 마리를 집어넣는다. 12시에 그 병은 박테리아로 가득 찬다고 가정하자.

Q1 병이 반만큼 찰 때는 언제인가?

A)11:59분

Q2 만일 당신이 그 병 속의 박테리아라면 공간이 바닥나는 것을 언제 처음으로 깨달을 것 같은가? 12시 5분전?

그 때에는 단지 병의 3%만이 차고 나머지 99%는 빈 공간이었다. 과연 5분 전에 박테리아들 중에서 문제가 곧 발생할 것을 깨달을 박테리아가 있을까? 아직도 "광활한" 빈 공간들이 있는 데? 누군가가 "봐

라, 인구 증가는 문제 될 것이 전혀 없다. 우리가 지금 사용 하고 있는 공간보다 15배나 더 많은 빈 땅이 있다." 고 말할 것이다.

Q3 만일 12시 2분 전에 그 박테리아들이 빈 병을 3개 발견했다고 하면, 얼마나 오래 동안 더 견딜 수 있나?

A) 4분!!!!

(A.Bartlett , "산술, 인구 및 에너지"

http://www.albartlett.org/books/essential_exponential_ch1_recollections.html)

보기

경제성장과 에너지 사용 그리고 지구 가열

미국 캘리포니아 샌디에고 대학의 물리학자인 톰 머피는 경제성장에 필요한 에너지의 양과 그로 인해 생기는 지구의 온도 증가를 계산하였다. 우리는 그의 계산 결과를 보자

(톰 머피, "은하계 규모의 에너지"

http://physics.ucsd.edu/do-the-math/2011/07/galactic-scale-energy/)

경제성장을 하려면 그만큼 많은 일이 행해져야 하고 그 일을 하려면 그만큼 많은 에너지가 필요하다. 에너지 효율성은 좋아지면서, 에너지 사용 증가 속도가 줄 것 같지만, 에너지 비용이 저렴해지면서, 사람들은 더 많은 제품과 서비스를 구매하는 경향이 있다. 이것은 제본스 역설이라고 불린다. 제본스 역설이란 자원이 사용되는 효율성을 제고시키는 기술진보는 그 자원소비 속도를 줄이는 것이 아니라 도리어 늘리는 경향이 있다는 명제이다. 1865년에 영국의 경제학자인 제본스는 석탄 사용 효율을 제고시킨 기술 진보는 광범위한 산업들에서 석탄 소비로 이끌었다는 것을 관찰했다. 그는 직관과는 반대로 연료 소비를 줄이기 위해서는 기술 진보에 의존할 수 없다고 주장하였다.

현대 경제학에서는 반동효과 (Rebound effect)라고 해서 이를 연구했는데, 주어진 사용에 대해 필요한 양을 줄이는 한편 , 효율성 제고는 한 자원을 사용하는 상대적 비용을 줄여서 자원너의 수요량을 증가시키는 경향이 있어서 잠재적으로 그 효율성 제고에서 오는 절약을 상쇄하는 경향이 있다. 더구나, 효율성 제고로 경제성장이 가속화 되어서 자원들에 대한 수요는 더욱 늘어난다. 제본스 역설은 수요 증가가 그 절약되는 양보다

더 커져서 자원 사용이 증가될 때 발생한다.

(위키," 제본스 역설", http://en.wikipedia.org/wiki/Jevons_paradox)

반동효과가 현실에서 작용하고 있다는 사실은 2017년 MIT 연구자들에 의해서 밝혀졌다. 그 연구자들은 제품이 아무리 효율적이고 소형화되더라도 소비자들은 그 제품을 더 많이 요구할 뿐이고 장기적으로 그 제품을 만드는데 사용되는 총 재료의 양을 증가시킨다는 것을 발견했다. 그 연구팀은 주어진 제품에 대해 비물질화가 일어나고 있는지를 계산하기 위해 간단한 모델, 하나의 방정식을 개발했다. 이 모델은 인구와 경제 성장, 제품의 연간 기술 성능 증가, 그리고 수요 탄력성 등 다양한 변수를 고려한다.

그들은 트랜지스터, 레이저 다이오드, 원유, 광전지, 풍력 등 하드웨어 및 에너지 기술과 함께 암모니아, 포름알데히드, 폴리에스테르 섬유, 스티렌 등 널리 사용되는 화학 성분을 포함한 57개의 일반 상품과 서비스에 대한 데이터를 수집했다. 그들은 각 제품에 대한 데이터를 그들의 방정식에 입력했고, 그 결과 거의 모든 경우에 기술적 향상을 보았음에도 불구하고, 비물질화, 즉 전체 재료의 감소라는 단 하나의 사례를 발견하지 못했다.

예를 들어, 세계에서 가장 빠르게 발전하는 기술 중 하나인 실리콘 기반 반도체를 보자. 지난 수십 년간 반도체 효율의 기술적 향상은 트랜지스터 하나를 만드는데 필요한 재료의 양을 크게 줄였다. 그 결과 오늘날의 스마트폰, 태블릿, 컴퓨터는 1970년대에 만들어진 컴퓨터보다 훨씬 강력하고 소형이다.

그럼에도 불구하고, 연구원들은 실리콘에 대한 소비자의 수요가 그것의 기술 변화 속도를 능가했고, 세계의 실리콘 소비는 지난 40년 동안 345%나 증가했다는 것을 발견했다. 다른 사람들이 발견했듯이, 2005년까지 인쇄된 텍스트 문자보다 더 많은 트랜지스터가 사용되었다.

기술이 아무리 빠르게 진보하고 있지만, 오늘날에는 실제로 더 많은 실리콘이 사용되고 있다, 왜냐하면 우리는 영화, 사진, 그리고 20년 전에는 생각조차 할 수 없었던 것들에 더 많은 실리콘을 사용하기 때문이다 연구원들은 알루미늄과 포름알데히드 같은 기본 자원에서부터 하드 디스크 드라이브, 트랜지스터, 풍력, 광전지 같은 하드웨어와 에너지 기술에 이르기까지 56개의 다른 재료, 상품, 서비스에서 유사한 추세를 발견했다. 모든 경우에, 그들은 그들의 성과에 대한 기술적 개선에도 불구하고 비물질화 또는 전체적인 사용 감소의 증거를 찾지 못했다.

후속 작업에서 연구자들은 결국 재료 사용량이 절대적으로 감소하는 6가지 사례를 확인할 수 있었지만 이러한 경우는 대부분 석면이나 탈륨과 같은 유독성 화학물질을 포함하는 경우들이었고, 이 화학물질 사용 감소는 술 진보 때문이 아니라 정부의 개입 때문이었다. 연구원들이 비물질화를 관찰한 또 다른 사례가 있었는데 바로 양모였다. 나일론이나 폴리에스테르 직물과 같은 합성 대체물들의 혁신으로 인해 이 재료의 용도가 현저히 떨어졌다. 이 경우, 마게는 비물질화가 아닌 대체가 일어났다고 주장한다. 즉 양모는 단순히 같은 기능을 채우기 위해 다른 재료로 대체된 것이다. 결국 제본스 역설과 반동효과는 여전히 그 힘을 발휘하고 있었다.

(https://www.sciencedaily.com/releases/2017/01/170119120234.htm)

실제로 미국은 1650년 이래 연 2.9%의 속도로 에너지 사용을 증가시켜왔다.

((1635–1945, 1949–2009,

http://www.eia.gov/totalenergy/data/annual/pdf/sec1_5.pdf 미국 에너지 정보청)

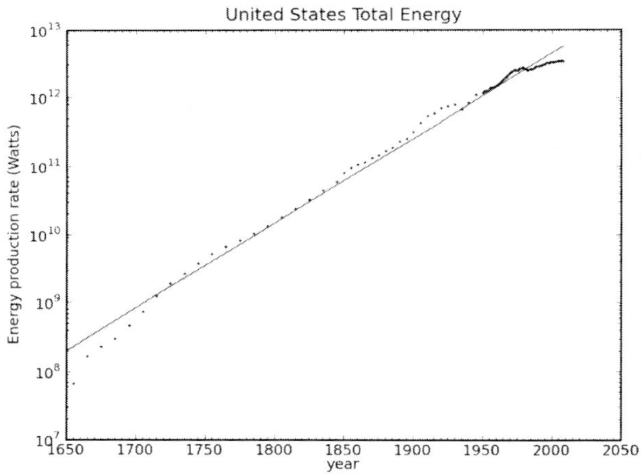

1650년 이래 미국의 모든 형태의 에너지 소비. 수직축은 로그 규모이다. 그러므로 일정한 성장률에서 나오는 지수 함수적 곡선은 직선으로 표현된다. 빨간 선은 연 2.9% 성장 곡선이다.

(톰 머피 "은하계 규모의 에너지."

http://physics.ucsd.edu/do-the-math/2011/07/galactic-scale-energy/)

성장은 차, 텔레비전, 항공여행 등과 같은 많은 긍정적인 혜택들을 가져다준다. 삶의 질은 좋아지고, 보건은 개선되며, 삶은 갈수록 더 편리해진다. 성장은 또한 투자 수익을 기대하여 미래의 개발에 대한 투자를 할 인센티브를 제공한다. 그러므로 성장은 이자, 대부 그리고 금융 산업의 기초이다. 성장은 수많은 세대 동안 우리와 함께 있어 왔고 모든 생물은 더 많이 번식하고 더 많은 자원을 소비하려는 성향이 있기 때문에, 성장이 없는 세계란 생존 투쟁에서의 패배와 같다.

머피는 에너지 연 성장률은 앞으로 연 2.3%씩만 증가한다고 가정하여 계산을 진행한다. 에너지 사용 증가 속도가 줄어들 수도 있기 때문에 보수적으로 잡는 것이 미래를 더 정확하게 예측하는 것일 수도 있고, 계산상으로도 100년마다 10배로 에너지 사용이 증가하기 때문에 더 편리하기 하기 때문이다. 현재 전 세계 에너지 사용속도는 12TW이다.

에너지원으로서 태양 에너지를 사용한다고 가정하자. 태양에서 지구로 들어오는 빛의 70%만이 실제로 지구로 들어온다. 나머지는 구름, 대기 그리고 땅에 의해 즉시 반사된다. 한편 땅 면적은 지구 표면의 28%이다. 태양 전지와 태양열 발전은 15% 정도의 효율성인데 . 20%라고 가정하자. 그러면 이용할 수 있는 빛 에너지의 파워(일률)은 총 7,000TW 인데 이것은 현재 사용량의 약 600배이다. 실로 어마어마한 에너지가 태양으로부터 지구로 들어오고, 현재 사용량의 600배를 다 사용하게 될 때는 까마득히 멀어 보인다.

그러나, 2.3%의 증가율이면 100년마다 10배가 되기 때문에. 200년 후이면 100배가 되고 300년 후에는 1000배가 되어서 600배를 훌쩍 뛰어넘는다. 사실상 275년이면 7,000TW가 된다.

이제 아예 태양을 에워싸서 그 에너지를 전부 사용한다고 해도 에너지 사용량을 2.3%씩 증가시키는 한 그것은 1350년밖에 더 사용할 수 없다. 태양 에너지가 바닥나면 은하계의 에너지들을 사용할 수 있을 것이다. 이것은 연2.3%의 에너지 사용 증가율로 몇 년을 더 갈 수 있을까? 은하계는 1000억 개의 항성들이 있다. 이것은 10의 11승이므로 1100년간 사용할 수 있다는 결론이 나온다. 그러므로 1350+1100년 즉 약 2500년이 가면, 우리는 은하계 에너지를 전부 다 쓰고 있을 것이다.

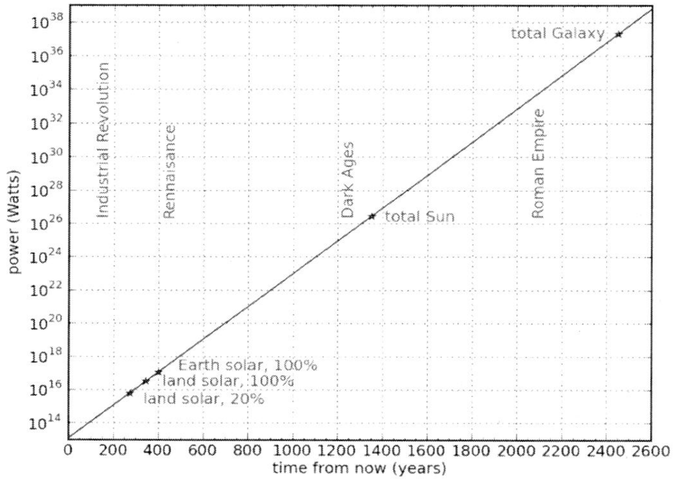

(톰 머피, ibid)

요약하면, 태양 패널의 20% 에너지 전환효율로 275년이 지나면 육지 지표 모두, 345년 후에는 100% 전환 효율로 지표면 모두 100% 전환 효율로 400년 후에는 지구 표면적 모두에서 태양 빛을 사용하고 있을 것이다. 1350년 후에는, 태양이 발생시키는 양만큼의 에너지를 쓰고 있을 것이다. 2450년 후에는 은하계의 모든 수백억 개의 항성들이 발생시키는 에너지를 쓰고 있을 것이다.

요점은 기술이 어떻든 간에, 연 2.3%의 지속적인 에너지 증가로 1400년 안에 태양 전체에 해당하는 에너지를 생산해야 된다는 것이다. 이것은 물리적으로도 사회적으로도 가능하지 않을 것이다.

그 뿐만이 아니다. 경제성장을 계속하기 위해서 에너지 사용량을 늘려 가면 , 그 에너지의 많은 부분은 열에너지로 바뀌게 되는데, 이 중 일부는 우주로 날아가고 , 일부는 지구에 남아서 지구 온도가 올라가게 된다. 도대체 얼마나 올라 갈 것인가? 머피의 계산을 보자.

지구는 대부분 적외선으로 방사시킴으로써 에너지를 제거한다. 열 처분에 다른 방도는 없다. 흡수와 배출은 거의 균형을 이룬다. 그렇지 않다면, 지구는 점차로 뜨거워지든지 아니면 냉각 되어야 한다. 방사된 파워는 온도의 1/4승에 비례하므로, 우리는 지구 표면의 평형 온도를 계산할 수 있다.

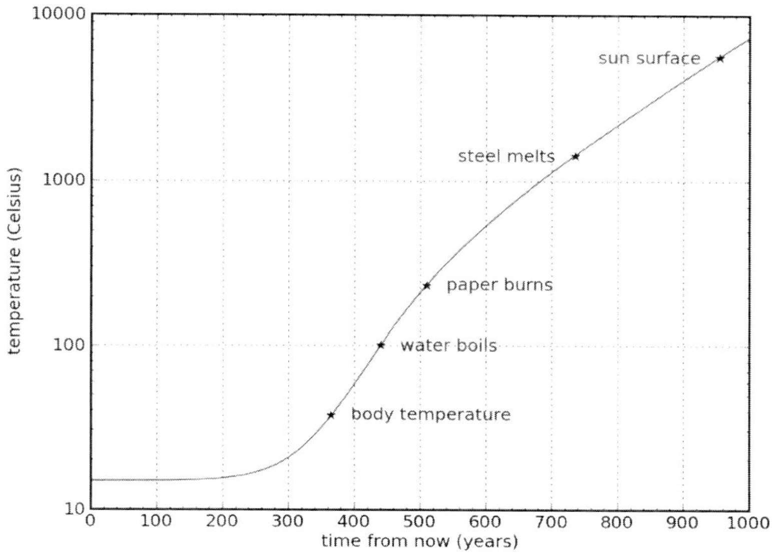

우리가 지구에서 태양과 비견될만한 파워를 발생시키면, 지구 표면은 태양 표면과 비교할 때 너무나 작기 때문에 태양 표면보다 훨씬 더 뜨겁게 된다. 지금부터 약 370년이 지나면 지구 표면의 온도는 체온과 비슷하게 되고, 450년이 지나기 전에 섭씨 100도를 넘어선다!

유한한 지구에서 영원히 경제성장을 할 수는 없을 것이다. 이것은 거의 누구나 인정하는 아이디어이겠지만, 경제성장이 계속될 수 있는 시간이 열역학적으로 몇 백 년에 불과하다는 것도 정말 놀랍다. 지수 함수적 성장은 정말로 상상이 안 될 정도로 너무나 빠르게 성장한다.

보기

텔루존의 100년 신탁

피터 아이작 텔루존(1761–1808)은 영국은행 이사이자 남작 작위를 받은 스위스 출신 은행가이자 상인이었다. 그의 집안은 원래 프랑스 출신이지만 성 바르톨로메오 축일의 학살을 피해 제네바로 이주했다. 그는 1762년에 영국으로 이주하여 귀화했고 상인으로 설탕정제소를 비롯해 다양한 사업을 했다. 아버지는 프랑스에서 가장 고명한 금융가이자 국제 식량 상인이었다. 그는 상업과 금융을 통해 많은 돈을 벌었다.

텔루존은 60만 파운드의 재산을 남기고 죽었다. 그는 그 돈을 100년 간 신탁으로 맡겼다. 유언장에서 그는 2대 이내에 아들이나 손자에게 남자 상속인이 태어나지 않았다면 그 신탁으로 얻은 수입은 100년 동안 축적되어 국가채무 청산을 도와야 한다는 단서를 남겼다. 연간 4500파운드의 예상 수익률(7.5%)로, 100년 후에는 이는 원래의 유산보다 30배 정도 많은 19만 9천 파운드가 될 것이었다.

그 가족은 약 62년 동안 계속된 오랜 불화에 휩쓸리게 되었고, 요크셔에 있는 부동산에 대한 분쟁과 소유권을 놓고 싸웠다. 그 때 자본금은 관리 소홀과 무거운 소송비용으로 인해 크게 삭감되었고, 결국 생존자들은 단지 약간의 유산만 받게 되었다.

윌리엄 피트 수상은 4% 복리로 그 트러스트는 100년 후에 전 공공 채무를 소유하게 될 것이라고 계산하였다. 그래서 의회는 텔루존 (Thelluson's Act)을 통과시켜 그런 트러스트의 수명을 21년으로 제한하였다.

보기

그랜섬의 문제

유명한 투자가인 그랜섬은 한 번은 수학 박사들과 얘기하면서, 1 m^3의 부를 갖고 시작하여 ,4.5%의 성장률로 부를 불려 나가면 3000년 후에 얼마나 많은 부가 얻어질 수 있는지를 질문했다고 한다. 어떤 사람은 "지구 1평방 마일 깊이로 한 바퀴", 누구는 "지구에서 달까지"라고 대답했지만 그 어느 누구도 실제 숫자의 1/1000,000,000%에도 근접하지 못했다고 말한다.

(그랜섬,"깨어날 시간 ", http://thinkprogress.org/climate/2011/05/02/207994/grantham-must-read-time-to-wake-up-days-of-abundant-resources-and-falling-prices-are-over-forever/).

그 답은 얼마인가?

해 체스배증 시간은 $\frac{72}{4.5}=16$년이다. 배증의 회수는 $\frac{3000}{16}=187.5$ 이다. 그러므로 3000년 동안에 대략 2^{187} m^3의 물리적 부가 얻어진다. $2^{3.4} \approx 10$ 이므로 $2^{187} > 10^{55}$

지구 한 바퀴는 4만 km = 4 × 10^7, 지구에서 달까지 거리는 38만 km = 4 × 10^8에 불과하다.

보기

무어의 법칙과 기술의 지수 발전

무어의 법칙[Moore's Law]이란 1965년 페어차일드(Fairchild)의 연구원으로 있던 고든 무어(Gordon Moore)가 마이크로칩의 용량이 매 18개월마다 2배가 될 것으로 예측하며 만든 법칙으로, 1975년 24개월로 수정되었다. 이 법칙은 마이크로칩에 저장할 수 있는 데이터의 양이 24개월마다 2배씩 증가한다는 법칙이다. '인터넷은 적은 노력으로도 커다란 결과를 얻을 수 있다'는 메트칼프의 법칙, '조직은 계속적으로 거래 비용이 적게 드는 쪽으로 변화한다'는 가치사슬을 지배하는 법칙과 함께 인터넷 경제3원칙으로 불린다. 이 법칙은 현실에서 작용하여 컴퓨터의 처리속도와 메모리의 양이 2배로 증가하고, 비용은 상대적으로 떨어져 왔다. 그러나 2010년대 모바일 컴퓨팅 시대로 접어들면서 작은 기판에 더 많은 회로를 넣다보니 발열 등의 문제가 생기고, 칩은 갈수록 작아지는데 트랜지스터 수가 늘다보니 제작비용이 크게 증가하는 등의 문제가 생겼고 무어의 법칙은 현재에는 시대에 뒤떨어진 것으로 간주되고 있다.

무어의 법칙은 전형적인 지수 성장 법칙-배증 법칙이다. 무어의 법칙은 마이크로칩이라는 특정한 기술에 관한 법칙이다. 지수 성장은 처음에는 거의 알아차릴 수 없을 만큼 미미하고 차츰 속도가 붙다가 나중에는 가파르게 수직상승하는 법칙이다. 그런데 사람들은 이런 지수법칙을 이해하지 못하고 반대로 생각하는 경향이 있다.

"대부분의 사람들은 1년 안에 이룰 수 있는 것을 과대평가하고 10년 후에 이룰 수 있는 것을 과소평가한다."

정확히 누가 이 말을 처음 했는지, 언제 했는지, 어떻게 표현됐는지는 불분명하다. 가장 유력한 출처는 스탠포드 컴퓨터 과학자 로이 아마라(Roy Amara)이다. 1960년대에 아마라는 동료들에게 우리는 단기적으로 기술의 영향을 과대평가하고 장기적으로 그 영향을 과소평가한다고 믿는다고 말했다. 이러한 이유로, 그 구절의 변형은 종종 아마라의 법칙으로 알려져 있다. 그러나 빌 게이츠도 비슷한 말을 했기 때문에, 이 법칙은 게이츠의 법칙으로도 알려져 있다. 지수 성장에서는 정확히 이에 반대되는 현상이 발생함을 주목하자.

구글의 엔지니어링 이사이자 발명가이자 사업가인레이 커즈와일(Ray Kurzweil ,1948-)은 기술발전 일반은 지수적인 성장을 한다고 주장한다. 그는 기술발전이 지수적인 성장을 하기 때문에 머지않아 곧 인공지능이 인간지능을 추월할 것이라고 예측한다. 이 "특이점"이 곧 올 것이라는 그의 확신은 바로 기술의 지수적인 성장 대문에 과거의 경험이 미래를 예측하는 데 도움이 되지 못하기 때문이다.

그는 미래의 기술적 실현 가능성에 대한 대부분의 장기 예측이 미래 기술의 힘을 극적으로 과소평가하는 이유는 그것들은 "역사적 지수적인 발전 관점"이 아니라 "직관적 선형적 관점"에서 기술진보를 보는 관점에 기초하기 때문이라고 주장한다. 우리는 21세기에 백 년의 진보를 경험하게 될 경우가 아니라, 현재 발전 속도로 계산한 발전속도로 계산할 때 오히려 2만 년의 진보를 목격하게 될 것이라고 그는 본다.

그에 따르면, 사람들은 미래를 생각할 때, 직관적으로 현재의 발전 속도가 미래에도 계속될 것이라고 추측한다. 그러나 기술의 속도를 주의 깊게 고찰해 보면 발전 속도는 가속화 되어왔지 일정하지 않다. 그렇지만 변화하는 속도에 적응하는 것이 인간의 본성이기 때문에 인간들은 자기가 현재 경험하고 있는 속도로 기술발전이 계속될 것이라는 직관적인 견해를 갖게 된다. 시간이 지날수록 속도가 어떻게 증가하는지를 경험할 수 있을 정도로 오랫동안 살아온 사람들인 우리들에게조차 우리의 검증되지 않은 직관으로 우리가 최근에 경험한 속도로 진보가 변화한다는 인상을 갖는다.

수학자의 관점에서, 이것의 주된 이유는 지수 곡선이 짧은 기간 동안 볼 때 직선에 가깝기 때문이다. 그래서 우리의 기억은 우리의 최근 경험에 의해 지배되고 있고 유식한 해설자들조차 미래를 고려할 때, 그들의 기대를 결정하기 위해 향후 10년 또는 100년 동안의 기술발달을 현재의 변화 속도에서 추론하는 것이 전형적이다.

그러나 기술의 역사를 면밀히 조사하면 기술적 변화가 기하급수적이라는 것이 나타난다. 기하급수적인 성장에서는 계산력과 같은 핵심 측정치는 단위 시간당 산술급수적으로 발전하는 것이 아니라 일정한 배수로 증가한다. 지수적인 성장은 모든 진화 과정의 특징이며, 그 중 기술이 주된 예다. 커즈와일의 조사에 따르면, 전자에서 생물학적 범위에 이르는 다양한 기술 발전은 그 속도가 가속화되고 있음이 밝혀진다.

커즈와일의 기술 진보 가속화 법칙은 다음과 같다.:

수확 가속 법칙

- 진화는 한 단계의 진화적 진보에 기인하는 보다 유능한 방법을 사용하여 다음 단계를 생성한다는 점에서 바로 되먹임 (positive feedback) 이 적용된다. 그 결과,
- 진화 과정의 속도는 시간이 지남에 따라 기하급수적으로 증가한다. 시간이 지남에 따라 진화과정(에 내재된 정보의 "정도"(즉, 정보가 목적 즉 진화에서 생존에 얼마나 잘 부합하는가에 대한 척도)가 높아진다.
- 위 관찰에서 진화 과정의 "수확"(예: 한 과정의 속도, 비용 효과성 또는 전체 "일률")이 시간이 지남에 따라 기하급수적으로 증가한다는 상관관계가 보여진다..
- 또 다른 바로 되먹임 루프에서는, 특정 진화과정(예: 계산)이 더 효과적이 되면(예: 비용 효과적이 되면), 더 많은 자원이 그 프로세스를 가속하는데 배치된다. 이는 두 번째 수준의 지수 성장(즉, 지수 성장 속도 자체가 기하급수적으로 증가)을 초래된다.
- 생물학적 진화는 그러한 진화 과정 중 하나이다.
- 기술 진화는 이와 같은 또 다른 진화 과정이다. 실제로, 최초로 종을 창조하는 기술의 출현은 기술의 새로운 진화 과정을 초래했다. 그러므로, 기술적 진화는 생물적 진화의 결과물이다.
- 특정 패러다임(예를 들어 더 강력한 컴퓨터를 만들기 위한 접근방식으로서 집적회로의 트랜지스터 축소를 위한 방법 또는 접근법)은 방법이 잠재력을 고갈시킬 때까지 기하급수적인 성장을 제공한다. 이렇게 되면 패러다임의 변화(즉, 접근방식의 근본적인 변화가 일어나 지수 성장을 계속할 수 있게 된다.

(Ray Kurzweil, The Law of Accelerating Returns,2001
https://www.kurzweilai.net/the-law-of-accelerating-returns)

실제로 기술발달의 역사를 지구 역사에서 보면, 첫 단계인 세포의 생성으로 생물이라는 패러다임이 도입되었고, 그 후속으로 DNA의 출현으로 진화 실험의 결과를 기록하기 위한 디지털 방법이 나타났다. 그 후, 이성적 사고를 하고 마주보는 엄지손가락을 결합한 종 즉 인류가 진화했다. 처음의 기술 발달 즉 불, 바퀴 등 첫 단계를 달성하는 데에는 수만 년이 걸렸다. 이 시대에 살고 있는 사람들에게 있어서, 심지어 천 년 동안 눈에 띄는 기술적 변화는 거의 없었다. 서기 1000년에 이르러서는 진보가 훨씬 더 빨라졌고 패러다임 전환에는 겨우 1세기나 2세기만 필요했다. 19세기 동안에는 그 이전의 9세기보다 더 많은 기술적 변화가 있었다. 그리고 20세기의 첫 20년 동안, 19세기 전체보다

더 많은 발전을 이룩했다. 이제, 패러다임의 변화는 불과 몇 년 안에 일어난다. 월드 와이드 웹은 불과 몇 년 전만 해도 현재의 형태와 같은 형태로 존재하지 않았다. 그것은 10년 전에는 전혀 존재하지 않았다.

커즈와일은 기하급수적인 성장이 21세기 전반까지 계속 가속화됨에 따라 적어도 현대 인류의 제한적이고 선형적인 관점에서 보면 무한대로 폭발하는 것처럼 보일 것으로 전망한다. 그 진보는 궁극적으로 너무 빨라져서 우리의 능력이 도저히 그것을 따라잡지 못할 것이다. 그것은 통제불능이 될 것이다. 특이점은 너무나 빠르고 심오한 기술적 변화이므로 그것은 이제까지의 인류 역사의 발전 틀과의 결렬을 상징한다. 어떤 사람들은 적어도 현재의 수준의 이해로는 특이점을 이해할 수 없으며, 따라서 그 "사건 지평선"을 지나쳐 그 너머에 무엇이 있는지 이해하는 것은 불가능할지 모른다고 그는 본다.

커즈와일의 발견으로는 기술발전의 속도 자체가 지수적으로 변화한다고 말한다.

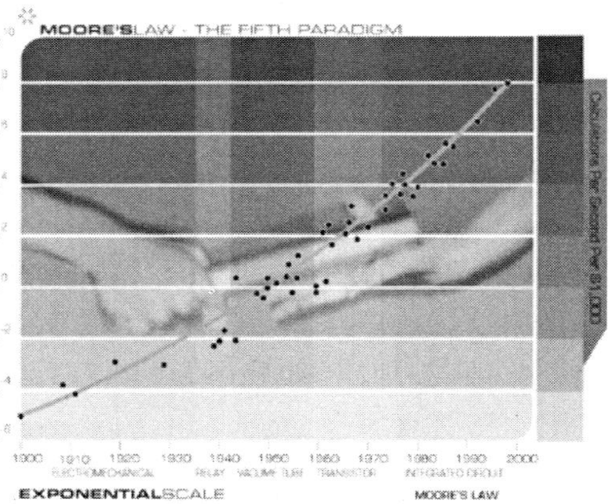

(출처, 커즈와일, 상동)

그는 49개의 기계를 지수 그래프)에 표시했을 때, 이 경우에 직선이 기하급수적인 성장을 의미하는데, 그가 얻은 것은 또 다른 지수 곡선이었다. 즉, 기하급수적인 성장속도가 기하급수적으로 증가하고 있다는 것이다. 컴퓨터 속도(단가당)는 1910년부터 1950년 사이에 3년마다 두 배씩 증가했고, 1950년부터 1966년 사이에 2년마다 두 배씩 증가했으며, 현재는 매년 두 배씩 증가하고 있다.

의문이 생긴다. 왜 기술발전은 가속화되어야 하는 것일까? 기술의 복잡성이 기하급수적으로 증가하는 이유는 무엇인가? 그리고 우리는 왜 그것이 다가오는 것을 보지 않는가?

인접한 가능성

한 가지 설명은 저명한 이론생물학자 스튜어트 카우프만Stuart Kauffman 이 "인접한 가능한 것"이라고 묘사한 것이다. 각각의 새로운 혁신은, 훨씬 더 나은 도구를 만들기 위한 더 나은 도구를 사용할 수 있게 해주기 때문에 전에는 존재하지 않았던 인접한 가능성을 열어줌으로써 가능한 미래의 혁신의 수를 증가시키다. 혁신이 많아질수록 그 혁신들을 이용하는 혁신의 수는 더 많아질 것이고 이것은 전형적인 지수 성장의 예가 된다.

역사적으로 조망하면 불의 사용 덕분에 우리 조상들이 열을 이용하여 물질을 부드럽게 하거나 굳히고 더 좋은 도구를 만들 수 있었다. 바퀴 발명은 자원의 이동 능력을 대폭 향상시켰고, 이것은 다른 지역의 재료를 사용하여 더 발전된 건물을 짓는 것과 같은 새로운 가능성을 열었다. 동물 길들이기로 더 적은 노력으로 바퀴 달린 차량을 끌 수 있었다. 즉, 더 무거운 짐, 더 먼 거리, 그리고 더 발전된 구조를 의미한다. 글쓰기의 발명으로 새로운 방식의 기록, 정보 공유, 지식의 개발로 이어졌고, 그 후 더 많은 혁신이 촉진되었다. 기술에 대한 다른 용도가 발견됨에 따라 가능한 인접 문으로 가는 새로운 문이 매일 열린다.

“인접한 가능성”으로 인한 기술혁신의 예는 네오너처(NeoNurture)라는 아기 인큐베이터 발명에서 극적으로 보여진다.

2008년 MIT의 티모시 프레스토(Timothy Presto) 교수가 인도네시아의 한 병원을 방문했는데 그 일해은 신생아를 위한 8개의 인큐베이터가 모두 고장난채로 방치된 것을 보았다. 인큐베이터는 구호단체에 의해 병원에 기증되었지만 직원들은 어떻게 고쳐야 할지 몰랐다. 고장이 나면 수리를 할 수 있는 기술자가 없어 무용지물이 되었다. 기존의 병원에서 볼 수 있는 인큐베이터는 산업화된 시장을 위해 설계되었기 때문에 이를 구입하기 위해선 $30,000정도의 비용이 필요했다. 게다가, 인큐베이터는 습한 기후에 적합하지 않았고 수리 지침은 영어로만 제공되었다. 프레스토는 지역 사람들이 고칠 수 없다면 의료 장비를 기증하는 것은 무의미하다는 것을 깨달았다. 그래서 그와 그의 팀은 아기들의 생명을 두 달보다 훨씬 더 오랫동안 구할 수 있는 인큐베이터를 설계하기 시작했다.

프레스토와 그의 팀은 기존 디자인을 계속 수정하는 대신에 자동차 부품을 사용하는 완전히 새로운 인큐베이터를 고안했다. 현지인들은 인큐베이터를 고치는 법을 몰랐지만, 그들은 무슨 일이 있어도 차가 계속 굴러가게 하는데에는 극도로 능숙했다. 이 새로운 이큐베이터는 네오너처(NeoNurture)라는 이름으로 온기를 위한 헤드라이트, 환기용 계기판 팬, 동력용 오토바이 배터리를 사용했다. 병원 직원들은 단지 그것을 수리하기 위해 차를 잘 다루는 사람을 찾기만 하면 되었다. 작동원리는 같았기 때문이다.

처음의 인큐베이터 유래는 인접한 가능성이 어떻게 발명을 촉진하는지를 잘 보여준다. 신생아들을 위한 최초의 인큐베이터는 19세기 후반에 스테판 타니에(Stéphane Tarnier, 1828-1897)에 의해 설계되었다. 쉬는 날 동물원을 방문하던 타르니에르는 갓 태어난 병아리가 따뜻한 사육 상자에 두어지는 것을 보았다. 유아 사망 문제가 그의 마음속에 떠올랐을 것이다. 타니에는 산부인과 의사로, 미숙아의 유아 사망률이 약 66%에 달했던 시기에 일했다. 그는 그 수치와 그 감정적인 피해를 줄일 수 있는 어떤 것이든 시도해 보고 싶어 했을 것이다. 타니에의 초보적인 인큐베이터는 즉시 사망률을 반으로 줄였다. 그 기술은 바로 거기 동물원에 있었다. 필요한 요소들을 결합하고 인간의 아기들이 병아리들과 다르지 않다는 것을 깨닫는기만 하면 되었다.

작가 스티브 존슨은 다음과 같이 이 인접한 가능성의 중요성을 설명한다.

"좋은 아이디어는 네오너처 장치와 같다. 그들은 불가피하게 그들 주변의 부품과 기술들에 의해 구속된다. 아이디어들은 뜯어맞추기[bricolage] 의 작품들이다. 그것들은 쇄설물 [detritus, debris, 瑣屑物] 로 만들어진다."

타니에는 다른 사람이 이미 비슷한 장치를 발명했기 때문에 인큐베이터를 발명할 수 있었다. 프레스토와 그의 팀은 타니에가 애초에 인큐베이터를 고안해냈기 때문에 네오너처를를 발명할 수 있었다. 기존의 아이디어들을 발판 삼아서 그것들을 결합하여 새 아이디어가 생기고 아이디어가 많아질수록 더 많은 아이디어들을 결합할 수 잇고 혁신은 더 가속화될 기능성이 있다.

그러나 다른 시각도 있다. 지구는 유한하고 지구상의 에너지와 자원도 유한하다. 또한 중요한 아이디어들이 무한히 많다는 보장도 없다. 가령 아이디어나 자연 또는 사회법칙들이 나무에 달린 과일들이라고 생각해보자. 사람들은 낮게 달리고 크고 맛있는 과일부터 따기 시작할 것이다. 크고 맛있고 싱싱한 과일들은 점점 고갈되기 시작할 것이고 점점 더 발견하기도 따기도 힘들어질 것이다. 이런 경우에는 수확체감법칙이 적용될 것이다.

수확체감 법칙

스탠포드 대학교 (Stanford University) 경제학부 교수 니콜라스 블룸 (Nicholas Bloom) 팀은 과연 아이디어가 기하급수적으로 증가하고 있는지 아니면 점점 더 발견하기가 어려워지는지를 경험적으로 조사하였다.

(N Bloom, "Are Ideas Getting Harder to Find?",NBER Working Paper No. w23782, 2017)

경제 성장은 사람들이 아이디어를 창조함으로써 발생한다. 그들은 장기 성장률을 두 가지 조건 즉, 유효 연구원 수와 그들의 연구 생산성으로 분해했다. 즉

연구 생산성= #(새 아이디어) /#(연구자)

그 결과 그들은 많은 맥락과 다양한 세분화 수준에서 연구 노력은 실질적으로 증가하는 반면, 연구 생산성은 급격히 감소하고 있다는 것을 보여주는 광범위한 경험적 증거를 발견하였다.

무어의 법칙이 반례로 보일지 모르지만, 더 깊이 파고들어보면 , 이러한 지수성장은 점점 더 많은 수의 연구자들을 참여시킴으로써 달성되었다. 특히 오늘날 칩 밀도를 두 배로 늘리기 위해 필요한 연구자 수는 1970년대 초의 18배 이상이다. 적어도 반도체에 관한 한 아이디어 찾기가 점점 더 어려워지고 있다. 이 경우 연구 생산성은 매년 평균 6.8%의 비율로 급격히 감소하고 있다. 옥수수, 콩, 면화, 밀 같은 농업 생산성과 의료 혁신의 연구 생산성은 매년 약 5%씩 감소하고 있다. 암과 심장병과 관련된 사망률 개선에서도 비슷한 감소율을 발견한다. 그들은 또한 기업들의 연구 생상성도 조사했는데 회사들 사이에서 상당한 차이가 있지만 표본의 85% 이상에서 연구 생산성은 감소하고 있었다. 기업 전체에서 평균적으로 연구 생산성은 매년 약 10%씩 감소한다.

연구 생산성은 모든 특정한 경우에 있어서 급격히 감소하고 있지만 경제 전반에서 여전히 쇠퇴하지 않고 있을지 모른다. 기존의 산업들은 수익률이 감소하는 반면, 아마도 새로운 산업들이 항상 발명되고 있어서 수확 감소를 막고 있을지 모른다. 이 가능성을 극단적으로 갖고 가는 것을 고려해야 한다.. 각각의 산업들이 더 이상 전혀 개선될 수 없는 생산성을 가지고 있고, 대신 새로운 산업들을 발명함으로써 전체 성장이 진행된다고 가정하자. 이런 경우를 조사하기 위해, 경제 전체의 연구 생산성을 고려해야 한다. 그렇지만 다시 한번 그것이 급격히 감소하고 있었다. 즉, 총 성장률은 시간이 지남에 따라 비교적 안정적이지만, 반면에 연구자의 수는 엄청나게 증가했다. 1930년대 이후 미국 경제의 전체 연구 생산성이 41배 감소하여 연평균 5% 이상 감소하고 있다.

총 연구에서의 상승은 제품 다양성이 증가하여 제품 당 연구자의 수, 즉 미시 수준의 연구 생산성과 성장율 그 자체는 일정하게 유지될 수도 있다. 그렇다면 종합적 증거는 마이크로 레벨에서의 연구 생산성에 대해 아무것도 말해주지 않을 것이다. 따라서 마이크로 레벨에서 아이디어 생산 기능을 연구하여 연구 생산성에 어떤 일이 일어나고 있는지 직접 확인하는 것이 필요하다

미시적 수준에서 연구 생산성의 큰 하락에도 불구하고 사례들(및 미국 경제 총계)에서 상대적으로 안정적인 기하급수적 성장은 흔히 볼 수 있다. 이것이 어떻게 가능한 걸까?

방정식을 돌이켜보면, 연구 생산성의 감소는 늘어난 연구 노력에 의해 상쇄되어야 하며, 실제로 이것이 우리가 발견한 것이다. 게다가, 예를 들어, 반도체에서 보는 연구 생산성의 급격한 하락은 연구 노력이 매우 가파르게 상승하고 있기 때문일 수도 있다. 연구가 진행됨에 따라 새로운 아이디어를 찾기가 어려워지기 때문에, 반도체에서 보는 것처럼 지속적이고 대규모의 연구 확대는 예를 들어, 정보 기술의 "범용기술" 특성 때문에 연구 생산성의 상당한 하락 추세로 이어질 수 있다.

각 제품군 내에서 연구 생산성이 급격히 감소하고 있지만, 성장이 진행되는 주된 방법은 점점 더 나은 신제품 라인을 개발하는 것이라면 어떨까? 처음에는 증기 동력, 다음에는 전기 동력, 다음에는 내연기관, 다음에는 반도체, 다음에는 유전자 편집 등이 있었다. 아마도 각 분야 내에서는 생산성 향상에 대한 기회가 제한되어 있고 완전히 새로운 영역의 발명을 통해 장기적 성장이 이루어지고 있는지도 모른다. 아마도 연구 생산성은 모든 제품군 내에서 감소하고 있지만, 우리가 계속해서 새로운 제품을 발명하기 때문에 생산성은 경제 전체에서는 여전히 감소하고 있지 않을 수도 있을 것이다. 미시경제적 사례 연구에 초점을 맞춘 분석은 결코 이것이 사실임을 밝혀내지 못할 것이다.

그러나 이 가설은 다음과 같이 중요한 잘 알려진 문제에 부딪힌다. 즉 미국 경제 전체의 경우, 1870년 이후 1인당 GDP 또는 1930년대 이후 총요소 생산성의 기하급수적인 증가율은 비교적 안정적이거나 심지어 감소하고 있다. 그러나 연구 노력의 척도는 엄청나게 성장했다.

보기

플뤼르샤임과 복리

마이클 플뤼르샤임(Michael Fl rschheim, 1844년- 1912년)은 독일의 경제학자이자 헨리 조지의 단일 토지새 추종자였다. 그는 프랑크푸르트에서 부유한 가정에서 태어났다. 그는 1873년 공장을 가게나우 마을에 공장을 세웠고 그 지방 명사였다. 미국의 경제학자로 단일토지세를 주장한 《진보와 빈곤》 을 저술한 헨리 조지[Henry George, 1839 ~ 1897]는 리카도적인 지대론(地代論)에 입각하여, 인구의 증가나 기계사용으로 생기는 이익은 토지의 독점적 소유자에게 거의 흡수되어 버려서 결과적으로 빈부의 차가 커지고, 지대는 상승하여 이자 임금은 하락한다고 주장하였다. 따라서 그는 토지 공유의 필요성을 설파하고, 방법으로 모든 지대를 조세로 징수하여 사회복지 등의 지출에 충당해야 한다고 역설하였다. 이 세수(稅收)만으로 전체 재정지출을 충당하고도 남음이 있다고 전제하여 그는 다른 조세는 철폐할 것을 주장하였다. 그래서 그는 다른 조세는 필요 없고 토지세만 필요하다고 주장하여 이는 단일토지세로 불린다.

헨리 조지는 사회를 희생시키고 자신들을 부유하게 만드는 지대를 걷는 한편, 그들의 지대 취득은 경제 진보를 늦추는 지주들에 의해 취해지는 지대 소득에 초점을 맞춤으로써 많은 추종자를 모았다. 플뤼르샤임은 조지의 유럽 추종자 중의 한 사람이었고 이자를 낳는 빚에 의해 야기되는 문제들에 주로 주의를 기울였다. 그는 고용주가 노동의 산물의 잉여가치(mehrwert)를 빨아들이는 스펀지인 것은 사실이지만, 지대와 이자가 이윤을 갉아먹어서 생산을 완전한 잠재력까지 증가시킬 힘을 가져가 버린다고 브았다. 그래서 그는 노동과 자본은 힘을 합쳐 "진짜 적"인 금리생활자들을 공격할 것을 추천하였다.

플뤼르샤임은 "모든 노고들, 노동 방법들과 도구들의 그 모든 개량들, 엄격한 경제, 가혹한 자기부정은 복리로 인한 자본의 자기중식의 속도와 경쟁할 수 없고, 그들은 그 복리 요구들을 따라갈 수 없다."고 썼다. 그는 다음과 같은 하나의 우화를 만들었다. 그 내용인즉,

낙원에서 추방되어 수많은 세월이 지난 뒤 인간의 부담을 경감시키기 위해 발명 정신이라는 천사가 보내졌다. 그는 인간에게 동물들을 길들이고, 기계를 돌리기 위해 수력, 풍력, 화력과 증기력을 이용하는 유용한 도구들을 만드는 방법을 가르쳤다.

마치 마침내 황금시대가 도래한 것처럼 보였지만 타락한 천사인 사탄은 이자라고 불리는 작은 임프를 인간 세계에 내려 보냈다. 이 이자 악마는 발명의 정신 천사와 전투에 들어갔다. 처음에는 승부가 나지 않는 것처럼 보였지만, 30번의 결투가 지나자 이자 악마가 승리했다. 배증들을 거듭하면 할수록 그 돈은 걷잡을 수 없이 빠르게 커진다. 복리의 경이적인 증가는 생산물들, 자본, 지구 심지어 노동자들마저 곧 삼켜버릴 것이다.

플뤼르샤임은 다음과 같이 질문하면서 결론을 내렸다. "복리란 무엇인가? 나폴레옹 보나파르트는 이자 표를 보고난 뒤에 , 생각에 잠긴 후에 이 괴물 이자가 전 인류를 아직까지 집어삼키지 않은 것이 의아스럽다. 파산과 혁명이 해독제가 아니었다면 오래 전에 이미 그렇게 되었을 것이다."

보기

고대 메소포타미아에서의 이자 배증 문제

이미 기원전 3000년대에, 메소포타미아의 사서들은 인력 배분 문제들(e.g. 주어진 크기의 운하를 파는데 또는 주어진 양의 벽돌들을 생산하기 위해 얼마나 많은 인력이 필요한가?), 표면적 계산에 필요한 측량 테크닉들, 천문학적 계산들과 심지어 2차 방정식들 같은 수학적 절차들을 훈련 받았다. 사서들은 무리들의 기대 증가와 이자를 낳는 투자들의 기하급수적 증가를 계산하는 훈련도 받았다.

이자율은 매월 1미나에 1 쉐켈의 비율로, 즉 월 1/60의 금리로 누적되었다. 이 이자율은 수 세기 동안(1000년) 그대로 남아 있었다. 1년은 12달이므로 매년 12/60, 5년 후에 60/60이 되어서 . 원금이 5년 후에 2배로 되었다. 배증은 5년마다 일어났다

사서 학생들(그들 거의 모두는 사원과 왕궁 부기(bookkeeping)에 고용되었다)은 이자를 붙여 빌려주었을 때, 얼마나 빨리 투자들이 배증하는지를 계산하는 법을 배웠다. 대표적인 문제가 베를린 설형문자 교과서(VAT 8528)에 나타난다. 1미나가 64마나가 되려면 몇 년이 걸리는가?

(허드슨 ,"복리의 수리경제학" ,
http://michael-hudson.com/2001/04/the-mathematical-economics-of-compound-rates-of-interest-a-four-thousand-year-overview-part-ii/)

해 64=2^6, 그러므로 6번의 배증 시간이 필요하다. 배증시간은 5년이므로 5×6=30년.

1916년에 "증권 투자 회사" 광고에 다음과 같은 이야기가 실려 있었다고 한다:
최대의 발명
3명의 친구들이 가장 위대한 발명이 무엇인지에 관해 토론하고 있었다. 한 사람은 증기기관, 다른 한 사람은 전신을 꼽았다.
3번째 친구는 연필을 깎아서 큰 종이에 숫자를 그리기 시작했다.
그는 말했다; "여러분, 만일 복리를 발명한 사람이 그의 아이디어에 특허를 냈다면, 그는 으심할 바 없이 이제까지 세계가 발명한 것들 중에서 가장 위대한 발명을 가지고 있었을 것이다."만일 콜럼부스가 1달

러를 6%의 복리로 예금해서 오늘 당신들에게 지불해라고 했자면, 그 돈은 100억 달러가 넘었을 것이다.

1976년에 월스트리트 저널은 "복리"가 "인간의 가장 위대한 발명"이라는 믿음을 아인슈타인에게서 연원하는 것으로 말하는 의견 기사(opinion article)를 실었다.:

내가 할 수 있는 것은 "아인슈타인 씨, 인간의 가장 위대한 발명이라고 당신이 생각하는 것은 무엇입니까?"라는 질문을 받았을 때, 그는 바퀴나 지렛대라고 답하지 않았다. 그는 "복리"라고 말한 것으로 보도된다.

복리의 위력에 관해서 아인슈타인이 말했다고 전해지는 다음과 같은 금언들이 있다.

"복리는 인간의 가장 위대한 발명"

"복리는 모든 시대에서 가장 위대한 수학적 발견"

"복리는 세계의 8번째 불가사의 복리는 세계에서 가장 강력한 힘 "

"복리는 상대성 이론보다 더 복잡"

위의 말들은 아인슈타인이 말했다고 전해지는데 이 말들을 실제로 그가 했는지 알 길이 없다. 그렇지만 복리의 위력, 지수 함수적 성장의 위력을 잘 표현해준다.

06

상미분 방정식과 변분법

인구에 회자되는 갈릴레오의 말에 따르면 "자연이라는 위대한 책은 수학적 언어로 쓰여졌으며, 그 문자들은 삼각형, 원 그리고 다른 기하학적인 도형들로서, 그것들이 없이는 인간적으로 하나의 단어도 이해하는 것은 불가능하다; 이것들이 없으면 사람은 어두운 미로 속을 헤매고 있다"

현대에 자연은 수학적 언어로 기술되고 있는데 주로 미분방정식이라는 언어로 기술되고 있다. 뉴턴은 미분방정식을 써서 케플러의 행성법칙들을 유도해 내었다고 전해진다. 그렇지만 뉴턴은 실제로 미분방정식을 미분방정식 형태로 기술하지 않으면서 기하학적 논법을 이용해서 미분방정식을 풀었다고 한다. 뉴턴은 실제로 천체역학에서 2체 문제를 기술하는 미분 방정식을 풀었는데, 비록 그것을 미분 방정식으로 쓴 적도 도함수나 유율(fluxion)이라는 개념도 공식적으로 사용하지 않고 순수 기하학적 방법으로 해결하였다고 한다. 프린키피아의 마지막 권에서 그는 오늘날 미분방정식 이론에 속하는 섭동 이론을 다루지만, 그는 이러한 용어로 그것들을 진술하지는 않았다. "미분 방정식"이라는 이름은 라이프니츠에 의해 도입되었다.

미분방정식이란 어떤 한 구간에서 주어진 미지의 함수와 그것의 도함수를 포함하는 방정식을 가리킨다. 미분방정식은 현대 물리학은 모든 과거에 일어난 일과 미래에 일어날 사건들을 계산할 수 있는 원리를 찾으려는 목표를 이상으로 삼고 있지만 그런 일은 사실상 불가능하고 그런 원리는 아마도 존재하지 않을 것이다. 그렇지만 그에 근사적으로 접근하는 2가지 원리는 아마도 에너지 보존원리와 최소작용 원리일 것이다.

최소작용원리는 그것이 적용된 모든 과학의 영역에서, 관련 현상의 특정 특성에 대한 일반적인 설명을 기능하게 하고, 이러한 현상이 시간과 공간에서 어떻게 달라지며 어떻게 그것들을 결정하는지를 나타내는 규칙을 제공할 수 있다. 최소작용 원리는 에너지 보존의 원리와 함께 현대 물리학의 중심 위치를 차지하고 있다.

최소작용원리란 자연은 "작용(action)"을 최소화하는 운동을 하거나 형태를 취한다는 원리이다. 그것은 특정한 주어진 조건 하에서 상상할 수 있는 무한한 수의 가상 운동으로부터, 단순한 기준을 이용하여 잘 정의된 운동을 표현하고 실제 움직임을 기술한다는 것이 최소작용원리의 큰 장점이다. 이렇게 해서 최소작용원리는 최대 또는 최소 문제인데 여기서 "오일러-라그랑주 미분방정식"이 파생된다.

최소작용원리의 기원은 라이프니즈로 거슬러 올라간다. 그는 창조될 수 있는 모든 세계들 중에서, 실제 세계는 모든 피할 수 없는 나쁜 것들과 함께 최대 선을 포함하고 있다고 주장하였다. 그는 변신론에 대한 다음과 같은 질문에 답하려고 했다. 만약 신이 전지전능하다면, 우리는 이 세상에 존재하는 고통과 불의에 대해 어떻게 설명할 것인가? 역사적으로, 질문에 답하려는 시도는 여러 가지 주장을 이용하여 이루어졌는데, 예를 들어 악을 설명하거나 악을 선과 화해시키는 것이다.

라이프니츠는 그의 저작 《단자론(單子論) Monadologia》(1720)〉에서 완벽한 세계 이론을 다음과 같은 다섯 가지 진술로 정리했다.

1. 신은 무한히 많은 우주에 대한 생각을 가지고 있다.
1. 이 우주들 중 하나만 실제로 존재할 수 있다.
1. 신의 선택은 충분한 이성의 원리를 따른다. 즉 신은 이것이나 저것을 선택하는 이유가 있다.
1. 신은 선하다.
1. 그러므로 신이 존재하라고 선택한 우주는 가능한 모든 세계 중에서 최고다.

"모든 가능한 세계 중에서 최고 (the best of all possible worlds)"라는 문구는 사실상 1710년 저작 《변신론(辯神論) 에서 라이프니즈가 만든 말이다. 실제 세계가 가능한 모든 세계 중에서 최고라는 주장은 라이프니츠의 요체, 즉 악의 문제를 해결하려는 그의 시도에서 중심적인 주장이다. 이 주장은 비록 도덕적 영역에서 가정되지만, 최소작용원리와 같은 변분법적 해를 함의하고 있음은 명백하다.

프랑스 계몽주의를 대표하는 철학자, 역사가, 문학자이자 비판적 지식인 볼테르[1694년~1778년]는 라이프니츠의 낙관주의와 현세가 가장 좋은 세상이라는 주장을 《캉디드》라는 소설로 풍자했다고 한다. 캉디드는 팡

그로스라고 하는 "위대한 철학자"에게서 교육을 받았다. 그는 이런 식으로 가르쳤다. 이 세상은 가장 좋은 곳이다. 모든 것이 살기 좋게 되어 있다. 코는 안경을 걸치기 위하여 있고, 발은 신발을 신기 위하여 만들어졌다. 때문에 안경을 낄 수 있고, 구두를 신을 수 있다. 사실 팡그로스 박사는 라이프니츠의 아바타라고 여겨지고 있다.

미분 방정식

미분 방정식이(differential equation ,DE)란 하나의 미지의 함수의 도함수들을 포함하는 방정식을 가리킨다. 상미분방정식(ODE)이란 미지의 함수가 하나의 독립변수의 함수인 DE를 말한다. DE는 흔히 그 도함수들이 계수(order)에 의해 분류된다. 한 DE의 계수란 그 방정식의 미지의 함수의 도함수들 중 그 방정식에 나타나는 가장 고계인 도함수인 계수를 말한다. 1계 ODE는 일반적으로 다음과 같은 형태를 갖는다.

$$\phi(x,y,y')=0 \tag{1}$$

DE (1)의 해란 어떤 구간 I에서 정의된 함수 $y=f(x)$로서 모든 $x\in I$에 대해서

$$\phi(x,f(x),f'(x))=0$$

을 만족시키는 함수를 말한다.

보기

1계 미분방정식

$x+yy'=0$ 의 해는 음함수 $x^2+y^2=C$이다.

해 모든 정의된 x에 대해 $0=\frac{d}{dx}(x^2+y^2)=2x+2yy'$ 이므로 해가 된다.

1계 미분방정식의 가장 표준적인 형태는 다음과 같은 형태이다.

$$\frac{dy}{dx}=f(x,y)$$

$$y(x_0)=y_0$$

이 미분방정식은 초기치 문제라고 불리며, 위의 부가적인 조건은 초기 조건이라고 불린다.

함수 $f(x,y)$와 $\frac{\partial f}{\partial x}$가 연속이면 위의 초기치 문제는 x_0의 한 근방(구간)에서 유일한 해를 갖는다는 것이 알려져 있다.

보기

미분 방정식

$$y'=\frac{1+y}{x}\ ,\ y(1)=0$$

에서 $f(x,y)=\frac{1+y}{x}$, $\frac{\partial f}{\partial y}=\frac{1}{x}$가 둘 다 연속이기 때문에 이 초기치 미분 방정식은 $x=1$ 근방 즉 구간에서 유일한 해를 갖는다.

1계 상미분방정식에는 자주 등장하는 형태의 미분 방정식들이 있다.

보통 변수분리 미분방정식, 선형미분방정식, 완전미분방정식 등의 간단한 방법으로 풀 수 있는 미분방정식들이다.

유형1 변수분리 미분방정식

$$\frac{dy}{dx}=\frac{g(x)}{h(y)}$$

와 같은 형태의 비분방정식은 변수분리형이라고 불린다.

이 방정식은

$$h(y)\frac{dy}{dx}=g(x)$$

와 같이 쓸 수 있다. 만일 $y=f(x)$가 이 방정식의 해라고 하면

$$h(f(x))f'(x)=g(x)$$

그러므로 양변을 적분하면 $\int h(f(x))f'(x)dx=\int g(x)dx$

그런데 $dy=f'(x)dx$ 이므로 , 이것은 다음과 같다.

$$\int h(y))dy=\int g(x)dx$$

이 형태는 $h(y)\frac{dy}{dx}=g(x)$에서 dx를 우변으로 옮겨서 양변을 적분한 것과 같다.

보기

위의 초기치 미분방정식

$$\frac{dy}{dx}=-\frac{x}{y},\quad y(0)=1$$

의 해는?

해 위의 방정식은 변수분리형임이 확연하다. 그러므로, $y\,dy=-x\,dx$ 양변을 적분하면

$$\int y\,dy=\int -x\,dx$$

$$\frac{y^2}{2}=-\frac{x^2}{2}+c_1$$

$$x^2+y^2=c^2$$

그런데, $y(0)=1$에서, $0^2+1^2=c^2$ 그러므로 해는

$$x^2+y^2=1$$

보기

위에서 제시된 초기치 미분방정식

$$y' = \frac{1+y}{x}\ ,\ y(1)=0$$

의 해는?

해 변수를 분리하면

$$\frac{dy}{1+y} = \frac{dx}{x}$$

양변을 적분하면

$$\log(1+y) = \int \frac{dy}{1+y} = \int \frac{dx}{x} = \log(x) + C = \log(Cx)$$

따라서 $1+y=Cx$, 그런데 $y(1)=0$ 이므로, $C=1$ 그러므로 우리가 찾는 해는 $y=x-1$

유형2 선형 미분방정식

$$\frac{dy}{dx} + p(x)y = f(x)$$

처럼 y와 y'에 대해서 1차(선형)인 미분 방정식을 선형 방정식이라 한다.

이 방정식의 양변에 $e^{\int p(x)dx}$ 를 곱하면

$$e^{\int p(x)dx}\frac{dy}{dx} + e^{\int p(x)dx}p(x)y = e^{\int p(x)dx}f(x)$$

좌변을 주의하여 보면, $\frac{d}{dx}(e^{\int p(x)dx}y)$임을 알 수 있다. 그러므로 양변을 적분하면 해를 얻을 수 있다. $e^{\int p(x)dx}$는 이 방정식의 적분을 가능하게 해주는 곱하는 인수이므로 적분인자라고 불린다.

보기

다음 미분 방정식의 해를 구하라.

$$\frac{dy}{dx} - 2y = x\,e^{x}$$

해 y와 y'에 대해서 1차(선형)인 방정식이므로 적분인자 $e^{\int -2dx} = e^{-2x}$를 곱해주면

$e^{-2x}\frac{dy}{dx} - e^{-2x}4y = x\,e^{-x}$, $(e^{-2x}y)' = xe^{-x}$, 양변을 적분하면

$e^{-2x}y = \int xe^{-x}dx$

우변은 $u = x$, $v' = e^{-x}$로 놓아서 부분적분을 하면

$$\int xe^{-x}dx = -xe^{-x} + \int e^{-x}dx = -xe^{-x} - e^{-x} + C$$

따라서 해는 $y = -(x+1)e^{x} + Ce^{2x}$

유형3 완전(exact) 미분방정식

미분 방정식 $M(x,y)dx + N(x,y)dy = 0$가 $M = \frac{\partial \phi}{\partial x}$, $N = \frac{\partial \phi}{\partial y}$rk 되는 함수 $\phi(x,y)$가 있으면 , 이 방정식은 완전 미분방정식이라 부른다.

$M(x,y)dx + N(x,y)dy = 0$ 와 같은 형태의 미분 방정식이 완전 미분방정식인지 판별하는 필요충분조건은 $\frac{\partial M}{\partial y} = \frac{\partial N}{\partial x}$ 이다.

이 경우에 위의 미분방정식은

$$\frac{d}{dx}(\phi(x,y)) = 0$$

이므로 구하는 해는 $\phi(x,y) = 0$라는 음함수 꼴로 주어진다.

보기

$2xy\,dx+(x^2-1)dy=0$ 의 해는?

풀이 $M(x,y)=2xy$, $N(x,y)=x^2-1$에서 $\frac{\partial M}{\partial y}=2x=\frac{\partial N}{\partial x}$ 이므로 이 방정식은 완전 방정식이다. 따라서 $M=\frac{\partial \phi}{\partial x}$, $N=\frac{\partial \phi}{\partial y}$rk 되는 함수 $\varphi(x,y)$가 있음으로

$$\frac{\partial \phi}{\partial x}=2xy \text{ 에서 } \phi(x,y)=x^2y+h(y)$$

그런데 $x^2-1=N=\frac{\partial \phi}{\partial y}=x^2+h'(y)$ 이므로 $h'(y)=-1$,
$h(y)=-y+C$

그러므로 구하는 해는 $\phi(x,y)=x^2-y=C$ 즉 $y=x^2+C$

상미분 방정식의 짧은 역사

몇몇 수학사가들에 따르면, 미분방정식의 연구는 1675년에 라이프니츠(1646-1716)가 다음과 같은 방정식을 썼을 때 시작되었다:

$$\int x\,dx=\frac{1}{2}x^2$$

미분 방정식을 적분하는 일반적인 방법의 탐구는 뉴턴(1642~1727)이 1계 상미분 방정식들을 3개의 부류로 분류하면서 시작되었다.

(1) $\frac{dy}{dx}=f(x)$

(2) $\frac{dy}{dx} = f(x, y)$

(3) $x\frac{\partial u}{\partial x} + y\frac{\partial u}{\partial y} = u$

(1), (2)는 상미분 방정식이고 (3)은 편미분방정식이다.

뉴턴은 방정식의 우변을 종속변수의 멱급수들로 표현하고 그 다음에 그 계수들을 구하였다.

그렇지만 그는 상수가 임의로 선택될 수 있음을 알아차렸고 방정식은 무수히 많은 해를 갖는다는 결론을 내렸다. 18세기 중반에 들어서야 1계 미분방정식의 일반해가 그 임의의 상수에 의존하는 사실의 중요성이 완전히 인식되었다.

특별한 경우들에서만 특정한 미분 방정식은 유한한 형태 즉 알려진 유한개의 함수들로 표현될 수 있다. 일반적인 경우에는 그 계수들이 점화식에 의해 결정되는 무한급수로 표현되어야 한다.

1692년에 제임스 베르누이는 1계 동차(homogeneous) 미분방정식을 적분하는 방법을 발표했다. 그리고 곧 1계 선형 방정식을 적분하는 문제를 구적법(quadrature)으로 환원시켰다.

1계 미분방정식을 푸는 거의 모든 알려진 기초적인 방법들은 베르누이 가문에 의해 발견되었다.

1690년 5월에 제임스 베르누이는 동시선(同時線) 문제의 해법을 발표하였다. 등시선 문제란 균일한 수직 속도로 떨어지는 물체가 움직이는 곡선 즉 동시선(同時線)을 포함하는 문제이다.

그 결과 그는 두 미분(differentials, du, dv 같은 것들)의 등식을 갖

는 미분방정식에 다다랐다. 그래서 그는 양변의 적분들이 같다는 결론을 내렸고, 1696년에 처음으로 integral 이라는 용어를 사용했다.

미분 방정식의 형태로 운동의 모드를 표현하여 그것을 특정한 초기 조건들 하에서 적분하여 한 곡선의 방정식을 얻는 아이디어는 등시선 문제로부터 나왔다. 로그나선 [logarithmic spiral, -螺旋]은 그러한 곡선의 하나의 예이다.

1691년에 라이프니츠는 접선의 역 문제를 연구하면서 변수분리법을 암묵적으로 발견하게 되었다, 그렇지만, 1694년에 요한 베르누이는 라이프니츠에게 보낸 편지에서 변수분리 과정을 명시하고 그 과정을 변수들의 분리(eperatio indeterminatarum, separation of variables)라고 명명하였다.

그러나, 하나의 중요한 경우 즉

$$xdy - ydx = 0$$

에서 변수들을 분리하면 $\frac{1}{y}dy = \frac{1}{x}dx$ 이 되는데, $\int \frac{1}{x}dx$를 명시적으로 표현할 수 없었다.

그렇지만 같은 해에 라이프니츠는 쌍곡선[hyperbola, 雙曲線]의 구적 문제를 해결하면서 80년 전에 존 네이피어 [John Napier, 1550~1617]의 대수[logarithm, 對數]로써 $\int \frac{1}{x}dx$를 표현할 수 있었다.

요한 베르누이는 한 질점이 중력 하에서 한 지점에서 아래 지점으로 가장 빠르게 떨어지는 경로를 발견하는 최속강하선 문제(brachistochrone problem)이라는 유명한 문제를 제기하여 미분 방정식의 연구에 불을 지폈다.

그 방정식은 다음과 같은

$$\frac{dy}{dx} + p(x)y = f(x)y^n$$

의 형태로 제임스 베르누이가 그 해법을 찾아야 된다고 제안하였다. 이 방정식은 오늘날 베르누이 방정식이라고 알려지게 되었다.

그 다음해에 라이프니츠는 그 방정식의 종속변수 y를 다른 변수 $(u = y^{1-n})$로 치환하여, 그 방정식을 선형 방정식으로 단순화 시켜서 해를 구하였다.

1698년에는 요한 베르누이는 1-매개변수 곡선들의 직교 곡선들의 사영을 구하는 문제를 해결하였다.

1계 미분방정식의 거의 모든 알려진 기초적인 해법들은 17세기말까지 발견되었다.

1716년에 요한 베르누이는 라이프니츠에게 보낸 편지에서 다음과 같은 방정식을 논하였다;

$\frac{d^2y}{dx^2} = \frac{2y}{x^2}$ (이 방정식은 오늘날 코시-오일러 방정식으로 알려져 있다)

$(x^2y'' - 2y = 0,\quad y = x^n$ 으로 놓아서 n을 구하면 $n(n-1) - 2 = 0,$ $n = 2, -1)$

두 해는 $y_1 = x^2$, $y_2 = \frac{1}{x}$ 그러므로 일반해는 $y = C_1x^2 + C_2\frac{1}{x}$)

레온하르트 오일러(1707~1783)는 특정한 무리의 2계 방정식들을 1계 방정식들로 환원하는 문제를 제기하고 해결하였다. 알려진 하나의 해로부터 두 번째 해를 발견하는 그의 과정에는 적분인자를 발견하는 과정도 포함되어 있었다. 게다가, 오일러는 1계 미분 방정식의 2개의 상이한 적분인자들의 비는 그 방정식의 해임을 보였다. 오일러는 1739년 요한 베르누이에게 보낸 편지에서 상계수 제차 선형 미분방정식을 다루었다. 그는 반복 2차 적분인자들을 사용하여 이 문제들을 푼 후에 비제차 방정식 문제로 넘어갔다.

적분 인자의 도움으로 방정식의 계수를 계속 낮추는 방법은 유한한 형태로 적분할 수 있는 방정식으로 간다. 이런 방정식들이 유한한 형태로 적분 가능하지 않을 경우에 오일러는 무한급수를 적분하는 방법을 사용하였다.

클레르는 특이해의 문제를 처음으로 푼 사람들 중의 한 사람이다.

라그랑주는 일반 선형 방정식의 적분인자를 결정하는 문제를 연구하는 과정에서 수반 방정식(adjoint equation)의 개념을 정식화 하였다. 라그랑주는 일반 선형 방정식에 대한 적분인자를 결정했을 뿐만 아니라 n계 비제차 선형방정식의 일반해에 대한 증명도 제시했다. 게다가 라그랑주는 매개변수 변이법(method of variation of parameters)도 발견하였다.

달랑베르(1717~1783)는 상계수 선형 방정식 문제들을 해결하여 선형 방정식 시스템의 연구를 개시하였다.

1775년이 되면, 상미분방정식을 적분하는 일반적인 방법에 대한 탐구는 끝이 나고 점점 더 해석적 방법들과 해의 존재성으로 주의가 돌려졌다.

미분 방정식의 역사 요약

요약			
날짜	문제	묘사	수학자
1690	등시선 문제	한 물체가 수직 등속으로 강하하는 곡선	제임스 베르누이
1694	쌍곡선 구적	주어진 구간 위의 곡선 아래의 면적과 동일한 정사각형을 찾는 과정	라이프니츠
1696	최속강하선 문제	한 입자가 주어진 한 지점에서 아래 지점으로 가장 빠르게 강하하는 곡선을 찾는 문제	요한 베르누이
1698	직교 사영	일군의 곡선들과 직교하는 곡선 구하기	요한 베르누이
1701	등주 문제	주어진 한 함수의 적분은 일정하게 유지하면서 다른 두 번째 적분을 최대(최소)로 만드는 문제	다니엘 베르누이
1728	2계 방정식을 1계로 환원하는 문제	적분인자를 발견하는 방법	오일러
1734	특이해 문제	일반해들의 곡선 무리들의 포락선(envelope, 包絡線)의 방정식을 구하는 문제	클레로
1743	일반 선형 방정식에 대한 적분인자	미분 방정식의 수반(adjoint) 방정식의 개념	라그랑주
1762	상계수 선형 방정식 문제	선형 미분방정식의 계수가 낮추어질 수 있는 조건	달랑베르

변분법이란 무엇인가?

3가지 문제

1) 주어진 두 점을 연결하는 곡선 중 가장 짧은 평면 곡선은?
2) 수직 평면 상의 두 점 A, B가 주어졌을 때, 입자 M이 오직 중력에 의해서만 가속될 때 최단시간에 A에서 B 로 가는 경로 AMB는?
3) 주어진 두 점을 지나는 회전 곡면 중 최소 면적을 갖는 것은?

이 3가지 문제들은 변분법(calculus of variations)에 의해 풀릴 수 있다. 18-19세기에 주로 발전된 변분법은 물리적이고 수학적인 수많은 문제들에 적용되어 왔다. 본질적으로 그 목표는 주어진 함수가 정류 값을 갖는 경로, 곡선, 또는 표면을 찾는 것이다.

• 수학적 배경

우리는 다음과 같은 적분을 최소화 하는 함수 $y(x)$를 찾으려 한다.

$$J[y] = \int_a^b f(x, y, y')dx$$

여기서 $y(a) = y_a$, $y(b) = y_b$

이제 매개변수 ϵ을 갖는 테스트 함수들 $\tilde{y}(x,\epsilon)$들을 생각하자, 이것들은 다음과 같은 조건을 만족시켜야 한다:

a) 모든 ϵ에 대해 $\tilde{y}(a,\epsilon) = y_a$, $\tilde{y}(b,\epsilon) = y_b$

b) $\tilde{y}(x,0) = y(x)$, 여기서 $y(x)$는 최소화 하는 함수

c) $\tilde{y}(x,\epsilon)$는 필요한 만큼 매끄럽다.

그러면 $J[\tilde{y}]=\int_a^b f(x,\tilde{y},\tilde{y}')dx$ 는 명백히 ϵ의 함수이다. 이 함수는 ϵ =0 일 때, 최소 값을 가지므로 ,

$$[\frac{dJ}{d\epsilon}]_{\epsilon=0}=0$$

그러면, 다변수 함수의 합성함수 미분법에 의해서

$$\frac{dJ}{d\epsilon}=\int_a^b \frac{\partial f}{\partial \tilde{y}}\frac{\partial \tilde{y}}{\partial \epsilon}+\frac{\partial f}{\partial \tilde{y}'}\frac{\partial \tilde{y}'}{\partial \epsilon}dx$$

부분 적분을 하면

$$\frac{dJ}{d\epsilon}=\int_a^b \frac{\partial f}{\partial \tilde{y}}\frac{\partial \tilde{y}}{\partial \epsilon}-\frac{d}{dx}(\frac{\partial f}{\partial \tilde{y}'})\frac{\partial \tilde{y}}{\partial \epsilon}dx+[\frac{\partial f}{\partial \tilde{y}'}\frac{\partial \tilde{y}}{\partial \epsilon}]_a^b$$

그런데 모든 ϵ에 대해서, $\tilde{y}(a,\epsilon)=y_a$, $\tilde{y}(b,\epsilon)=y_b$ 이므로,

$$\frac{\partial \tilde{y}}{\partial \epsilon}\mid_{x=a}=0=\frac{\partial \tilde{y}}{\partial \epsilon}\mid_{x=b}$$

그러므로,

$$\frac{dJ}{d\epsilon}=\int_a^b(\frac{\partial f}{\partial \tilde{y}}-\frac{d}{dx}(\frac{\partial f}{\partial \tilde{y}'}))\frac{\partial \tilde{y}}{\partial \epsilon}dx$$

$J[\epsilon]$은 $\epsilon=0$ 일 때, 최소값을 가지므로,

$$[\frac{dJ}{d\epsilon}]_{\epsilon=0} = \int_a^b [(\frac{\partial f}{\partial \tilde{y}} - \frac{d}{dx}(\frac{\partial f}{\partial \tilde{y}'}))]_{\epsilon=0} [\frac{\partial \tilde{y}}{\partial \epsilon}]_{\epsilon=0} dx$$

이때 $\tilde{y}(x,0) = y(x)$, $\tilde{y}'(x,0) = y'(x)$이다. 이제

$$[\frac{\partial \tilde{y}}{\partial \epsilon}]_{\epsilon=0} = \eta(x)$$

라고 놓으면

$$0 = \int_a^b (\frac{\partial f}{\partial y} - \frac{d}{dx}(\frac{\partial f}{\partial y'}))\eta(x)dx$$

$\eta(x)$는 a, b에서 0인데, 그런 함수는 무수히 많고, 얼마든지 임의로 우리가 선택할 수 있기 때문에, 모든 x에 대해

$$\frac{\partial f}{\partial y} - \frac{d}{dx}(\frac{\partial f}{\partial y'}) = 0$$

이 방정식은 오일러-라그랑즈 방정식이라 불린다. 이 방정식을 완전히 전개하면

$$\frac{\partial f}{\partial y} - \frac{\partial^2 f}{\partial x \partial y'} - \frac{\partial^2 f}{\partial y \partial y'} y' - \frac{\partial^2 f}{\partial^2 y'} y'' = 0$$

따라서 이 오일러-라그랑즈 방정식은 2계 미분방정식이다.

이 방정식은 $J[y] = \int_a^b f(x, y, y')dx$를 최소화 하는 필요조건이지 충분조건은 아니라는 것을 명심하자.

로마 시인 버질(Vergil)의 아이네이스(The Aeneid)에는 디도 공주에 관

한 전설이 실려 있다.

"페니키아의 공주인 디도(Dido)는 그녀의 오빠인 폭군 피그말리온을 피해서 도망쳤다. 디도 일행은 북아프리카 해안(지금의 튀니스 만)에 좋은 터를 발견하고 그곳에 정착했다. 토착민들은 그들을 별로 반기지 않았다. 그렇지만, 디도는 그들의 족장인 히아라바스Hiarabas()를 설득하여 황소 한 마리의 가죽으로써 둘러 쌀 수 있는 만큼의 땅을 얻었다. 그녀는 황소 가죽을 얇은 줄들로 자르고 그것들을 묶어서 아주 긴 끈을 만들어서 큰 영토를 원으로 둘러싸서 그 곳에 카르타고라는 도시를 세웠다. 이 사건을 기념하여 카르타고 성채는 비르사(Byrsa)라고 불렸다. 그 전설에 따르면 이 모든 사건들은 기원전 825년에 발생했다."

이 전설에서 묘사된 상황은 다음과 같은 최적화 문제로 진술될 수 있다:

- 주어진 둘레길이 L에 대해 최대의 면적을 갖는 땅의 최적의 형태를 발견하라.
  그 해는 원이다. 파푸스 그리고 나중에 알렉산드리아의 테온이 그 결과를 기술하고 그 공을 제논도로스(Zenodorus) 에게로 돌렸다.

헤론(Heron)과 최소시간원리

기원전 150-기원후 300년 사이에 알렉산드리아에 살았을 것으로 추정되는 헤론은 과학적 관점에서 최소화 문제를 진지하게 고려한 최초의 인물일 것이다. 그는 반사 광학을 연구했고, 반사된 빛은 이동시칸을 최소화 하는 방식으로 이동한다고 지적했다.

그는 빛이 거울에 의해서 반사될 때, 다른 그 어떠한 반사 경로보다 더 짧다는 것을 보였다. 그의 말에 따르면:

"곡광학(dioptrics)과 광학에 관해 글을 쓴 사실상 모든 사람들은 광선들이 거울에 의해 반사되는 이유와 그 반사가 등각으로 되는 이유에 관해서 의문을 가져왔다. ...왜냐하면 일정한 속도로 움직이는 것은 다 직선으로 움직이기 때문이다....재촉하는 (impelling) 힘들 때문에 움직이는 물체는 가능한 가장 짧은 거리를 움직이려고 하기 때문이다. 느린 운동 즉 더 긴 궤도에 대한 시간이 없기 때문이다. 재촉하는 힘은 그러한 지체를 허용하지 않는다. 그리고, 그 속도에 의해서 그 물체는 최단 경로를 이동하는 경향이 있다. 그러나, 같은 끝점들을 갖는 선들 중에서 가장 짧은 경로는 직선이다."(헤론,반사광학(Catoprics))

파푸스(Pappus)와 등주문제들

옛날에는 왕들은 특출한 관리들과 군인들에게 특정한 시간 동안에 쟁기로 갈 수 있는 이랑 (ploughed furrow)에 의해 둘러싸인 토지를 주어서 포상을 하였다. 이런 식으로 가장 넓은 평면 면적을 둘러 쌀 수 있는 주어진 길이를 갖는 평면곡선을 찾는 문제 즉 등주문제가 나타났다.

알렉산드리아의 파푸스(290~350)는 등주문제를 고찰한 최초의 사람은 아니다. 그렇지만 그는 수학 모음집(Mathematical Collection)에서 유클리드, 아르키메데스 제노도로스 등의 연구들을 집대성 하였다.

수학 모음집에서 그는 최대의 면적(부피)를 갖는 도형들을 알아내기 위해서 등주(또는 등표면적)을 갖는 도형들을 비교한다. ;

1) 등주 (같은 물레 길이,等周)를 갖는 평면 도형 중에서, 원은 최대 면적을 갖는다.
2) 표면적이 같은 입체들 중에서, 구가 최대의 부피를 갖는다.
3) 오직 5개의 정다면체가 존재한다.

이 이외에도, 파푸스는 다음과 같은 결과들을 적시한다:

1) 같은 둘레 길이를 갖는 2개의 평면 정다각형들 중에서, 더 많은 각의 개수를 갖는 정다각형이 더 큰 면적을 갖는다. 그래서
2) 등주의 정다각형과 원 중에서, 원이 더 큰 면적을 갖는다.
3) 원의 면적은 그 밑변의 길이가 그 반지름과 같고, 높이가 원주와 같은 직각 삼각형의 면적과 같다.
4) 같은 수의 변들을 갖는 등주 다각형들 중에서, 정다각형이 비-정다각형보다 면적이 더 크다.
5) 같은 둘레를 갖는 선분들 중에서, 반원이 가장 큰 면적을 갖는다.
6) 오직 5가지 정다면체가 있다.
7) 주어진 하나의 구와 같은 표면적을 갖는 5개의 정다면체 중에서 구의 부피가 가장 크다
8) 같은 표면적을 갖는 다면체들 중에서 더 많은 면들을 갖는 입체의 부피가 자장 크다.
9) 모든 구의 부피는 그 구와 같은 표면적을 갖는 밑면, 그리고 높이는 반지름과 같은 원추의 부피와 같다.

위의 9)번 사실은 아르키메데스의 묘비에 쓰여 있는 아르키메데스가 증명한 정리였다.

페르마

17세기 중반에 프랑스 수학자인 페르마(1601~1665)는 더 어렵고 더 일반적인 광학에서의 최소화 문제를 연구했다. "자연은 '가장 쉽고 가장 빠른' 방식으로 작용한다."고 그는 믿었다.

사실 굴절 법칙이라고 불리는 것은 데카르트에 의해 이미 제안되었고 스넬에 의해 독립적으로 제안되었다. 광학(Dioptrics)은 데카르트의 초기 저작 중 하나이다. 그는 1630년 11월 25일 메르센(Marin Mersenne ,1588~1648)에게 보낸 편지에서 그것을 거명(擧名)한다. 마침내 광학은 1637년 여름에 [방법서설]과 함께 출판되었다. 페르마는 데카르트의 주장에 동의하지 않았으며 레온 푸코(1819~1868년)와 히폴리테 피조(1819~1896)의 실험을 통해서야 페르마의 가설이 옳다는 것을 확인하게 된다. 페르마는 광선은 더 밀도가 높은 매질에서는 더 느리게 이동한다고 믿었다. 한편 데카르트는 그 반대로 빛은 밀도가 높은 매질에서 더 빠르게 이동한다고 믿었다. 페르마의 원리는 1657년 스넬의 법칙을 도출하기 위해 사용되었다. 이 최소시간원리는 페르마가 물리학에서 근본적인 최소작용원리의 역사적 발전에서 핵심적인 역할을 한 인물로 인식될 정도로 물리학에서 잘 알려진 최초의 변분 원리이다.

페르마의 원리는 다음과 같이 수학적으로 표현될 수 있다:

$$\frac{ds}{dt}=v\,,\;\; dt=\frac{ds}{v}\quad T=\int_P^Q dt=\int_P^Q \frac{ds}{v}$$

따라서

$$\delta\int_P^Q \frac{ds}{v}=0$$

여기서, $P\,,Q$는 경로의 시점과 종점, v는 시각 t에서의 속력, 그리고 ds는 길이소이다.

뉴턴과 항력이 작용하는 매질에서의 회전면

뉴턴(1643~1727)은 변분법에서의 진정한 문제를 처음으로 연구한 사람이다. 그의 프린키피아에서 저장 매질에서의 물체들의 운동을 검토했다. 그는 유체를 통과하여 일정한 속도로 움직이는 물체가 그 후미에서 정해진 최대의 단면(속도 벡터에 직교)을 가질 때 그 저항을 최소화 시키는 물체의 모양은 무엇인가를 질문했다. 이것은 명백하게 정식화 되어 옳은 답이 제시된 최초의 변분법 문제로서 변분법 이론의 탄생에 획을 그었다.

최속강하선 문제(brachistochrone)

변분법 문제들에서 가장 유명한 문제는 아마도 최속강하선 문제일 것이다. 1696년 6월에 요한 베르누이(제임스 베르누이, 1667~1748)는 다음과 같은 문제로 수학자들에게 도전했다:

수직 평면에서 두 점 A와 B가 주어졌을 때, 그 가속도가 오직 중력에 의해 발생되는 입자 M가 가장 짧은 시간에 횡단하는 경로 AMB 를 구하라

이 문제는 사실상 1638년에 갈릴레이 갈릴레오가 연구했던 비슷한 문제에 기초하고 있다. 갈릴레오는 그 문제를 명시적으로 풀지도 않았고, 미적분학의 방법들을 사용하지도 않았다, 문제를 천명한 후에 요한 베르누이는 그 문제에 대한 답은 역학에 매우 유용하고, 직선은 아니고 기하학자들에게 익숙한 곡선이라고 덧붙였다.

그는 두 번에 걸쳐 도전장을 냈는데, 처음의 도전에서 그는 라이프니츠에게도 은밀하게 문제를 보냈다. 일주일도 안 되어서 라이프니츠는 답

장을 보내왔다!

전설에 따르면, 뉴턴은 1697년 1월29일 오후에 일과를 끝내고 집에 돌아와서 요한 베르누이의 도전장을 받았다고 한다. 그는 그 당시에 런던 조폐국의 국장으로 일하고 있었다. 12시간 정도 쉬지 않고 문제와 씨름 한 끝에 그는 문제를 푸는데 성공하였다. 그 날 그는 왕립학회에 익명으로 그의 해답을 보냈다.

비록 뉴턴이 익명으로 그의 결과를 보냈지만, 요한 베르누이는 누가 그 편지를 보냈는지 대번에 알아봤다고 한다. 그는 나중에 그의 한 동료에게 뉴턴의 특이한 스타일은 알아내기 쉬웠고, "그는 그 터치(touch, 스타일)로부터 사자를 알아보았다"고 편지에 썼다.

요한이 그 문제를 제기한 이유는 그의 형인 야콥 베르누이(1654-1705)와의 불화 때문으로 알려져 있다. 요한은 그의 형을 무능하다고 공개적으로 얘기했었고, 최속강하선 문제를 빌어서 그 자신이 형보다 더 유능함을 만 천하에 보이고자 했을지 모른다, 그 때문에 "당신이 성공하는 것만으로는 충분하지 않고, 당신 동료들도 실패해야 한다." 는 말을 요한 베르누이가 했다는 이야기가 회자된다.

그렇지만, 야콥 베르누이도 그에게 내밀어진 문제를 해결할 수 있었다.

요한 베르누이는 그의 도전의 결과를 요약하면서 다른 사람들의 해법에 비해 자신의 해법이 더 우월하다고 주장했다.

이제 최속강하선 문제의 해법을 보자,

A를 좌표평면의 원점으로 잡자. 질량 m 인 입자는 초기 속도가 0이고

마찰력은 없다고 가정하자. $y-$축은 아래로 수직이라고 하자. 그러면

$$T=\int_P^Q \frac{ds}{v}$$

에너지 보존 뻡칙에 의하면 운동에너지 + 위치에너지 = 일정

처음 운동에너지=0, 위치에너지= 0

그리고 $-y\,(y>0)$에서의 위치에너지는 $mg(-y)$이므로

$$\frac{1}{2}mv^2-mgy=0,\ v=\sqrt{2gy}$$

다른 한편 $ds^2=dx^2+dy^2$에서 $ds=\sqrt{dx^2+dy^2}=\sqrt{1+(\frac{dy}{dx})^2}\,dx$ 이므로

$$J[y]=T=\int_P^Q \frac{ds}{v}=\int_0^b \frac{\sqrt{1+y'^2}}{\sqrt{2gy}}dx$$

여기서 피적분함수 $F(x,y,y')=\dfrac{\sqrt{1+y'^2}}{\sqrt{y}}=F(y,y')$임을 주목하자.

이런 경우에 오일러 방정식은

$$\frac{\partial F}{\partial y}-\frac{\partial^2 F}{\partial y\partial y'}y'-\frac{\partial^2 F}{\partial^2 y'}y''=0$$

양변에 y'을 곱하면

$$\frac{\partial F}{\partial y}y'-\frac{\partial^2 F}{\partial y\partial y'}y'^2-\frac{\partial^2 F}{\partial^2 y'}y'y''=0$$

이것은

$$\frac{d}{dx}(F - y'F_{y'}) = 0$$

따라서

$$F - y'F_{y'} = C$$

$F(x, y, y') = \dfrac{\sqrt{1+y'^2}}{\sqrt{y}}$ 이므로 , 위 식은

$$\frac{y'^2}{\sqrt{y(1+y'^2)}} - \sqrt{\frac{1+y'^2}{y}} = C \text{ 또는 } \frac{1}{y(1+y'^2)} = C^2$$

위 식에서 $1/C^2 = 2a$로 놓으면

$$y' = \sqrt{\frac{2a-y}{y}}$$

변수를 분리하면

$$dx = \sqrt{\frac{y}{2a-y}}\, dy$$

양변을 적분하면

$$x = \int_0^b \sqrt{\frac{y}{2a-y}}\, dy$$

여기서 $y = a(1-\cos\theta)$로 치환하면, $dy = a\sin\theta\, d\theta$, $2a - y = a(1+,$ $\cos\theta)$따라서

$$\sqrt{\frac{y}{2a-y}}\,dy = \sqrt{\frac{a(1-\cos\theta)}{a(1+\cos\theta)}}\,a\sin\theta\,d\theta$$

$$= \sqrt{\frac{(1-\cos\theta)^2}{(1+\cos\theta)(1-\cos\theta)}}\,a\sin\theta d\theta$$

$$= \sqrt{\frac{(1-\cos\theta)^2}{1-\cos^2\theta}}\,a\sin\theta d\theta = a(1-\cos\theta)d\theta$$

그러므로

$$x = a(\theta - \sin\theta)$$

그런데 매개변수 방정식 $\begin{cases} x = a(\theta - \sin\theta) \\ y = a(1-\cos\theta) \end{cases}$는 사이클로이드 매개변수 방정식이므로

최속강하선은 사이클로이드이다.

오일러 -모페르튀 최소작용 원리

레온하르트 오일러(1707–1783)

레온하르트 오일러(1707-1783)의 아버지는 요한 베르누이의 친구였을 뿐만 아니라, 바젤 대학에서 신학을 공부할 때 야콥 베르누이의 집에서 살았다. 그는 아들이 프로테스탄트 목회자가 될 것을 희망했지만, 레온하르트의 스승인 요한 베르누이는 당시 바젤 대학생(14살)이던 레온하르트의 수학적 재능을 발견하고는 그를 개인적으로 사사하였다.

오일러는 자연스럽게 변분법에 관심을 가지게 되었고, 1728년에는 이미 "측지선 방정식을 구하는 것에 관하여 On finding the equation of geodesic curves"라는 논문을 썼다. 그는 1744년에 변분학(變分學:극대 또는 극소의 성질을 가진 곡선을 발견하는 방법을 출간하였다. 이것은 획기적인 논문이었다. 이 책에서 그는 변분법 문제들을 해결하는 일반적인 방법을 제시하여 아주 일반적인 문제들을 다루었다. 그는 처음으로

$J[y]=\int_a^b f(x,y,y')dx,\quad y(a)=y_a,\quad y(b)=y_b$를 최소화 하는 곡선 $y(x)$는 오일러-라그랑즈 방정식은

$$\frac{\partial f}{\partial y}-\frac{d}{dx}\left(\frac{\partial f}{\partial y'}\right)=0$$

를 만족시켜야 함을 보였다.

1744년과 1746년에 제출한 두 논문에서, 프랑스 수학자 모페르튀(Pierre Louis Moreau de Maupertuis : 1698~1759)는 "최소작용 원리 the principle of least action"를 주장했다. 그는 "그녀의 작용에서, 자연은 가장 단순한 방법들에 의해 작용한다."고 말했다.

그는 자연에서 사물들은 그가 "작용(action)"이라고 부른 것이 언제나 최소화 되는 방식으로 전개된다고 믿었다. 1744년 파리 과학 아카데미에 제출된 논문에서 그는 최소작용원리를 제시했는데 이 원리는 원래 기하학적 광학을 위해 만들어졌고 후에야 역학의 영역까지 확장되었다.

그의 논문에서, 모페르튀는 빛이 따라야 하는 세 가지 법칙을 명시했다.

1) 균일한 매질에서 빛은 일직선으로 움직인다.
2) 빛이 침투할 수 없는 매질에 부딪히면 반사되어 굴절각도가 입사각과 같다.
3) 빛이 하나의 투명한 매질에서 다른 매질로 통과할 때, 그 궤적은 새로운 매질을 만난 후에 이전의 궤도와 각도를 형성하여 굴절 각도의 사인과 입사각의 사인과 항상 동일한 비율을 유지한다.

그의 유명한 논문에서 인용하면

"이 주제에 대해 깊이 명상을 한 후, 빛은 한 매질에서 다른 매질로 통과되면 최단 거리(직선)의 경로를 따르든지, 아니면 최소 시간 경로를 택하든 선택을 해야 한다는 생각이 들었다.

하지만 왜 그것은 공간보다 시간을 더 선호해야 하는가? 빛은 두 가지 경로를 동시에 이동할 수 없지만, 어떻게 다른 경로가 아니라 경로를 택할지 결정할 수 있는가? 빛은 이러한 경로들 중 어느 하나를 그 자체로 택하는 것이 아니라, 실질적인 이점을 제공하는 경로를 택한다: 빛은 그 작용을 최소화하는 경로를 택한다. 이제 나는 내가 말하는 "작용"을 정의해야 한다. 물체가 한 지점에서 다른 지점으로 운반될 때, 그것은 그 물체의 속도와 그것이 이동하는 거리에 의존하는 작용을 수반한다. 그러나, 작용은 따로따로 취한 속도도 거리도 아니고, 오히려 각각을 여행한 거리에 그들이 이동한 속도를 곱한 것을 합한 것에 비례한다. 따라서 작용은 물체의 속도와 이동 거리에 따라 선형적으로 증가한다. 이 작용은 자연의 진정한 비용이며, 그녀는 빛의 운동에서 가능한 한 작게 만든다."

모페르튀는 이런 식으로 해서 최소화의 문제에 도달했다. 이 함수를 최소화할 때, 그는 입사각과 굴절각의 사인 값이 각 매질에서 빛이 이동하는 속도의 역비라고 결론지었다. 이 결과는 페르마의 결과와 일치하지 않으며 데카르트와 일치한다. 모퍼르튀가 제안한 이 공식은 현상을 지배하는 법칙이나 충족되어야 하는 조건과 관련하여 결론을 도출하는 것을 허용하지 않는다.

다른 한편 그의 저작에서, 오일러도 아주 비슷한 아이디어를 제창했다. :
"자연의 모든 효과들은 어떤 최대 법칙 또는 최소 법칙을 따르기 때문에, 어떤 힘들의 작용 하에서 물체들이 움직이는 곡선들 위에서, 모종의 최대 또는 최소 성질이 나타나야 한다. 이 성질이 무엇인지는 형이상학의 원리로부터 나아가서 선험적으로 정의하는 것은 쉬워 보이지 않는다........그 물체 속에 현재하는 이 운동 또는 운동들의 총합은 최소이어야 한다는 것은 진실과 부합한다"

그 저작에서, 오일러는 또한 극소곡면 [minimal surface,極小曲面]인 현수면(懸垂面, catenoid)을 발견하였는데, 그것은

$y = A\cosh x = A\dfrac{e^x + e^{-x}}{2}$를 $x-$축에 관하여 회전하여 생기는 회전면이다.

라그랑주

1755년에 19살의 청년이 오일러에게 편지를 보냈는데 그는 라그랑주(1736-1813)이었다. 그 편지에서 라그랑주는 오일러 -라그랑주 방정식을 끌어내는 데에 오일러의 지루한 지하학적 방법들을 쓰지 않고 비교 함수들을 사용하여 그 방정식을 직접적으로 유도하였다. 라그랑주의 방법들을 심사숙고한 뒤에, 오일러는 그 방법의 탁월함을 인정하여, 라그랑

주의 변분 원리를 기념하여, 그 분야를 변분법(calculus of variations)라고 명명하였다.

1788년에 라그랑주는 《해석 역학》에서 라그랑주 승수법을 선보였다. 그 책은 뉴턴의 기하학적 역학을 미분방정식으로 대체하였다.

1841년에 에드가 알렌 포(Allen Poe)는 《소용돌이 속으로 떨어지다 Descent into the Malestorm)》를 출간했다. 이 단편 소설에서 주인공은 저항 매질에서 움직이는 물체들의 어떤 임계 성질들을 주목하여 폭풍에서 살아 남을 수 있었다. 포는 뉴턴의 프린키피아에서의 최소 저항 입체에 영향을 받아서 그 소설을 섰다고 한다.

보기

최소 표면적을 갖는 회전면을 발생시키는 주어진 두 점을 연결하는 곡선을 찾는 문제

우선 회전면의 겉넓이를 구하는 공식을 먼저 찾자.

다음 그림은 무한소의 길이의 선분을 회전한 원뿔대를 나타낸다. 그러므로 뮤한소 회전면의 면적은

$$dS = 2\pi y ds = 2\pi y\sqrt{dx^2 + dy^2} = 2\pi y\sqrt{1 + (\frac{dy}{dx})^2}\, dx$$

따라서 회전면의 겉넓이는

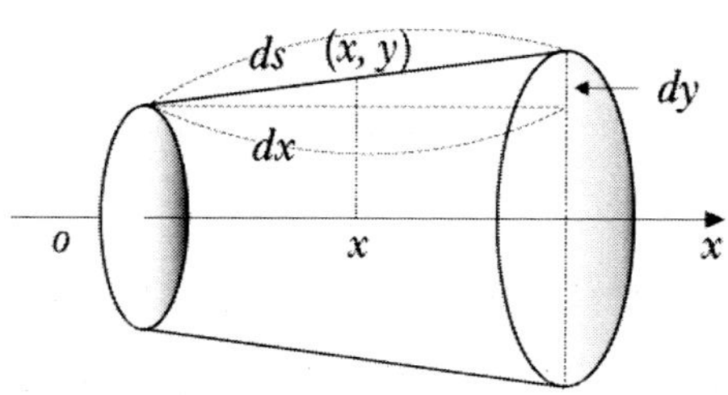

$$S=\int_a^b 2\pi y\sqrt{1+(\frac{dy}{dx})^2}\,dx$$

여기서 $F(x,y,y')=y\sqrt{1+y'^2}=F(y,y')$이므로 최속 강하선위 경우와 마찬가지로

$$F-y'F_{y'}=C$$

$$C=y\sqrt{1+y'^2}-\frac{yy'^2}{\sqrt{1+y'^2}}=\frac{y}{\sqrt{1+y'^2}}$$

그러므로 ,

$$y'=\frac{\sqrt{y^2-C^2}}{C}$$

변수를 분리하면

$$dx=\frac{C\,dy}{\sqrt{y^2-C^2}}$$

한편 쌍곡선 코사인 함수 $\cosh(z)=\dfrac{e^z+e^{-z}}{2}$의 역함수의 도함수

$\dfrac{d}{dy}cosh^{-1}(y)=\dfrac{1}{\sqrt{y^2-1}}$ 이므로 위의 적분은

$x+\delta=\cosh^{-1}(\dfrac{y}{C})$ 그러므로 $y=C\cosh(\dfrac{x+\delta}{C})$

따라서 회전면 중에서 최소 겉넓비를 가질 수 있는 것은 현수선이다.

최소 작용 원리

n개의 질점 [mass point, 質點]으로 된 계를 생각하자. 그 어떠한 제약 (constraint)도 없다고 가정하자. i 번째 질점은 질량이 m_i 이고 , 좌표가 (x_i, y_i, z_i) $(i=1,2,\cdots,n)$으로 주어졌다고 하자. 이때 이 계의 운동에너지는 다음과 같이 정의된다.

$$T = \frac{1}{2}\sum_{i=1}^{n} m_i(\dot{x}_i^2 + \dot{y}_i^2 + \dot{z}_i^2)$$

(여기서 dot(점)은 시간에 대한 미분 즉 $\frac{d}{dt}$ 이다)

이 계는 위치에너지 U를 갖는다고 가정하자. 즉 다음과 같은

$$U = U(t, x_1, y_1, z_1, \cdots, x_n, y_n, z_n)$$

가 있어서 i번째 입자에 작용하는 힘의 성분들은

$$X_i = -\frac{\partial U}{\partial x_i},\ Y_i = -\frac{\partial U}{\partial y_i},\ Z_i = -\frac{\partial U}{\partial z_i}$$

으로 주어진다.

이제

$$L = T - U$$

를 이 입자계의 라그랑주 함수(Lagrangian)라고 부르자. 이 라그랑주 함수는 시간 t, 입자들의 위치 (x_i, y_i, z_i) 그리고 입자들의 속도 $(\dot{x}_i, \dot{y}_i, \dot{z}_i)$의 함수이다.

시각 t_0에 그 계가 한 고정된 위치에 있다면 그 다음의 그 계의 시간에 따른 진화는 $3n$ 차원의 공간 속에서의 곡선들

$$x_i = x_i(t)\ ,\ y_i = y_i(t),\ z_i = z_i(t)$$

에 의해 묘사된다.

다음 정리는 뉴턴의 운동 방정식을 라그랑주 함수에 대한 오일러 방정식으로 기술될 수 있음을 보여준다.

〈최소작용원리 (principle of least action)〉

시간 $[t_0, t_1]$ 사이의 n개의 질점 [mass point, 質點]의 계의 운동은 소위 "작용(action)"으로 불리는 다음 적분

$$\int_{t_0}^{t_1} L\,dt$$

을 최소화하는 함수들

$$x_i = x_i(t) \quad, y_i = y_i(t), z_i = z_i(t) \ (1 \le i \le n)$$

에 의하여 묘사된다.

증명

다변수 라그랑주 함수들에 대한 오일러-라그랑주 방정식은

$$\frac{\partial L}{\partial x_i} - \frac{d}{dt}\left(\frac{\partial L}{\partial \dot{x}_i}\right) = 0$$

$$\frac{\partial L}{\partial y_i} - \frac{d}{dt}\left(\frac{\partial L}{\partial \dot{y}_i}\right) = 0$$

$$\frac{\partial L}{\partial z_i} - \frac{d}{dt}\left(\frac{\partial L}{\partial \dot{z}_i}\right) = 0$$

위치에너지는 시간과 위치만의 함수이고, 운동에너지는 속도만의 함수라는 것을 명심하면

$$\frac{\partial L}{\partial x_i} = -\frac{\partial U}{\partial x_i},\quad \frac{\partial L}{\partial y_i} = -\frac{\partial U}{\partial y_i},\quad \frac{\partial L}{\partial z_i} = -\frac{\partial U}{\partial z_i}$$

$$\frac{d}{dt}(\frac{\partial L}{\partial \dot{x}_i}) = \frac{d}{dt}(m_i \dot{x}_i) = m_i \ddot{x}_i$$

$$\frac{d}{dt}(\frac{\partial L}{\partial \dot{y}_i}) = \frac{d}{dt}(m_i \dot{y}_i) = m_i \ddot{y}_i$$

$$\frac{d}{dt}(\frac{\partial L}{\partial \dot{z}_i}) = \frac{d}{dt}(m_i \dot{z}_i) = m_i \ddot{z}_i$$

따라서

$$\frac{\partial U}{\partial x_i} - m_i \ddot{x}_i = 0$$

$$\frac{\partial U}{\partial y_i} - m_i \ddot{y}_i = 0$$

$$\frac{\partial U}{\partial z_i} - m_i \ddot{z}_i = 0$$

그런데 힘은 위치 에너지의 음의 경도이므로

i번째 입자에 작용하는 힘의 성분들은

$X_i = -\frac{\partial U}{\partial x_i}$, $Y_i = -\frac{\partial U}{\partial y_i}$, $Z_i = -\frac{\partial U}{\partial z_i}$ 이므로 위의 식은

$$m_i \ddot{x}_i = X_i$$

$$m_i \ddot{y}_i = Y_i$$

$$m_i \ddot{z}_i = Z_i$$

이것은 바로 뉴턴의 운동방정식이다. QED

참고) 뉴턴의 방정식은 벡터 방정식으로, 그 식을 세우기도 그 후에 풀기도 어렵다.

반면에 라그랑즈 운동방정식은 스칼라 방정식으로 그 식을 세우기가 아주 쉽다.

보존정리–뇌터 정리

주어진 양 또는 도형이 한 변환에 의해서 그 양 또는 도형이 변하지 않으면 그 양(도형)을 그 변환에 대해 대칭–불변이라고 한다.

정의

> $J[y]=\int_{x_0}^{x_1}F(x,y,y')dx$ 여기서 $y=(y_1,y_2,\cdots,y_n)$가 변환
>
> $x^*=\Phi(x,y_1\cdots y_n,y_1',\cdots,y_n')=\Phi(x,y,y')$
>
> $y_i^*=\Psi_i(x,y_1\cdots y_n,y_1',\cdots,y_n')=\Psi_i(x,y,y')$
>
> 아래에서 불변이라 것은 위의 변환에 의해서 곡선 $\gamma:y=y(x)$가 곡선 $\gamma^*=y^*(x^*)$로 되어도 J의 값이 불변 즉 $J[\gamma^*]=J[\gamma]$, 더 정확히는
>
> $$\int_{x^*_0}^{x^*_1}F(x^*,y^*(x^*),\frac{dy^*}{dx^*})dx^*=\int_{x_0}^{x_1}F(x,y(x),\frac{dy}{dx})dx$$
>
> 이 됨을 말한다.

• 뇌터 정리

만일 $J[y]=\int_{x_0}^{x_1}F(x,y,y')dx$가 임의의 x_0와 x_1에 대해, 변환

$$x^*=\Phi(x,y_1\cdots y_n,y_1',\cdots,y_n';\epsilon)=\Phi(x,y,y';\epsilon)$$

$$y_i^*=\Psi_i(x,y_1\cdots y_n,y_1',\cdots,y_n';\epsilon)=\Psi_i(x,y,y';\epsilon)$$

아래에서 불변이면 , $J[y]$의 극소(극대) 곡선(extremal J를 극소로 만드는 곡선)에 대해

$$\sum F_{y_i'}\psi_i + (F - \sum_{i=1}^{n} y_i' F_{y_i})\phi = \text{상수(일정)}$$

여기서

$$\phi(x, y, y') = \frac{\partial \Phi}{\partial \epsilon} \Big|_{\epsilon = 0}$$

$$\psi_i(x, y, y') = \frac{\partial \Psi_i}{\partial \epsilon} \Big|_{\epsilon = 0}$$

에미 뇌터는 독일 바이에른 주 에를랑겐에서 유대인 가족에게 태어났다. 그녀의 아버지인 막스 뇌터 또한 수학자로 에를랑겐 뉘른베르크 대학교의 우수한 교수였다.

뇌터는 바바리아 지방의 학교에서 영어 및 프랑스어 교사로 출발했지만, 수학을 연구하기로 결심하고 1900~1902 동안에 에를랑겐 대학에서 허가를 받고 강의를 수강할 수 있었다.그 다음에 괴팅겐 대학교 입학시험에 합격 하여 1903~1904 사이에 힐버트, 클라인, 밍코프스키 등의 강의를 수강했다.

뇌터는 1915년에 힐버트와 클라인에 의해서 괴팅겐으로 오게 되었는데, 그들은 아인슈타인에 의해 발전된 중력의 기하학적 이론인 일반 상대성이론을 이해하는 것을 도와줄 불변이론에서의 전문가가 필요했다. 힐버트는 중력 에너지 자신이 중력의 영향을 받음으로 일반상대성에서 에너지 보존 법칙이 위반되는 것처럼 보인다는 것을 관찰했다. 1915년에 뇌터는 뇌터의 제1정리로써 이 역설을 해소했는데, 그 정리는 현대 이론 물리학의 근본적인 도구이다. 그녀는 일반상대성의 문제를 해결했을 뿐만 아니라, 연속적인 대칭을 갖는 모든 물리법칙계에 대한 보존량들을 결정했다.

그녀의 연구 결과를 받은 후에, 아인슈타인은 힐버르트에게 다음과 같이 썼다: “어제, 나는 뇌터 양으로부터 불변량에 관한 매우 흥미 있는 논문을 받았습니다. 그러한 것들이 그렇게 일반적인 방식으로 이해될 수 있다는 것에 나는 감명을 받았습니다. 괴팅겐의 구닥다리들은 뇌터 양으로부터 모종의 교훈을 얻어야 합니다. ”

예를 들어, 만일 한 물리계가 공간에서 그 방향이 어떻게 되든 똑같이 행동한다면, 그것을 지배하는 물리법칙은 이 대칭으로부터 회전적으로 대칭이다. 뇌터의 정리는 그 시스템의 각운동량은 보존되어야 함을 보인다. 그 물리계 자체가 대칭일 필요는 없다: 공간에서 헤매는 들쭉날쭉한 소행성은 비대칭임에도 각운동량을 보존한다. 그 계를 지배하는 물리법칙의 대칭이 그 보존법칙의 원인이다. 다른 예를 들면, 만일 한 물리적 실험이 어느 장소에서든 어느 시간에서든 똑같은 결과를 낳는다면, 그 법칙들은 공간과 시간에서의 연속 평행이동(continuous translations) 하에서 대칭적이다.; 뇌터의 정리에 의해서, 이 대칭들은 이 계 내에서의 선형 운동량과 에너지 보존 법칙을 설명한다.

뇌터의 정리는 보존 법칙들을 통찰하게 하고, 실제적 계산도구로 유용하기 때문에 현대 이론 물리학의 근본적인 도구가 되었다. 그녀의 정리는 한 물리계의 관찰된 대칭들로부터 본존량을 결정하게 해준다. 역으로, 가설적인 물리 법칙들에 기초한 물리계의 묘사를 용이하게 해준다. 예를 들어, 새 물리적 현상이 발견되었을 때, 뇌더의 정리는 그 현상을 설명하는 이론적 모델들에 대한 테스트를 제공한다. : 만일 그 이론이 연속적인 대칭을 가지면, 뇌더의 정리에 따르면 , 그 이론은 보존되는 양을 가져야 하고, 그 이론이 맞는 이론이면 그 보존은 실험들에서 관찰될 수 있어야 한다.

보편적인 운동법칙으로서의 최소작용원리와 모페르튀

"자연에서 변화가 일어날 때, 변화에 필요한 작용의 양은 가능한 것 중 가장 적다"-모페르튀

최소작용의 원리는 일종의 인색의 원리(lex parsimoniae), 또는 단순성의 원리로서 볼 때 그 역사는 극히 오래되었다. 아리스토텔레스는 그것을 언급하고 있고 그의 후대 많은 사람들도 그런 관점을 피력했다. 소크라테스의 수제자 이소크라테스Isocrates는 다음과 같이 말했다: "작은 힘은 큰 질량들의 움직임을 생산한다."

모페르튀[Pierre-Louis Moreaude Maupertuis, 1698-1759]

옛사람들은 자연은 설계 없이는 그리고 아무런 이유가 없이는 아무것도 하지 않으며, 가장 가까운 길을 택한다고 관찰했지만 그것을 증명하지

는 못했다. 프톨레마이오스는 다음과 같이 말했다.

"광선은 직선상으로 우리에게 다가오는데, 왜냐하면 그것이 가장 짧은 경로이기 때문이다."

그는 빛의 반사로부터 빛이 입사하기 전의 그 경로에서 어느 한 지점에서부터 반사되는 경로의 다른 어떤 지점까지, 가장 짧은 경로로, 그리고 가장 짧은 시간에 가고 그것의 속도는 균일하고 반사 전후에 동일하다고 추론했다.

다른 사람들은 아마도 기하학자들로부터 구의 표면에서 대원의 호가 두 점 사이의 가장 짧은 경로라는 것을 알았기 때문에 원이 가장 짧은 선이라고 가정했다. 그들은 이것을 그 당시에 원을 그리며 움직인다고 여겨졌던 천체들로 옮겨갔다. 그러나 그것들은 가장 초월적인 곡선에서 움직이기 때문에 자연이 직선이나 원호를 지향한다는 의견은 비난받았다. 그래서 데카르트와 그의 추종자들은 철학의 최종 원인에 대한 교리를 거부하였고, 그들은 자연의 모든 현상에서 확실한 보편적 법칙보다 훨씬 더 극단적인 변덕을 분별해야 한다고 주장했다.

근대에 들어와서 페르마는 운동하는 빛이 한 지점에서 다른 점으로 최소시간으로 이동하는 경로를 택하지 최단 경로를 선택하지는 않는다고 판단했다. 또한 그는 같은 매질 속에서 빛이 균일한 속도로 움직여서 직선 또는 반사 운동을 할 때 최단 경로는 반드시 최소시간으로써 설명되는 것이어야 하고 빛은 공기, 물, 유리와 같은 투명한 매질에 있을 때에만 최단거리를 간다고 가정했다. 그는 공기처럼 얇은 매질에서는 광속은 훨씬 더 빠르고, 유리와 같이 밀도가 높은 매질에서는 느리다고 가정했다.

그리고 데카르트에 의해 맹렬히 공격당한 이 가설에 의해, 계산상의 아주 큰 어려움을 극복한 후, 그는 굴절 현상을 설명하는 데 성공했고, 입사각과 굴절각의 관계는 시간을 최소로 한다는 것을 알아냈다. 그러나 데카르트는 최종적인 원인(목적인)을 거부하면서 빛의 굴절을 물체의 충격 법칙에 의해 설명하고 광선을 계속되는 일련의 미세한 구상들에 비교했고, 같은 굴절 법칙에 도달했다. 그러나 그는 빛이 공기보다 유리 속 같은 것보다 밀도가 높은 매질에서 더 빨리 움직인다고 주장한 점에서 페르마와는 달랐다. 그러나 아주 먼 거리를 고려했을 때, 이러한 개념은 속도의 개념에 부합하지 않기 때문에 이 이론은 명백히 일관성이 없다.

페르마의 명제는 데카르트의 의견을 고수하지 않는 대부분의 철학자들과 수학자들에 의해 채택되었지만, 페르마는 자연에 의해 어디에서나 추구되는 보편적인 법칙의 발견자로 간주될 수 없었다. 왜냐하면 그는 단지 최소시간 원리가 빛의 운동에만 국한된다고 보았고 다른 곳에도 적용된다고는 생각하지 않았기 때문이다..

라이프니츠도 마찬가지로 페르마의 설명을 뒤집으려 했다. 빛의 굴절을 설명하기 위해 그는 데카르트에 의해 거부된 목적인을 호출하고, 페르마와는 달리 데카르트가 물체들의 충격에서 유도한 설명을 채택했다. 그는 자연이 최단시간의 최단경로를 선택한다는 것을 부인하고, 자연은 가장 쉬운 길을 선택하다고 주장했다

저항은 이것을 측정하는 가장 쉬운 방법으로, 빛이 투명한 매질을 통과할 때 상이한 매질마다 다르다고 저항이 가정한다. 그는 물이나 유리 같은 밀도 높은 매체에서는 공기보다 저항이 더 크고 더 얇은 매개체에서는 페르마의 의견을 선호하는 것 같다고까지 진술한다. 이 전제에서

라이프니츠는 빛이 매질을 통과할 때 발견되는 어려움을 고려하고, 이 어려움을 저항 곱하기 경로로 계산한다. 광선은 항상 계산된 난이도의 합계가 가장 적은 경로를 추구한다. 그리고 이 최대최소방법에 따라서 그는 경험에 의해 확인된 규칙을 확인하였다.

그러나 비록 처음에 이 설명은 페르마의 설명과 충분히 일치하지만, 그 후에는 너무나 특이하게 미묘하게 해석되어 그것에 정면으로 반대하게 되고 데카르트에 의해 진전된 설명을 확인하게 된다. 비록 라이프니츠는 유리의 저항을 공기보다 더 큰 것으로 받아들였지만, 그는 빛이 공기보다 유리 안에서 더 빨리 움직이며 유리의 저항이 더 큰 것이라고 주장하기 때문에, 이것은 확실히 역설이다.

라이프니츠의 설명은 빛이 밀도가 더 높은 매체에서 더 빠르다고 믿는 면에서 데카르트의 설명과 일치하지만, 데카르트는 밀도가 높은 매질의 저항이 적다고 믿었고 라이프니츠는 더 크다고 생각했기 때문에 각 철학자들이 더 큰 속도를 설명하면서 거론하는 원인들은 많이 다르다. 그렇더라도, 라이프니츠는 다른 어떤 경우에도 가장 쉬운 길이라는 자신의 원리를 적용하지 않았고, 자신이 최소로 만들어야 했던 이 난이도가 어떻게 계산되어야 하는지도 가르쳐 주지도 않았다.

라이프니츠의 위대한 제자 볼프(Wolff)는 빛의 굴절에 대한 설명에서 페르마의 설명을 그의 굴절광학 원론에서 그대로 전달한다. 그는 다른 매질에서는 빛의 속도가 다르고, 더 얇을수록, 매질에서의 빛의 속도가 더 크고 반대로 더 두꺼울수록 광속이 더 느리다고 가정했을 때, 광선이 한 매질의 한 지점에서 다른 매질의 한 점으로 통과하는 시간을 찾는다. 이것으로부터 그는 자연은 항상 가장 짧은 방법으로 작용하기 때문에, 이 시간은 가능한 시간 중 최소여야 한다고 결론짓는다.

그의 광학에서 뉴턴은 최소 저항 원리를 갖고서 축 방향으로 물체가 경험하는 저항이 가능한 가장 적기 위한 방향은 회전체의 자오선 방향이 되어야 함을 보였다.

프랭클린은 만약 두 개의 태양이 우주에 매달려 있고 그 중 하나에 파리에 달라붙는다면 그 태양들은 움직이게 될 것이라고 말했을 때 상식적으로 최소작용원리를 언급했다.

• 피에르 모페르튀

이것은 모페르튀가 모든 다른 원리가 자연스럽게 흐르는 보편적 원리로서 최소작용원리를 선언하기 전까지 알려졌던 것이었다. 모페르튀는 교육을 잘 받고 우아한 프랑스 귀족으로, 처음에는 총사였고, 그 후 프랑스에서 용기병[dragoon, 龍騎兵]의 대장이었으며, 1723년 이미 스물다섯 살의 나이에 파리의 과학원인 왕립 아카데미 회원이 되었다. 그 후 그는 런던으로 가서 왕립학회의 회원으로 받아 들여졌고, 데카르트에 대항하는 뉴턴 철학에 찬성하여 목소리를 높인 최초의 인물들 중 한 명이었다. 그 후 그는 요한 베르누이의 명성에 이끌려 프랑스 수학자 클레로와 함께 그를 찾아가서 그곳에서 새로운 해석학을 연구했다.

귀국한 후, 그는 그의 후원 하에 뉴턴 철학을 연구한 라 콘다민[La Condamine]과 볼테르와 결부되어, 비록 과학적 가치가 낮지만 유럽 대륙에서 뉴턴의 수용에 크고 건전한 영향을 끼친 논문인 "Elements de la philonie de Newton"에서 뉴턴 철학을 다루었다. 모페르튀가 블테르의 추천으로 뒤 샤틀레 부인Madame Du Chatelet 에게 수학을 가르친

자무엘 쾨니히(Samuel Koenig, 1712년~1757년)와 알게 된 것은 그 무렵이었다.

1736년 프랑스 정부는 지구의 모습을 확인하려고 자오선의 정도를 측정하기 위해 모페르튀를 핀란드와 스칸디나비아반도 북부, 러시아의 콜라반도를 포함하는 유럽 최북단 지역인 라플란드 [Lapland]로 보냈다.

그것은 대담한 모험이었다. 한 때 추위가 극심해서 온도계가 영하 37도까지 떨어진 적도 있을 정도였디 그러나 모페르튀와 그의 동료들은 그들의 임무를 매우 훌륭하게 수행했다. 모페르튀는 전 유럽을 통해 찬양되었고 유럽의 위대한 과학 아카데미의 일원이 되었다.

볼테르는 그의 초상화 아래에 다음과 같은 구절을 적었다.: "그가 측정할 줄 아는 거의 알려지지 않은 지구는 그의 명성의 기념물이 된다. 그의 운명은 지구의 모양을 결정하고, 그것의 총아가 되고, 그것을 깨우치는 것이다." 뉴턴이 제안한 극들의 평평함은 이제 실험적으로 증명되었다.

라플란드의 모페르튀 ,Gravure J.Ansseau,1882

1740년, 프레데릭 대왕에 의해 초대된 모페르튀는 베를린으로 간 다음 왕과 함께 7년 전쟁의 전장으로 갔다. 몰비츠 전투에서 모페르튀는 오스트리아의 후작들에게 붙잡혀서 약탈당했는데 귀중품들 중에서, 특히 그의 북극 항해의 동반자였던 유명한 런던 그레이엄의 시계를 빼앗겼다. 모페르튀는 황제와 마리아 테레사 황후로부터 환대를 받았는데, 그녀는 그에게 후작들이 장난으로 약탈한 것에 불과하다는 말과 함께 다이아몬드로 세팅된 또 다른 비슷한 시계인 그레이엄을 다시 돌려주었다고 한다. 그는 곧 교환되어 베를린으로 돌아갔다.

1751년 모페르튀의 제자였던 새뮤얼 쾨니히(1712~1757)교수는 라이프치히의 액타 에루디토룸에 라이프니츠가 헤르만에게 보낸 편지를 발표되었는데, 이 편지에는 이미 최소작용 원리가 적혀 있다고 말해졌다. 모페르튀는 이 출판물을 표절이라고 간주하고 쾨니히를 베를린 아카데미에 고발했다. 5명의 위원들이 임명되었고 쾨니히에게 그 편지를 제출하라고 명해졌다. 그것을 검토한 후에 그 문제와 관련된 구절이 위조된 것으로 밝혀졌다.

그 후 쾨니히는 아카데미에서 제명되었고 모페르튀는 명예를 되찾았다. 모페르튀와는 별개로 그의 "방법"에서 같은 원리에 도달한 레온하르트 오일러(1707~1783)는 따라서 어느 정도 선취권이 있었지만, 모페르튀보다 조금 더 늦게 그 원리를 발표했고, 그 원리의 보편성을 주장하지 않았다. 그리고 그는 모페르튀가 선취권이 있다고 모페르튀를 옹호했다. 그러나 모페르튀의 또 다른 친구이자 제자인 볼테르는 그를 격렬하고 신랄하게 공격했다. 프레데릭 대왕은 모페르튀를 공격하는 모든 볼테르의 출판물들을 자기 방으로 들여오라고 명하고, 그것들을 직접 불 태웠다. 하지만 불행하게도 한 권의 복사본이 네덜란드로 빠져나갔고, 그곳에 다시 인쇄되었다. 이 사건 이후에 볼체르는 프랑크푸르트에서 주점에서 감금당하고 소지품들을 빼앗기는 고초를 겪게 되고 그 후 5년 간 여기저기 방랑하다가 정착하여 살았다.

그렇지만 모페르튀는 그 후 삶이 평탄치 않았다. 북극 탐험으로 인한 피로 때문에 그의 건강은 크게 나빠졌고 그는 죽기 12년 전부터 각혈을 하곤 했다. 그의 명예에 타격을 준 이 스캔들이 있은 후, 그는 결코 회복되지 못했다. 마침내 그는 1759년 7월 27일, 바질의 옛 친구 다니엘 베르누이를 방문했고 그 집에서 라 콘다민이 동석한 가운데 61세의 나이로 영면했다.

모페르튀는 귀족 출신으로 영향력이 큰 훌륭한 신사였으며, 프레데릭 대왕의 일상적인 동반자였고, 다소 민감하고, 허영심이 강하고 야심이 가득한 사람이었다. 그는 자기의 건강에 대하여 필요 이상으로 염려하는 심기증에 걸렸지만, 다니엘 베르누이의 증언에 따르면 “관대한 마음과 호의적인 의도”를 가진 사람이었다. 볼테르는 이전에 프레데릭 왕의 총애를 받던 인물이었고 그의 영향력이 감소하는 것을 느꼈을 가능성이 매우 높다. 풍자적이고 악의적인 성격을 지녔던 그는 나이가 들어감에 따라, 아마도 자신이 선택되었을지도 모르는 명예의 자리인 학술원 원장에 모페르튀가 선택되고 영예를 한 몸에 받는 것을 질시했을지도 모른다.

프레데릭 대왕, 오일러, 라그랑주, 다니엘 베르누이, 그리고 다른 많은 사람들은 모페르튀를 지지했다. 그들은 모두 그를 존경하고 사랑했으며, 그들의 행적과 증언으로 그것을 몸소 보여주었다. 그렇지만 그 싸움이 끝나자 최소작용원리는 불신되었고 그것의 전파와 수용은 타격을 받았다. 사람들은 세계적으로 유명한 학자의 불명예인 그 문제에 대해 혐오감을 느꼈다. 후유증은 막대하고 오래 갔다. 그 원리는 가장 명망 높고 유능한 학자들이 제안했지만 적절한 평가를 받지 못했다.

• 조셉 루이 라그랑주

"부정적분의 최대 최소를 결정하는 새로운 방법에 관하여 essai d'une nouvelle methode pour determiner les maxima et minima des formales integrales indefinies"에서 조셉 루이 라그랑주(1736-1813)는 변분법의 기초를 놓았다. 이 변분법은 모페르튀의 '최소작용 원리'의 후손이었다. 그는 또한 그것을 그렇게 불렀고 그것은 공식에 포함되어 있다: 운동 물체들의 체계에서, $m\int vds$의 합은 항상 최대 또는 최소이다.

모페르튀가 최소작용원리를 실증한 직후. 오일러는 논문 〈최대화 또는 최소화 곡선을 찾는 법〉 "Methodus inveniendi lineas curvas maximi minimive proprietate gaudentes"를 썼다. 여기에 첨부된 부록에서, 이 유명한 수학자는 물체가 지나가는 궤적들에서 속도×곡선의 요소(ds)가 항상 최소라는 것을 증명했다. 오일러 자신은, 그 곱을 모페르튀이가 정의한 작용으로 제시하며, 이 발견은 모페르튀 원리가 등장한 후에 이루어진 것이라고 말한다.

오일러는 1752년 8월 5일 골드바흐에게 보낸 편지에서, 모페르튀에게 선취권을 돌린다.

"그 운동법칙에 관하여 모페르튀에 의해 주어진 공식에 대해 물어본다면, 그것들은 오래 전에 알려진 것과 같고, 또한 라이프니츠 주장들과 같다. 그러나 모페르튀가 이러한 공식을 도출하는 원리 그 자체로 볼 때, 그러한 것은 완전히 새로운 것이다. 왜냐하면, 비록 전부터 자연은 가장 쉬운 길로 작용한다고 주장되었지만 라이프니츠를 비롯한 다른 어느 누구도 자연의 작동에서 최소가 되는 양이 무엇인지를 보이지 않았기 때문이다. 모페르튀는 이 양을 작용량(quantitatem actionis)이라고 부르며, 속도의 질량과 공간의 곱과 같은 것으로 결정하였고, 그로부터 운동법칙뿐만 아니라 다른 것들도 매우 아름답게 유도한다."

"나는 또한 오래 전에 천체운동에서는 항상 SMv ds의 공식은 최소라는 것을 입증했다. 여기서 M은 질량, v는 속도 ds는 지나간 공간을 나타낸다. 따라서 M v ds는 요소량(길이소) 이다. 그리고 SMv ds는 총 작용으로서 결과적으로 모페르튀를 따라 최소가 되어야 한다."

미국의 위대한 수학자인 피어스 교수는 자신의 해석역학(Physic. and Celerate Mechanics, Boston)에서 최소작용원리의 장엄함과 보편성을 전폭적으로 인정한다.:

"이 최소작용원리는 자연의 힘을 이용하는 데 있어 최고의 경제성을 요구하고 불필요한 지출이나 행동 낭비를 허용하지 않는 신(神)의 일반적인 속성으로부터 선험적인 주장을 통해 모페르튀에 의해 처음으로 추론되었다. 그 저명한 저자가 진실한 철학자의 진지함과 경외심을 가지고 발표한 이 웅대한 명제는, 순수한 형이상학적 교리에서 파생되어 마찬가지로 형이상학적 기초에 직접적으로 기초하는 힘의 법칙과 결합하였다는 점에서 두드러진다. 그것은 단번에 일반적인 형태의 역학방정식으로 이어진다."

(Physic. and Celestial Mechanics, Boston. Little, Brown & Co., 1855 p. 316)

오일러는 독일 공주에게 보낸 편지에서 문제되는 원리에 대해 매우 훌륭하고 명확하며 대중적인 설명을 하고 있다.

"전하께서는 의외로 모페르튀의 최소작용체계의 기초가 그렇게 높이 평가받고 논란이 되고 있음을 아시게 되실 겁니다. 그는 그것에 의해, 자연에서 일어나는 모든 변화에서, 그것에 의해 생성된 작용이 가능한 것 중 항상 가장 최소라는 것이라고 이해합니다. 내가 이 원리를 전하께 보여드린 방식에서 그것은 분명히 물체들의 본성에 바탕을 두고 있으며, 그것을 부정하는 모든 사람들은 대단히 잘못되었습니다. 그러나 그것을 비웃는 사람들은 더 한층 틀렸습니다. 전하께서는 모페르튀의 친구가 아닌 어떤 사람들이 지구의 중심까지 가는 구멍에 관한 것처럼 최소작용원리에 대해 흉겹게 놀 수 있는 모든 기회를 잡는 것을 보게 될겁니다. 그러나 다행히도 그 때문에 진리는 지는 일은 없습니다."

• 그 후의 변분법의 발달

오일러 이후, 다체의 일반적인 체계에 대한 정류작용의 원리로서 최소적용원리를 완전히 일반적인 공식으로 표현한 것은 라그랑주였다. 이것은 1788년에 발표된 그의 《해석 역학》에서 이루어졌다.

1834년, 윌리엄 로완 해밀턴(1805-1865)은 최소작용원리를 다르게 표현할 수 있다는 것을 보여주었다. 이렇게 해서 그는 페르마의 원리와 모페르튀의 원리와 관련지어 역학과 광학 사이에 강한 유사점이 있음을 보였다. 이것이 해밀턴 원리로 알려진 역학의 변분원리로서 현재와 가장 많이 사용되는 최소작용원리의 형태이다.

처음에 최소작용원리는 라그랑쥬에 의해 만들어진 일반적인 공식 이후에 큰 영향을 미치지도 않았고 과학의 발전에 상당한 영향을 주지도 않았다. 이 원리의 존재는 수학적인 호기심으로, 심지어는 뉴턴의 법칙에 대한 불필요한 부가물이라고 여겨졌다. 또한 그 유용성에 대해 이의를 제기하는 목소리가 많았다. 1837년 포아송(Poisson)은 최소작용원리를 무가치한 규칙이라고 불렀다.

윌리엄 톰슨(18241907) 피터 거스리 테이트(Peter Guthrie Tait 18311901) 구스타프 로버트 키르히호프(Gustav Robert Kirchoff,18241887)와 존 폰 노이만(John Von Neumann, 18321925) 그리고 루드비히 볼츠만(Ludwig Boltzmann,18441906)의 연구를 통해서 주로 유체역학과 탄성 문제를 해결하는 데 최소작용원리가 가장 적합한 방법이라는 것이 입증되었다. 더욱이, 최소작용원리는 통상적인 역학 방법이 잘 기능하지 않거나 심지어 실패했을 때 타의 추종을 불허하게 작동했다.

그것의 가치와 적용범위가 인식되기 시작한 것은 그때였다. 이것은 1867년에 만들어진 토마스 테이트Thomas Tait,의 다음과 같은 확언에서 분명하다.

"모페르튀의 유명한 최소작용원리는 지금까지 운동학적 연구에서 유용한 규칙이라기보다는 어떤 이상한 형태의 운동 속성이자 호기심으로 여겨져 왔다. 우리는 추상적인 역학뿐만 아니라 현재 동역학적인 설명을 받기 시작하는 물리학의 다양한 분야 이론에서도 그것의 훨씬 심오한 의미를 강하게 확신하고 깊은 인상을 받고 있다"

시간이 흐르면서 응용의 성공과 함께 내부 물리적 메커니즘이 전혀 알려지지 않은 시스템이나 일반 좌표계로는 나타낼 수 없을 정도로 복잡한 시스템에도 적용될 수 있는 일반적인 원리로서의 최소작용원리의 근본적인 중요성에 대한 인식이 커져 갔다.

볼츠만 이후 루돌프 클라지우스(Rudolf Clausius1822-1888)가 열역학 제2법칙과 최소작용원리 사이의 밀접한 관계를 인식한 것도 중요한 기여를 했다. 최대 엔트로피의 법칙에서 최소작용원리를 도출하는 것이 가능하다. 더욱이 헤르만 폰 헬름홀츠(Hermann von Helmholtz, 1821~1894)는 최초로 물리학의 3대 분야인 역학, 전기역학, 열역학 등에 최소작용원리를 완전히 체계적으로 적용했다.

보다 최근에는 1900년 조셉 라무르(Joseph Larmour, 1857~1942)와 1903년 카를 슈바르츠차일드(Karl Schwarzchild 1873~1916)가 해밀턴 원리에서 전기역학 및 전자이론의 근본적인 방정식을 연역하였다.

또한 최소작용원리는 양자역학과 상대론적 역학과 관련하여 타당성과 설명적인 잠재력을 입증했다. 처음에 양자역학의 확률론적 특성 대문에 최소작용원리는 양자역학에 적용할 수 없는 것처럼 보였다. 그러나 파인만은 고전적인 연구에서 이것을 이 분야에 포함시키는 것이 가능하다는 것을 보여주었고 양자 현상을 구체화하는 변분원리를 만들었다.

마지막으로, 최소작용원리는 아인슈타인의 상대성 이론이 물리학 법칙 중에서 상위 법칙임을 보였다. 이는 해밀턴에 따르면, 비록 모페르튀의 것은 아니지만, 작용으로 나타내진 함수는 헨드릭 로렌츠(1853~1928)의 모든 변환에 관하여 불변이기 때문에, 관찰자의 기준계(system of reference)와는 무관하다는 것을 나타낸다.

찾아보기

ㅅ

한찬욱

서경대학교 교수

수학뉴턴 기하급수 성장

2020년 1월 28일 1판 인쇄
2020년 2월 7일 1판 발행

지은이 · 한찬욱
발행자 · 이영애
발행처 · 공감북스
주 소 · 02011 서울시 중랑구 중랑천로 256
전 화 · 02-971-9683
팩 스 · 02-972-9683
등 록 · 제 25100-2015-18호
등록일 · 2015년 7월 15일
e-mail · sympathybook@naver.com

ISBN 979-11-86898-44-4 (93410)
정 가 25,000원